基于国际可持续建筑评价框架的 BSA 体系及适用性研究

朱文莉　　王晓军◎著

U0312294

吉林出版集团股份有限公司

全国百佳图书出版单位

图书在版编目（CIP）数据

基于国际可持续建筑评价框架的 BSA 体系及适用性研
究 / 朱文莉 , 王晓军著 . -- 长春 : 吉林出版集团股份
有限公司 , 2024. 8. -- ISBN 978-7-5731-5714-0

Ⅰ . TU2

中国国家版本馆 CIP 数据核字第 20244PP700 号

基于国际可持续建筑评价框架的 BSA 体系及适用性研究

JIYU GUOJI KECHIXU JIANZHU PINGJIA KUANGJIA DE BSA TIXI JI SHIYONGXING YANJIU

著　　者	朱文莉　王晓军
责任编辑	李　娇
封面设计	李　伟
开　　本	710mm×1000mm　　　1/16
字　　数	330 千
印　　张	18
版　　次	2025 年 1 月第 1 版
印　　次	2025 年 1 月第 1 次印刷
印　　刷	天津和萱印刷有限公司

出　　版	吉林出版集团股份有限公司
发　　行	吉林出版集团股份有限公司
地　　址	吉林省长春市福祉大路 5788 号
邮　　编	130000
电　　话	0431-81629968
邮　　箱	11915286@qq.com
书　　号	ISBN 978-7-5731-5714-0
定　　价	98.00 元

对自然能源与矿物能源的过度消耗造成了世界范围内的资源与环境危机，可持续发展成为当前各国普遍遵守的基本准则。可持续发展框架的确立对建筑行业产生了根本性的影响。以建筑可持续领域的最新研究成果与分析数据为基础，建筑可持续性评价成为建筑行业实现可持续发展的重点研究方向。本书针对我国目前建筑可持续性评价面临的问题，如相关议题集中于建筑在环境领域的性能表现、缺少对国际通用评价框架的研究等，从可持续发展的概念辨析与度量出发，在探寻建筑可持续性的结构与内在机制的基础上，初步建立具备国际适应性与可比性的建筑可持续性评估（Building Sustainability Assessment，BSA）。

本书共分为五个部分。

第一部分为绪论，主要讲述了选题意义、研究现状、概念界定、研究方法、研究框架、本书创新点。

第二部分包括第二章和第三章，为现有建筑可持续性评价体系研究，对国际通用的建筑可持续性评价框架和国家层面的建筑可持续性评价体系进行研究。研究内容包括其发展历程、应用范围、评价领域、评价条款、基准权重和体系特征，重点关注地域特征、发展现状、设计理念、技术体系及建筑相关产业对评价体系产生的影响。

第三部分包括第四章和第五章，为现有建筑可持续性评价体系分析。以对现有体系的研究为基础，对建筑可持续性评价体系进行综合分析与专项分析，综合分析的内容包括对其价值负载、影响因素、体系特征即各评价体系之间的关联性、共性、特性以及与城市评价之间的关系进行分析；专项分析的内容包括环境领域关键指标的评价条款与基准设置，以及其在社会领域、经济领域、政策领域的相关规定。

第四部分包括第六章和第七章，为 BSA 建筑可持续性评价体系基本框架的构建与适用性分析，在第二、第三部分研究内容的基础上，BSA 建筑可持续性评价体系以可持续发展的思想理论为依据，以降低环境影响、提升能源利用效率、节约资源为目标，涵盖环境领域、社会领域、经济领域、政策领域 4 类建筑可持续议题，兼顾资源与环境的承载力、社会文化的公平性、经济发展的合理性、政府政策的引导性以及技术体系的先进性，具备清晰的构建原则、构建方法、层级结构和构成要素，通过评价模型、评价条款、衡量基准、权重体系等要素的设置，构建出兼顾时间上的动态发展与空间上的适应演化的建筑可持续性评价体系，并对其进行运用和分析。

第五部分为第八章，是 BSA 建筑可持续性评价体系的应用与展望，将 BSA 建筑可持续性评价体系应用于对中新天津生态城公屋展示中心建筑项目的评价，对其进行案例检验，论证其适用性与可操作性。此外，对 BSA 建筑可持续性评价体系的完善、更新与推广进行初步讨论。

本书第一、四、五、六、七、八章由朱文莉完成，第二、三章由王晓军完成。

朱文莉　王晓军

2023 年 9 月

目 录

1 绪论

1.1 选题意义

工业革命以来，以化石能源为基础的大规模机器生产在造成大量资源消耗的同时，也对气候与环境造成了大规模的破坏。公共环境事件频繁出现，严重威胁到人类自身的生存与发展。能源、交通、城市化等因素造成温室气体排放量迅速增加，加剧了全球变暖的气候变化趋势。美国国家海洋和大气管理局（National Oceanic and Atmospheric Administration，NOAA）的数据显示，自 1880 年至今，全球地表平均温度大约已升高 0.9℃，到 21 世纪末，地表温度将升高 1.1~6.4℃[①]。

自 20 世纪 60 年代以来，自然资源与矿物能源的过度消耗使人类面临严重的能源危机，这导致全球的资源与环境压力变得越来越沉重。气候与环境的持续恶化促使人们对传统发展模式进行反思，可持续发展逐渐成为世界各国普遍奉行的基本准则。"可持续发展"的概念首次出现在 1980 年世界自然保护联盟（International Union for Conservation of Nature，IUCN）制定的《世界自然资源保护大纲》（*The World Conservation Strategy*）中："必须研究自然的、社会的、生态的、经济的以及利用自然资源过程中的基本关系，以确保全球的可持续发展。"[②]1987年，世界环境与发展委员会（World Commission on Environment and Development，WCED）在《我们共同的未来》（*Our Common Future*）即《布伦特兰报告》（*Brundtland Report*）中正式使用了可持续发展概念，并将可持续发展定义为"既满足当代人

---

① NOAA Satellite and Information Service—National Environmental Satellite, Data and Information Service Retrieved on March 22, 2010.

② 曾珍香，顾培亮，张闽. 可持续发展的概念及内涵的研究 [J]. 管理世界，1998（2）：5.

1

的需要，又不对后代人满足其需要的能力构成危害的发展"①。1992 年 6 月，联合国在里约热内卢召开环境与发展大会，通过了以可持续发展为核心的《里约环境与发展宣言》(*Rio Declaration on Environment and Development*) 及《21 世纪议程》(*Agenda 21*) 等纲领性文件并签署《气候变化框架公约》(*United Nations Framework Convention on Climate Change*) 与《生物多样性公约》(*Convention on Biological Diversity*)，可持续理念得到世界各国的普遍认可。

根据欧洲可持续建筑联盟 SBA (Sustainable Building Alliance，SBA) 发布的数据，建筑行业从业者占全球劳动力的 7%，贡献了全球 GDP 的 7%～10%；建筑消耗了约占全球 42% 的能源，产生了约占全球 35% 的温室气体。此外，建筑还对远离其场地的区域产生影响，包括空气质量、河流水域与社会交通模式。②可持续发展框架的确立对建筑行业的资源利用方式、设计理念及建造模式产生了根本性的影响，与其他领域一样，建筑行业开始承担对环境变化所应承担的责任。1993 年，在美国芝加哥举行国际建筑师协会 (International Union of Architects，UIA) 第 18 次大会并通过了《芝加哥宣言》③，宣言指出建筑师应把环境与社会的持久性列为职业实践及责任的核心。1996 年 6 月，联合国第二届人居大会在土耳其伊斯坦布尔举行，会议签署《人居环境议程》(*Habitat Agenda*)，提出在建筑行业中应用可持续性原则④。

建筑可持续性评价以可持续发展原则为指导，以建筑可持续领域的最新研究成果与分析数据为基础，致力于减少资源与环境负荷并创造健康舒适的室内环境，也因此成为了解可持续建筑发展现状及研究水平的重要载体。自 1990 年，世界首个可持续建筑标准——建筑研究环境评价方法 (Building Research Establishment Environmental Assessment Method，BREEAM) 在英国发布以来，各国都开始了对可持续建筑评价体系的研究，同时开展国际合作，将可持续建筑评价研究推向深入。其中，产生较大影响的评价体系有 1996 年由加拿大自然资源部 (Natural

① 吴良镛.中国人居环境科学发展试议——兼论生态城市与绿色建筑的发展 [J]. 生态城市与绿色建筑，2011 (1)：18.

② David Crowhurst, Ana CUNHA, Julien Hans, et al.A Framework For Common Metrics of Buildings, 2010.

③ 张钦楠.芝加哥宣言——为争取持久未来的相互依赖 [J]. 建筑学报，1993 (9)：5.

④ 多米尼克·高辛·米勒.可持续发展的建筑和城市化——概念·技术·实例 [M].北京：中国建筑工业出版社，2008：45.

Resources Canada）发起、多国参与的绿色建筑工具 GB Tool（现为 SBTool）评价体系，1998 年美国绿色建筑委员会（U.S. Green Building Council，USGBC）推出的 LEED 评价体系，2001 年日本可持续建筑联合会（Japan Sustainable Building Consortium，JSBC）发布的 CASBEE 评价体系，2006 年德国可持续建筑委员会（German Sustainable Building Council）颁布的 DGNB 可持续建筑评价体系等。此外，还产生了专门针对全生命周期评价（Life Cycle Assessment，LCA）的评价体系，如荷兰的生态量子（ECO QUANTUM）与绿色建筑评价标准软件（GreenCalc+）、挪威的生态概况（Eco Profile）和加拿大的环境影响预测器（Athena）等。

在我国，可持续发展理论受到广泛重视，同时也面临生存环境不断恶化的巨大挑战。1994 年 5 月，我国政府发布《中国 21 世纪议程》及《中国 21 世纪人口环境与发展白皮书》，确立我国可持续发展的战略目标为建立可持续发展的社会体系和经济体系，并保持与之适应的可持续利用的环境与资源基础。[1]2002 年，耶鲁大学、哥伦比亚大学与世界经济论坛及欧洲委员会制定环境绩效指数（Environmental Performance Index，EPI），以定量化的方式表征国家的环境性能并为政策制定者提供参考。根据其评价结果，2014 年中国的 EPI 指数为 43 分，在空气质量、水资源、农业、渔业等领域均面临巨大风险（表 1-1-1）。

表 1-1-1　2014 年中国 EPI 环境性能指数分值与排名

评价领域	所得分值	排名	10 年间分值的变化
空气质量	18.81 分	176 位	−14.15%
农业发展现状	33.85 分	166 位	−22.31%
渔业发展现状	14.68 分	89 位	−20%
森林发展现状	25.34 分	80 位	—
水资源利用现状	18.18 分	67 位	—
气候与能源现状	65.16 分	21 位	—
对健康的影响	76.23 分	80 位	+3.22%
水资源的卫生质量	33.15 分	109 位	+59.07%
生物多样性与栖息地保护	66.63 分	76 位	+0.66%
总体得分与排名	43 分 /100 分	118 位 / 共 178 个国家	+2.6%

资料来源：作者根据 EPI 官方网站相关资料整理绘制 [2]

① 郎启贵 . 建设项目可持续性后评价指标体系和方法研究 [D]. 重庆：重庆大学，2006.
② EPI 环境性能指数官方发布网站：http://epi.yale.edu/.

建筑产业的可持续发展会对我国的环境、经济与社会发展产生巨大影响。建筑产业消耗 17% 的水资源和 25% 的木材，产生了 33% 的二氧化碳（CO_2）排放、30%～40% 的能源消耗与 40%～50% 的原材料消耗。[①] 同时，我国建筑行业因地区发展不平衡造成自然资源与能源的浪费以及对生态环境产生负面影响。如何整体提升建筑的可持续性是建筑行业面对的重要研究课题。

1999 年 6 月，在北京举行国际建协第 20 届大会并通过《北京宪章》，宪章提出应"走可持续发展之路，以新的观念对待 21 世纪建筑学的发展"。以此为目标，我国的建筑行业进行了大量的理论研究与设计实践，其中包括对可持续建筑评价体系的研究与推行。但是，国内已有评价体系的发展过程存在亟待解决的问题，包括对建筑可持续性评价基本原理的系统研究、对国外现有体系与评价方法的深入分析与知识对接、与评价相关的行业标准及数据库的建立，以及使用者对可持续建筑相关信息的理解与推广。

为此，本书希望能在一定程度上解决以下问题：

1.1.1 建筑可持续性评价领域仅涉及建筑的环境性能

建筑评价领域早期重点关注对建筑的环境影响进行评价。随着理论与实践的日益完善，逐步意识到应将建筑环境评价与可持续概念相结合，将社会领域与经济领域融入评价体系。

联合国环境规划署（United Nations Environment Programme，UNEP）将《布伦特兰报告》中定义的可持续发展的整体概念分解为 5 项保护目标：T1——保护并恢复自然环境与生态系统，T2——保护自然资源，T3——保护人类的健康，T4——保护与提升社会价值，T5——保护资本与材料。将上述保护目标对应于建筑可持续性评价研究中，可将其划分为环境、社会与经济三类评价领域。1992 年，联合国环境与发展大会签署的《21 世纪议程》是"实现社会、经济与环境可持续发展的蓝图"[②]。针对此项文件，建筑研究与创新国际委员会（International Council for Research and Innovation in Building and Construction，CIB）发表了《可持续建

[①] Stephan Anders.The DGNB—Making Sustainability Measurable.

[②] Basiago A D. Economic, social, and environmental sustainability in development theory and urban planning practice[J]. 1998, 19（2）：145–161.

筑 21 世纪议程》(*Agenda 21 on Sustainable Construction*)，指出可持续建筑方法应包含影响自然环境与人类健康的所有因素，成熟经济体侧重于通过既有建筑的升级以及新技术的应用创造更加可持续的建筑，发展中的经济体的可持续建筑发展则应更加关注社会平等与经济领域的可持续。[①] 可以看出，社会领域与经济领域是包括我国在内的发展中经济体在建筑可持续发展方面必须面对的研究范围，也应建立与此对应的建筑可持续性评价体系。目前，获得广泛认可的评价体系涵盖的可持续发展评价领域如表 1-1-2 所示。

表 1-1-2　获得广泛认可的评价体系涵盖的可持续发展评价领域

颁布时间	评价体系	可持续发展的评价领域		
		环境领域	社会领域	经济领域
1990	英国 BREEAM	●	●	●
1996	法国 HQE	●	●	
1998	美国 LEED	●	●	
2000	澳大利亚 NABERS	●		
2002	国际 SBTool	●	●	●
2003	日本 CASBEE	●	●	
2003	澳大利亚 Green Star	●		
2005	新加坡 Green Mark	●		
2006	中国 ESGB	●		
2006	德国 DGNB	●	●	●
2006	卡斯卡迪亚地区 LBC	●	●	

资料来源：作者根据相关资料整理绘制

我国处于可持续建筑评价研究的起步阶段，未来发展必须与可持续研究的国际进程相适应。目前，国内颁布的《绿色建筑评价标准》仅针对建筑的环境领域共 8 类一级指标，即节地与室外环境、节能与能源利用、节水与水资源利用、节材与材料资源利用、室内环境质量、施工管理、运行管理以及提高与创新，而可持续建筑评价未来的发展方向与发展构架应建立在可持续发展的思想理论基础之上，涵盖环境领域、社会领域与经济领域。

---

① 建筑研究与创新国际委员会 CIB 成立于 1953 年，可持续建筑 21 世纪议程是发表于 1987 年的 "布伦特兰报告"、发表于 1996 年的 "人居环境议程" 与各国家议程中建成环境部分之间的中间层级报告，为全球可持续发展与建筑行业之间的关联提供概念性框架。

1.1.2 建筑可持续性评价体系缺少对国际通用框架的研究

随着可持续建筑获得越来越多的国际关注，ISO 国际标准化组织与 CEN 欧洲标准化委员会对建筑可持续性评价中的可持续指标标准化进行了深入研究。目前，已有的评价体系，尤其欧洲体系均符合 ISO 与 CEN 制定的框架标准。此外，也出现了欧洲可持续建筑联盟 SBA 体系、国际可持续建筑挑战 SBC 合作计划、卡斯卡迪亚地区 LBC 生态建筑挑战评价体系等国际层面的建筑可持续性评价体系，而国内对这些国际认可的通用可持续性评价框架研究较少。

因此，本书在对国际通用框架与已有评价体系的发展现状、体系特征与内部机制进行深入分析的基础上，对建筑可持续性评价基本原理进行系统研究，为建立建筑可持续性评价体系（Building Sustainability Assessment System，BSA）提供了理论与方法参考。

1.1.3 建立国际语境下体现地方特征的建筑可持续性评价体系

建筑可持续性评价领域呈现两种对立的发展趋势：一方面，评价体系带有其各自制定者的特征而呈现复杂性（Complexity）与多元化（Diversity）；另一方面，通过共识与简化强调评价体系的可用性（Usability）也成为一种发展方向。① 目前，各国都在开发基于本国国情的建筑可持续性评价方法，国际的交流与协调也变得日益重要。期望通过本书的研究，建立既符合国情又具备国际适应性与可比性的 BSA 建筑可持续性评价体系，既可与国际通用评价体系的发展现状与语境相连接，同时也具备普适性与地方化等特征。

1.2 研究现状

1.2.1 国际研究现状分析

2003 年，布莱恩·爱德华兹（Brain Edwards）在《可持续性建筑》（*Sustainable*

---

① Mateus R, Braganca L.Sustainability assessment and rating of buildings: Developing the methodology SBToolPT—H[J]. Building&Environment, 2011, 46（10）：1962−1971.

Architecture）中认为，应从总体角度考虑政策的制定，将环境因素融入城市规划、交通运输、遗址保护、建筑设计、能源管理、社会立法等。

2008年，赫尔辛基理工大学阿普·哈皮奥（Appu Haapio），佩尔蒂·维塔涅米（Pertti Viitaniemi）在《建筑环境评价工具评论》（*A Critical Review of Building Environmental Assessment Tools*）中选取欧洲与北美地区16种有代表性的建筑环境评价工具，其中包括7种国际性评价工具，对上述既有评价工具进行分类分析比较其差异并确认其评价领域，同时对其未来发展趋势进行预测。Appu Haapio认为除环境领域外，可持续建筑还应包括经济与社会领域评价，如何将既有的环境评价工具转变为可持续性评价工具，成为未来的研究方向。

2009年，拉尔夫·霍恩（Ralph Horne）、蒂姆·格兰特（Tim Grant）、卡莉·维格海斯（Karli Verghese）在《全生命周期评价：原则，实践与展望》（*Life Cycle Assessment: Principles, Practice and Prospects*）中，概述了全生命周期评价的发展目标、技术原则与应用范围。同时指出，LCA评价方法已成为建筑可持续性评价中针对环境领域的重要评估与决策工具。

2009年，R.C.P. 弗里内戈尔（R.C.P.Vreenegoor）等在德国亚琛第八届可持续能源技术国际会议（8th International Conference on Sustainable Energy Technologies）发表论文，选取EPN、BREEAM、LEED、GreenCalc+与EcoQuantum4类评价体系对居住建筑、办公建筑、体育建筑、教育建筑的评价结果进行对比分析，研究显示不同评价体系针对同一建筑的评价结果有较大差异。研究认为，造成差异的主要原因是评价体系的环境影响要素选择，即便评价体系具备相同的评价领域，不同的要素选择也会产生有差异的评价结果。[①]

2011年，里卡多·马泰斯（Ricardo Mateus）等在《建筑可持续性评价与评级：发展与方法研究》（Sustainability Assessment and Rating of Buildings: Developing the Methodology）中认为，尽管可持续建筑是多维度的概念，只有将环境、经济及社会文化等不同领域均纳入研究范畴的建筑才能称之为可持续建筑。Ricardo Mateus认为目前的研究关注点集中在环境领域，忽视了可持续建筑的社会文化与经济层面。研究针对现有建筑可持续性评价方法的局限性，从通用方法演进（Evolution

---

① R.C.P.Vreenegoor, T.Krikke, et al.What is a Green Building? 8th International Conference on Sustainable Energy Technologies, Aachen, Germany.

of Generic Methodology）的角度提出推进可持续建筑评价体系发展的新模式，体系同时具备支持可持续设计的功能。

2013 年，W. 塞西尔·斯图尔德等在《可持续性计量法——以实现可持续发展为目标的设计、规划和公共管理》（*Sustainometrics: Measuring Sustainability*）中将可持续性的三个支柱体系——环境、社会与经济转化为包含技术与公共政策的五个评价领域，寻找可持续发展中的关键评价指标，各可持续领域间通过权重设置实现相互平衡。

2013 年，Yao Runming 在《可持续建成环境设计与管理》（*Design and Management of Sustainable Built Environments*）中认为，应采取整体性策略与综合性方法将可持续概念应用于建成环境领域以应对气候变化、资源消耗与能源供给等问题。建筑的可持续性体现在以下 4 个方面：能源与资源效率、成本效益、对环境影响最小化以及满足使用者的健康需求，须将实现建筑全生命周期（规划、设计、施工、运行、维护与拆除）内的可持续性作为发展目标。

1.2.2　国内研究现状分析

2007 年，TopEnergy 绿色建筑论坛在《绿色建筑评估》中系统梳理了美国 LEED、英国 BREEAM、日本 CASBEE、荷兰 GreenCalc+ 等具有国际影响力的评价体系，对建筑的社会性、技术性与经济性以及对基于生态足迹理论的绿色建筑评价进行了探讨，通过分析各国评价体系得以落实的社会原因以及对建筑市场产生的影响，结合中国绿色建筑发展现状尝试，找到适合中国国情的绿色建筑评价机制。

2007 年，田蕾在《建筑环境性能综合评价体系研究》中对建筑环境性能综合评价的理论背景进行系统整理，在对国内外建筑环境性能相关的评价体系与评价方法深入调研的基础上，搭建建筑环境性能综合评价 IBEPAS 的理想模型，将理想模型分为"理想模型系统框架"与"理想模型工具群"两个层次。在"理想模型系统框架"层面，探讨了系统开发与构成、系统规则的设定、系统指标库的建立、数学模型的选择等问题；在"理想模型工具群"层面，探讨建筑全生命周期不同阶段的评价工具（决策辅助工具、设计辅助工具和标签工具）的结构与特征，同时对评价指标的相关性与互偿性、体系敏感性、权重调查与分析等进行实证研究。[①]

---

① 田蕾 . 建筑环境性能综合评价体系研究 [M]. 南京：东南大学出版社，2009.

2011 年，仇保兴等在《建筑节能与绿色建筑模型系统导论》中对建筑节能和绿色建筑的技术体系、指标体系及方法论进行了全面、系统的阐述，认为科学技术应为建筑节能和绿色建筑的发展提供信息化支撑，从而获得全面精确的数据和评价决策。

2012 年，刘仲秋、孙勇等在《绿色生态建筑评估与实例》中总结了国内外绿色生态建筑评价体系，如美国 LEED、英国 BREEAM、日本 CASBEE、澳大利亚 Green Star、德国 DGNB 等的发展动态、基本原理、评价方法与评价模型、评价实例，阐述了可持续建筑设计的生态体系与生态设计策略。①

2014 年，住房和城乡建设部科技与产业化发展中心等在《世界绿色建筑政策法规及评价体系 2014》中阐述了绿色建筑的内涵与发展趋势，从绿色建筑政策法规、绿色建筑评价体系的特点与启示等方面对美国、英国、日本、新加坡等地的绿色建筑发展现状与评价体系进行总结与分析，并对我国绿色建筑与评价体系的发展提出相关意见和建议。

1.3　概念界定

1.3.1　可持续发展的概念界定与度量

1.3.1.1　可持续发展的概念

1987 年，世界环境与发展委员会在《布伦特兰报告》中将可持续发展定义为"既满足当代人的需要，又不对后代人满足其需要的能力构成危害的发展"。可持续发展的相关议题通常是全球性的或地区性的问题，不受国家疆域的限制；同时影响到国家安全等重大方面，其中包括关键资源与能源的安全、稳定的气候环境等。②

可持续发展的概念自诞生以来，已成为关乎人类长期发展的重要战略模式。可持续发展要求在资源与环境承载能力的范围之内，实现资源的有效利用与经济

---

① 刘仲秋，孙勇，等.绿色生态建筑评估与实例 [M].北京：化学工业出版社，2013.
② 布赖恩·爱德华兹.可持续性建筑 [M].周玉鹏，宋晔皓，译.北京：中国建筑工业出版社，2003.

社会的协调发展。其基本思想包括立足于自然生态资源的维护良好的生态环境、实现资源与能源的有效利用及鼓励社会公平与经济的增长。《21 世纪议程》将环境可持续（Environmental Sustainability）、社会可持续（Social Sustainability）与经济可持续（Economic Sustainability）视为支撑可持续发展概念的 3 个支柱，其各自的衡量标准如表 1-3-1 所示。

表 1-3-1 《21 世纪议程》对可持续发展的阐述

可持续发展要素	衡量标准
环境可持续 （Environmental Sustainability）	生态承载力（Carrying Capacity）
	生物多样性（Biodiversity）
	生态系统的完整性（Eco-System Integrity）
社会可持续 （Social Sustainability）	社会公平（Equity）
	公民参与（Participation）
	社会共享（Sharing）
	可达性（Accessibility）
	公民的自主性（Empowerment）
	文化认同感（Cultural Identity）
	社会发展的稳定性（Institutional Stability）
经济可持续 （Economic Sustainability）	经济增长（Growth）
	经济发展（Development）
	生产力（Productivity）

资料来源：A.D.BASIAGO.Economic, Social, and Environmental Sustainability in Development Theory and Urban Planning Practice[J].The Environmentalist, 1999, 19: 149.

可持续发展概念在环境、社会与经济领域有各自的定义[①]。

1. 环境领域的可持续发展

可持续发展的概念最初源于对资源与环境的保护。1991 年，国际生态学联合会（International Association for ecology，INTECOL）与国际生物科学联合会（International Union of Biological Science，IUBS）举行关于可持续发展的研讨会，会议从环境的角度提出关于人类长期发展的战略模式，将可持续发展定义为"保护与加强环境系统的生产和更新的能力"。可以看出，环境领域的可持续发展强

---

① 曾珍香，顾培亮．可持续发展的概念及内涵的研究 [J]．管理世界，1998（2）：3.

调环境的长期承载力对发展的重要性，即在环境承载能力范围内维持生态环境的完整性，保护自然资源。

2. 社会领域的可持续发展

1991年，世界自然保护联盟（IUCN）、联合国环境规划署（UNEP）和世界自然基金会（World Wide Fund for Nature or World Wildlife Fund，WWF）共同发表《保护地球——可持续生存战略》（*Care for the Earth-A Strategy for Sustainable Living*）中提出可持续发展的定义为"在生存于不超过维持生态系统蕴含能力的情况下，在当代人及后代人之间公平配置资源，改善人类的生活品质"。因此，社会领域的可持续发展强调的落脚点是人类社会，强调对人类生活质量的提高与社会公平。

3. 经济领域的可持续发展

经济领域对可持续发展的定义为在保持环境质量及不破坏世界资源基础上的经济发展，即在环境资产不减少的前提下，实现资源利用效益的最大化。巴比尔（Edward B.Barbier）在著作《经济、自然资源、不足和发展》中提出了可持续发展的经济学内涵为"在保持自然资源质量及其所提供的服务的前提下，使经济发展净利益增加到最大限度"。经济领域的可持续发展概念认为经济的健康发展应建立在生态持续能力的基础之上，充分考虑环境与资源的经济价值。

4. 技术领域的可持续发展

部分学者试图从技术性角度对可持续发展进行定义，认为可持续发展是采用零排放或密闭式的工艺，转向更清洁、更有效的技术，以尽可能减少能源和其他资源的消耗[①]。比如1992年，世界资源研究所（The World Resources Institute，WRI）提出的可持续发展的定义为"建立极少产生废料和污染物的工艺或技术系统"，主张开发新技术以便在全球范围内更有效地利用自然资源，倡导可再生能源的利用。

可以看出，可持续发展以公平性、持续性、共同性及协调性为原则，重视环境、社会与经济的持续稳定发展，在追求人与自然的和谐共存的前提下，强调社会公正与公民参与，谋求社会的全面进步。

---

① Speth J G. The environment:the greening of technology[J]. Development, 1989.

1.3.1.2 可持续发展的度量

可持续发展的度量方法受到国际组织、各国政策和学者及研究机构的重视与关注。目前，已有从不同角度提出的可持续发展的衡量标准与评价模型，均已得到不同程度的应用。

1995 年，世界银行制定了"国家财富衡量"模型，认为可持续发展是产生与维持持有财富的过程。该体系综合自然资本、社会资产、人力资源和社会资源以判断各国或地区的实际财富及可持续发展能力的动态变化；2001 年，联合国可持续发展委员会（Commission on Sustainable Development，UNCSD）依据《21 世纪议程》制定的"驱动力—状态—响应"指标体系，从社会、环境、经济、制度 4 方面制定，包含 58 项指标、15 个主题、38 个子题，为国家的可持续发展提供战略框架。[①] 此外，还有联合国统计局的可持续发展指标体系框架（Framework for Indicat of Sustainable Development，FISD）、联合国开发计划署 UNDP 的人类发展指标（Human Development Index，HDI）、国际科学联合会环境问题科学委员会（Scientific Committee on Problems of the Environment，SCOPE）的可持续发展指标体系、美国耶鲁大学与哥伦比亚大学合作开发的"环境可持续指数"（Environmental Sustainability Index，ESI）等。

针对可持续发展的度量问题，研究人员也提出了各自的可持续发展衡量标准，如 Wackernagel 等提出的生态足迹（Ecological Footprint，EF）模型、Daly 等提出的"可持续经济福利指数"（Index of Sustainable Economic Welfare，ISEW）、Cobb 等提出的"真实发展指数"（Genuine Process Indicator，GPI）、MA.Quaddusc 基于层次分析法的三重目标（环境、社会、经济）建立的可持续发展模型等。

此外，各个国家也在积极制定本国的可持续发展指标体系。1999 年，英国可持续发展战略报告将可持续发展的目标设为社会进步、有效的环境保护措施、资源的分类利用以及经济的高速发展，为此设立"生活质量评价"可持续发展指标体系，将定量化的指标与政策紧密联系。2001 年，德国通过 UNCSD 的试验项目构建了本国的可持续发展指标体系，其核心为透明有序的监测系统，用于评价目标执行情况与实现程度。2002 年，瑞士联邦会议制定了本国的可持续发展策略，

---

① 李天星. 国内外可持续发展指标体系研究进展 [J]. 生态环境学报，2013，22（6）：1086.

其中包含具体实施措施及行动计划，并以 MONET 项目作为可持续测度工具的开发载体。[①]

我国依据《21 世纪议程》提出了"中国可持续发展指标体系"，体系分为目标层、基准层和指标层，其中指标层包括描述性指标 196 项和评价性指标 100 项。中国科学院可持续发展战略研究组建立了可持续发展指标体系，包含总体层、系统层、状态层、变量层和要素层 5 个层级。总体层表征可持续发展的总体效果，系统层由生存支持系统、发展支持系统、环境支持系统、社会支持系统和智力支持系统五大支持系统构成，状态层是指五大系统的关系结构，变量层反映状态变化的原因与动力，要素层是指具体的评价指标。该体系以基础统计数据构成的大型数据库与指标模型作为支撑，选取可测量、可比较的 225 项"基层指标"进行定量分析并汇集成 45 个变量指数，通过 45 个变量指数层层汇总，形成 16 个状态指数、5 个系统指数和 1 个从整体上对一个国家或地区的可持续发展能力进行衡量的总体指数，据此对我国的可持续发展进程进行评价。[②]

1.3.2 可持续建筑与绿色建筑、生态建筑的概念界定

对研究范围中列出的在国内外获得广泛应用的建筑可持续性及环境性能评价体系名称依照颁布的时间顺序进行研究（表 1–3–2），可以看出，体系名称的关键词由"能源""环境""绿色建筑"逐渐向"可持续建筑"过渡。

表 1–3–2　建筑可持续性评价体系的名称研究

颁布时间	国家 / 地区	体系名称	关键词
1998	美国 LEED	美国能源与环境设计先锋奖	能源
1990	英国 BREEAM	英国建筑研究院环境评价方法	环境
1996	法国 HQE	法国高质量环境评价体系	
1998	美国 LEED	美国能源与环境设计先锋奖	
2000	澳大利亚 NABERS	澳大利亚国家建成环境评价系统	
2003	日本 CASBEE	日本建筑物环境综合性能评价体系	

① 中国 21 世纪议程管理中心，中国科学院地理科学与资源研究所. 可持续发展指标体系的理论与实践 [M]. 北京：社会科学文献出版社，2004.

② 中国可持续发展数据库 http://www.chinasd.csdb.cn/.

颁布时间	国家 / 地区	体系名称	关键词
2003	澳大利亚 Green Star	澳大利亚绿色之星认证	
2005	新加坡 Green Mark	新加坡绿色建筑标志评价体系	
2006	中国 ESGB	绿色建筑评价标准	
2006	卡斯卡迪亚地区 LBC	卡斯卡迪亚地区生态建筑挑战评价体系	生态
2006	德国 DGNB	德国可持续建筑评价标准	

资料来源：作者自制

针对上述发展趋势，对表 1-3-2 中涉及的相关概念——绿色建筑、生态建筑、可持续建筑进行概念的界定与研究并辨析其内涵。

1.3.2.1 绿色建筑

随着可持续理论在全世界范围内获得认可，1991 年，在兰达·维尔与罗伯特·维尔的著作《绿色建筑：为可持续发展而设计》（*Green Architecture: Design for An Sustainable Future*）中，首次提出"绿色建筑"的概念并阐释了绿色建筑的 6 个基本原则：节约能源、适应气候与地理环境、资源与材料能够再生利用、设计尊重场地、重视使用者的感受和具备整体的设计观。阿莫里·B.洛温斯（Amory B.Lovins）在《东西方的融合：为可持续发展建筑而进行的整体设计》（*East Meet: Holistic Design for Sustainable Building*）中指出：绿色建筑不仅关注物质上的创造，还应包括经济、文化和精神等方面的发展。

绿色建筑将人类与环境重新连接，促进人类产生新的价值观及生活方式。由于地域、观念和技术等方面的差异，国内外对绿色建筑缺乏统一的定义。

查尔斯（Charles）提出"绿色建筑"的定义为：健康新颖的设计，使用资源高效利用的方法，以生态学为基础原则的建筑。英国布莱恩·爱德华兹将"绿色建筑"定义为：有效地把节能设计和在生产、使用、处理过程中对环境影响最小的材料结合在一起的建筑，定义强调了建筑的能源效率及对建筑材料的选择与利用。

黄献明等认为，绿色建筑是微观层面的建筑设计，指在全生命周期内消耗最少的资源，使用最少的能源，产生最少的废弃物的舒适健康的建筑。[①]2004 年 8 月，建设部将"绿色建筑"明确定义为：为人们提供健康、舒适、安全的居住、工作

---

① 刘仲秋，孙勇，等 . 绿色生态建筑评估与实例 [M]. 北京：化学工业出版社，2013.

和活动的空间，同时在建筑全生命周期中实现高效率地利用资源（节能、节地、节水、节材）、最低限度地影响环境的建筑物。2006年，我国发布《绿色建筑评价标准》（GB50378—2006），将"绿色建筑"定义为：在建筑全生命周期内，最大限度地节约资源（节能、节地、节水、节材）、保护环境并减少污染，为人们提供健康、适用和高效的使用空间，与自然和谐共生的建筑。

1.3.2.2 生态建筑

20世纪60年代，建筑师保罗·索勒瑞（Paolo Soleri）将"生态"（Ecology）与"建筑学"（Architecture）两词合并，提出生态建筑学（Acology）的新概念。[①]1963年，维克多·奥戈亚（Victor Olgyay）在《设计结合气候：建筑地方主义的生物气候研究》（*Design with Climate: Bioclimatic Approach to Architectural Regionalism*）一书中，概括了此前建筑设计与气候、地域相关的研究成果，提出建筑设计应与地域及气候相协调的设计理论。1969年，美国风景建筑师伊恩·麦克哈格（Ian L. McHarg）在著作《设计结合自然》（*Design with Nature*）中，提出人、建筑、自然和社会应协调发展，标志着生态建筑学作为一门独立学科正式诞生。[②]

Van der Ryn将"生态学设计"定义为：以自然系统为基础，采用与自然兼容并与自然互相协作的方法，对物质和能源进行转换的设计。[③]强调生态建筑以对生态系统的深入认识为基础，在自然界与建筑之间实现互动关联的相互关系，并对其加以推动保护。杨经文（Ken Yeang）认为，生态建筑是指与环境融为一体，与当前的生态系统相符合的建筑，认为建筑的出现会改变现有的生态系统，因此必须考虑其对物质能量的影响，同时考虑生态系统对废弃物的吸收能力。[④]

由上述定义可以看出，生态建筑是指基于生态学原理，依据当地的自然环境合理组织建筑与相关因素之间的关系，将建筑看作完整的生态系统并具备生

---

① 姚润明，李百战，丁勇，等．绿色建筑的发展概述[J]．暖通空调，2006，36（11）：27-32.

② 陈宇青．结合气候的设计思路——生物气候建筑设计方法研究[D]．武汉：华中科技大学，2005.

③ Van der Ryn, Sim and Stuart Cowan. Ecological Design[M]. Washington DC: Island Press, 2007.

④ Ken Yeang. The Skyscraper Bioclimatically Considered: A Design Primer Academy Editions London, 1997.

物气候调节能力，使物质、能源在建筑内部有秩序地进行循环转化，在使用者、建筑与自然生态环境之间形成良性的循环系统，侧重于生态平衡及生态系统的研究。

1.3.2.3 可持续建筑

可持续发展理论揭示了自然、社会与经济的运行机制，可持续建筑则是可持续发展思想在建筑领域的重要体现。可持续理念引导了建筑发展模式的转变，使设计者的思维方式由逐阶段决策提升为全生命周期决策，将建筑的研究边界拓展至周边环境及所在区域，同时将研究范畴从建筑对生态环境的影响扩展到对环境、社会与经济等多个领域的共同影响。

1993 年，国际建筑师协会（International Union of Architect，UIA）与美国建筑师学会（American Institute of Architects，AIA）召开"建筑在十字路口"（Architecture at the Crossroad）国际会议，发表题为《可持续未来的互相依赖宣言》（*The Declaration of Interdependence for a Sustainable Future*），阐述促进可持续发展与研究的原则规范。1994 年，第一届国际可持续建筑会议将可持续建筑定义为：在有效利用资源并遵守生态原则的基础上，创造健康的建成环境并对其保持负责任的维护。[①]1999 年，国际建筑师协会第 20 届世界建筑师大会发表《北京宪章》，明确要求将可持续发展作为建筑师和工程师的工作准则。

人们对可持续建筑的理解一直处在发展变化中（图 1–3–1）。最初阶段，人们认为可持续建设概念是一种强调如何实现对有限资源与能源的高效利用，如何减少对自然环境的影响，更加关注建筑的技术因素，比如材料、建筑构件、建造技术以及与能源相关的设计概念。随着可持续建筑的发展，人们对非技术性因素的关注正在提升，非技术性因素包含经济与社会领域，也被称为"软性因素"，在可持续定义中进行了详细描述。现今，建筑环境的文化因素与文化遗产意义也成为可持续建筑的重要组成部分。

---

① 刘仲秋，孙勇，等．绿色生态建筑评估与实例 [M]．北京：化学工业出版社，2013．

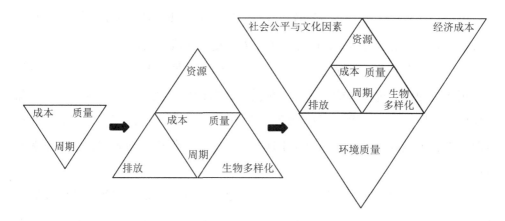

图 1-3-1　全球化语境下可持续建筑概念的发展变化

资料来源：International Council for Research and Innovation in Building and Construction（CIB）, Agenda 21 on sustainable construction

国际经济合作与发展组织（Organization for Economic Co-operation and Development, OECD）为可持续建筑设置了 4 项基本的发展原则：资源的应用效率原则、能源的使用效率原则、污染的防治原则及环境的和谐原则。依据上述原则，可持续建筑所应具备的基本特征为以下几点：

第一，可持续建筑应尊重地方生态与地区文化。可持续建筑应以当地的自然环境和社会环境为依托，在设计原则上强调尊重场地现有的生态系统和文化脉络，充分考虑当地的气候条件、经济条件、文化底蕴等综合因素，使得建筑随气候、资源及地方文化的差异而呈现不同风貌。

第二，可持续建筑应减少对环境与资源的影响。可持续建筑是资源与能源节约型建筑，在全生命周期内最大限度地减少不可再生能源、土地、水和材料的消耗，产生最小的环境负荷及长期的经济效益。

第三，可持续建筑应为人类创造健康舒适的环境。可持续建筑为人类提供舒适与高效的使用空间，推行内部环境与外部环境的有效连通，强调室内环境质量的提升。

建筑研究与创新国际委员会 CIB 在《可持续建筑 21 世纪议程》（*Agenda 21 on Sustainable Construction*）中提出"可持续建筑发展的主要议题与挑战"为以下几点：

第一，管理与组织。管理与组织是可持续建筑的关键方面，不仅针对技术问题，也包括社会、法律、经济与政治领域，同时由于建筑从策划到拆除处理等不同阶段聚集了大量的参与者，因此这是宏大与复杂的研究议题。

第二，资源消耗。资源消耗是建筑行业面临的非常重要的挑战之一，与能源使用相关的挑战包括节能措施、大规模的改造计划与交通需要。减少矿物资源的使用，使用可再生或可循环利用的材料，材料选择与预期使用年限。建筑的水资源管理、土地资源管理、场地与土地利用、新建筑使用年限等因素也在考虑范围内。

第三，产品与建筑。产品与建筑关系到如何将建筑特征与建筑产品实现最优化以提升可持续性能，气候、文化、建筑传统、产业发展等背景因素都被列入了考虑范围。通过增加参数数量与合理的指标设定，建筑性能环境方法将导向更好的评价。至于目前的产品生产与制造，最重要的问题是减少材料蕴能，降低使用过程中的排放，提升修复及循环再利用的能力。此外，对室内环境质量进行提升以实现建筑内部环境的健康与高效。

第四，建筑对城市可持续发展的影响。建筑的可持续发展对正在进行的城市化进程起到非常重要的作用，为未来一代创造可持续的建成环境，而可持续建成环境是经济发展与社会繁荣的主要支撑。基础设施、建筑、公共设施是主要的公众使用资源，与环境质量、生活质量、居住质量及监管治理关联，城市发展与废弃物管理是两个主要的横向方面。除废弃物，建筑产业还有几项环境负荷，如建筑产品、建筑运行及建筑的报废。

此外，可持续建筑与气候、文化、建筑传统、产业发展现状相关，法律法规、能源价格、鼓励与支持机制、激励与示范、转变市场需求的措施、科学研究也被引入可持续建筑的研究范畴，不同的细节策略也在讨论范围内。可以看出，可持续建筑包括自然生态环境、社会经济系统及人类的建筑活动等多方面因素的相互作用。除环境因素外，还包括社会经济、历史文化、生活方式等因素的相互影响。

通过对绿色建筑、生态建筑与可持续建筑的概念界定可以看出，绿色建筑侧重于能源与资源的优化利用；生态建筑侧重于生态平衡，强调建筑与生态环境的和谐共生；可持续建筑是可持续发展观的体现，强调环境领域、社会领域与经济领域的共同发展。

1.3.3 评价体系构成要素的概念界定

评价体系是指由表征评价对象各方面特征及其相互联系的多项指标所构成的具有内在联系的有机整体。评价体系的建立是进行评价研究或发展趋势预测的前提与基础，是将抽象的研究对象的本质属性或特征分解成为具有可操作性的结构，并对评价体系中的每一构成元素赋予相应权重的过程。评价体系的构成要素主要包括评价主体、评价对象、评价条款（包括评价指标与参数赋值）、权重体系等，上述要素通过评价模型可整合为具备系统性、典型性、动态性、可比性、综合性与科学性的评价体系。

1.3.3.1 评价标准

评价标准在本研究中指评价体系内针对特定建筑类型或某一发展阶段设置的标准，如 BREEAM 评价体系中针对办公建筑的 BREEAM Offices 评价标准。

1.3.3.2 评价主体

评价主体是评价过程的实施者，评价目的的设定、评价指标的选择、评价模型的建立、权重体系的设置都与评价主体的性质紧密相关。评价主体影响评价结果的可信度与市场接受度，建筑可持续性评价体系的评价主体包括政府机构、研究机构、行业协会、商业企业等。

1.3.3.3 评价对象

评价对象指要进行评价的具体事物，本研究以建筑的可持续性能为评价对象，以物理测量与主观评价相结合的方式，依据体系标准与相关技术规范对可持续建筑的客观属性与本质特征进行评价。

1.3.3.4 评价条款

本研究中评价条款包括评价指标与参数赋值。

1. 评价指标

评价指标是从多个视角和层次反映评价对象特定方面的特征，是"具体—抽象—具体"的辩证逻辑思维过程，评价指标的选取与设置是对评价对象的认识逐步深化完善与系统化的过程。[①] 评价指标显示事物随时间发生变化的定量化信息，反映总体现象的特定概念和具体数值，每项评价指标都从不同侧面刻画评价对象所具有的某种特征程度的度量。[②]

评价指标的选取以既有的资料与数据为基础，强调单项指标的典型意义及指标体系的内部结构。单项指标应具备典型性、代表性与可行性，能够反映评价对象的某项特征。同时，指标之间具有层次性与内在的逻辑关系，共同组成便于综合分析评价的有机统一的整体。

评价指标按照衡量方式分为定量化指标与定性化指标。定量化指标以可靠的数据作为评价依据和参照准则，数据来源包括国家或地区各种规范、法规、制度中涉及的相关数据库、行业统计数据和公认的国际标准等。定性化指标无法用数据衡量，依靠主观判断进行评价。

2. 参数赋值

在构建评价体系的过程中，应依据不同的评价目标确定定量化指标的参数赋值，同时允许由于地区差异而产生的弹性赋值。参数赋值应遵循客观性、可操作性和有效性原则的基础。

1.3.3.5 权重体系

权重体系表征评价体系中评价标准相对于上层目标的相对重要性。权重体系的设置对评价结果会产生较大影响，是评价体系的基础组成部分，应采用适当的方法确保权重分配的科学性与合理性。权重体系的特征包括模糊性与主观性。在评价体系中，权重设置并非必备的因素。[③]

权重的确定方法分为主观赋权法与客观赋权法两类。主观赋权法具有主观性，强调利用专家的专业知识与经验及对实际情况的判断，包括德尔菲法（Delphi）、层次分析法（Analytic Hierachy Process，AHP）、环比评分法、倍数环比法、优序环比法等；客观赋权法通过对统计数据信息进行客观研究与分析，并以此确定权重，即不同建筑在某一指标上的数值差异性越明显，此项指标的权重值越大，数值差异性越小，指标权重值越小，包括因子分析法、熵值法、主成分分析法、序

---

① 苏为华. 论统计指标体系的构造方法 [J]. 统计研究，1995（2）：63.

② 田蕾. 建筑环境性能综合评价体系研究 [M]. 南京：东南大学出版社，2009.

③ 同②.

列分析法、熵权系数法等。其中德尔菲法与层次分析法是最常用的权重确定方法^①，本研究中的权重设置采用德尔菲法与层次分析法相结合的研究方法。

德尔菲法是指在缺乏客观资料或数据的情况下，由相关领域的专家依据自身的知识经验对问题作出判断、评价与预测的方法。按照课题所需的知识范围确定咨询专家，通过多轮征询收集、归纳修改与信息反馈，形成趋于一致的专家意见作为最终结果。

1971 年，美国匹兹堡大学 T.L.Saaty 教授提出并发展了层次分析法（AHP），主要应用于不确定情况下以及具有多目标、多标准的决策领域中，对复杂决策问题的影响因素及内在关系进行定量与定性分析，如美国国防部的应变计划研究（Contingency Planning Problem）等。AHP 方法结合了数据分析方法、指标设计方法与主观判断测量方法，是系统性多层次的分析决策评价工具，具有高度的逻辑性、系统性与实用性。近年，AHP 方法主要用于社会学及行为科学，通过建立相互影响的递阶结构将复杂问题进行简化。^②

1.3.3.6　评价模型

综合评价体系通常利用数学模型将多个评价指标值合成为一个整体性的综合评价值，需分析评价对象所属的现象类型及内部结构关系，确定最适当的评价模型。^③

本研究根据评价目的及评价原则将不同的影响因素列表说明，同时和定量分析与定性分析的方法相结合，将大类因素分解为有序的层级，利用数学方法确定指标层次，并按照重要性次序进行权重赋值，利用合适的数学模型或算法将评价指标进行合成，从而完成整个评价体系的模型架构。

1.3.4　建筑可持续性评价的概念界定

评价是主体对客体的价值判断，本质上是人掌握世界的意义的观念活动，是对评价对象的特殊反映，因此评价具有主观性与主体性，需要借助一定的评价标

---

① 刘仲秋，孙勇，等 . 绿色生态建筑评估与实例 [M]. 北京：化学工业出版社，2013.

② 褚志鹏 . 层级分析法（AHP）理论与实作 http://faculty.ndhu.edu.tw/~chpchu/POMR_Taipei_2009/AHP2009.pdf.

③ 田蕾 . 建筑环境性能综合评价体系研究 [M]. 南京：东南大学出版社，2009.

准或规范。评价结果应具备描述意义与认知意义，更重要的是具备对评价对象本质及变化的规定性意义。[①]

建筑可持续性是对建筑的特定状态的描述，同时体现建筑自身所具备的发展能力。建筑可持续性评价的基本架构应建立在可持续发展的思想理论基础之上，强调环境可持续、社会可持续与经济可持续的协调统一，在特定的时间与空间范围内对建筑实现可持续发展目标的能力进行判断，即建筑达到可持续状态的程度。

建筑的可持续性在建筑系统、自然系统与社会系统的相互关联中体现，在其全生命周期的每个阶段都包含具备不同侧重点的影响要素。建筑可持续性评价体系系统化的主要目的是支持建筑设计的发展，达到可持续发展各维度之间最适宜的平衡。为适应建筑可持续性评价体系的复杂性与系统化，需要整体性的可持续建筑设计方法与其对应，同时具备足够的实践性、透明度与灵活性。

1.4 研究方法

本书对不同分析目标与不同分析层次使用不同研究方法，研究方法之间的补充与嵌构。本书采用的研究方法有以下几种：

1.4.1 文献研究与实证研究相结合

本书采用文献研究法进行国内外已有评价体系的研究及理论基础的构建。运用文献研究法将常规检索方式与追溯检索方式相结合，对相关文献、理论体系及客观材料进行整理分析与研究梳理。同时，将建筑可持续性 BSA 体系在实际评价项目中进行应用，通过实证研究方式衡量其实用性。

1.4.2 统计分析与比较研究相结合

对现有体系的基础数据进行统计分析，寻找内在规律。使用比较研究法对同一研究对象及建筑可持续性评价体系进行时间维度与空间维度的对比，分析其普遍性与差异性。

---

① 朱小雷. 建成环境主观评价方法研究 [M]. 南京：东南大学出版社，2005.

1.4.3 定量分析与定性分析相结合

定性分析是定量分析的基本前提，依据研究资料对分析对象的特点、性质、发展变化规律作出判断，针对评价体系的条款内容进行研究。定量分析依据科学数据，得出精确的研究结果与数值。定量分析以评价标准中的参数为研究对象。本书对收集的数据信息与实例信息采用定量分析与定性分析相结合的研究方法，研究结果互为补充。

1.4.4 多指标综合评价方法

多指标综合评价方法是指运用多项评价指标对研究目标进行评价，所形成的评价是多种影响因素互相作用下的综合判断。运用多指标综合评价方法将被评价对象的多项指标信息进行汇集与综合分析，可以反映被评价对象的整体性能特征。多指标综合评价方法包括层次分析法、主成分分析法、数据包络分析法、灰色关联度法、模糊综合评价法等。本书采用 AHP 层次分析法进行体系层级结构的构建与权重体系的设置。

1.5 研究框架

第二章对目前国际通用的建筑可持续性评价框架、评价标准以及国际层面的建筑可持续性评价体系进行研究。

第三章对国内外建筑可持续性及建筑环境性能相关的评价体系进行分析研究，研究内容包括评价体系的发展历程、应用范围、评价领域的确定、评价条款的选择、基准与权重的设置和评价体系的特征等方面，重点关注当地的地域特征、发展现状、设计理念、技术体系及建筑相关产业对评价体系产生的影响。

第四章从宏观层面对建筑可持续性评价体系进行综合分析，对其价值负载、体系特征包括各体系之间的关联性、共性与特性进行分析，对建筑可持续性评价体系的影响因素，包括地域特征与发展现状、设计理念、技术体系、相关产业等进行探讨，研究体系中的城市评价与建筑评价的关联。

第五章对建筑可持续性评价体系进行环境领域、社会领域、经济领域和政策领域的专项分析，重点研究环境关键指标，即建筑能耗、建筑碳排放与建筑材料的评价条款与基准设置，以及建筑可持续性评价体系在社会领域、经济领域的相关规定。

第六章以实现建筑的整体可持续性为目标，构建 BSA 建筑可持续性评价体系，确定了体系框架与评价领域，将建筑的可持续性要素进行系统化、模型化的建构，进而进行评价条款、衡量基准、权重体系、评价模型等构成要素的设置，构建出完整的兼顾建筑可持续性评价在时间上的动态发展与空间上的适应演化的建筑可持续性评价体系。

第七章以中新天津生态城公屋展示中心建筑项目为例，对 BSA 建筑可持续性评价体系的实际应用过程进行验证。

第八章对本书的创新点进行分析与总结，同时对 BSA 建筑可持续性评价体系的未来发展方向与发展前景进行讨论（图 1-5-1）。

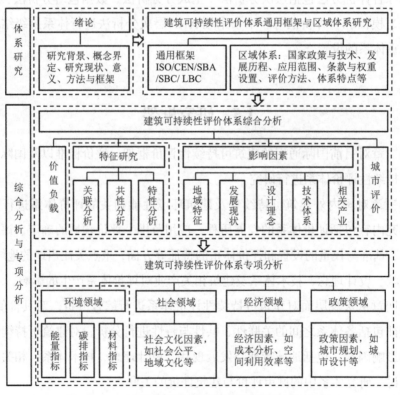

图 1-5-1　建筑可持续性评价体系通用框架与区域体系

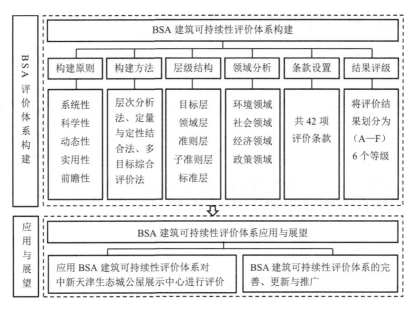

图 1-5-1 建筑可持续性评价体系通用框架与区域体系（续）

1.6 本书创新点

1.6.1 研究视角创新

以国际化的研究视角对通用的可持续建筑评价框架和现有的建筑可持续性评价体系进行研究。

对国际标准化组织 ISO 与欧洲标准化委员会 CEN 制定的国际通用的可持续建筑评价框架以及欧洲可持续建筑联盟 SBA 体系、国际可持续建筑挑战 SBC 合作计划、卡斯卡迪亚地区 LBC 生态建筑挑战评价体系等国际层面的建筑可持续性评价体系进行分析研究。同时，依据地域区划与体系特征对现有的国家层面的建筑可持续性评价体系进行分析研究，包括评价体系的发展历程、应用范围、评价领域、评价条款、基准与权重以及评价体系的特征等，重点关注地域特征、发展现状、设计理念、技术体系及建筑相关产业对评价体系产生的影响。

1.6.2 研究方法创新

对现有的建筑可持续性评价体系进行宏观层面的综合分析与评价领域的专项分析。

从宏观层面对建筑可持续性评价体系进行综合分析，对其价值负载、体系特征包括各评价体系之间的关联性、共性与特性进行分析，对建筑可持续性评价体系的影响因素进行探讨，研究评价体系中的城市评价与建筑评价的关联。同时，也对现有建筑可持续性评价体系进行环境领域、社会领域、经济领域、政策领域的专项分析。

1.6.3 研究成果创新

以可持续发展的思想理论为基础建立 BSA 建筑可持续性评价体系，并对其进行适用性分析。

针对目前国内颁布的《绿色建筑评价标准》仅包含环境领域评价且缺少对国际通用框架的研究等问题，对可持续建筑的评价领域进行扩展，将建筑可持续发展的公共政策、理论框架、相关规范与技术支撑体系、社会发展趋势以及公众关注的可持续议题等纳入研究领域，建立 BSA 建筑可持续性评价体系。BSA 建筑可持续性评价体系的架构建立在可持续发展的思想理论基础之上，除涵盖关键的可持续议题，即环境领域、社会领域、经济领域外加入政策领域，兼顾资源与环境的承载力、社会文化的公平性、经济发展的合理性、政府政策的引导性以及技术体系的先进性，在可持续发展的不同维度之间进行适当的平衡，同时具备清晰的信息组织方式以及明确的性能衡量标准，为建筑可持续性评价提供科学的发展目标、评价依据与实现途径。

2 建筑可持续性评价通用框架研究

建筑可持续性评价体系因其设定目标与研究方法的不同，存在对可持续建筑定义的主观化以及评价体系与指标群组的多样化，造成评价工具之间评价结果对比的困难。为克服这些限制并建立通用的可持续建筑评价体系，国际标准化组织ISO与欧洲标准化委员会CEN进行了大量的研究，同时出现了欧洲可持续建筑联盟SBA体系、国际可持续建筑挑战SBC合作计划、卡斯卡迪亚地区LBC生态建筑挑战评价体系等国际层面的建筑可持续性评价体系。

2.1 国际标准化组织ISO可持续建筑标准框架

国际标准化组织（International Organization for Standardization，ISO）为建筑环境与可持续性评价定义了标准化要求，ISO技术委员会（Technical Committee，TC）及其分委会（Subcommittee，SC）研究制定了不同层级的建筑可持续性评价标准化体系（图2-1-1），其中包括可持续建筑指标框架与建筑环境性能评价框架。

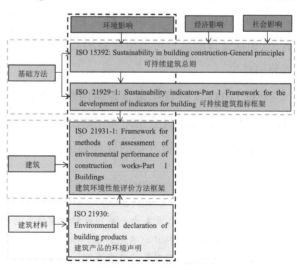

图 2-1-1 ISO 制定的与建筑可持续性相关的国际标准

资料来源：作者根据相关资料整理绘制

ISO TC59 SC17 作为此项工作的执行机构，成立执行工作组进行分项研究。各工作组研究的前提为如何用最少的环境影响实现可持续建筑的最佳性能，同时鼓励当地、区域及全球的经济、社会与文化的提升。工作组 WG1 制定可持续建筑总则（ISO 15392），WG2 进行建筑可持续性指标框架的研究（ISO 21929-1），WG3 进行建筑产品环境声明（Environmental Product Declarations，EPD）的研究（ISO 21930），WG4 制定建筑环境性能评价框架（ISO 21931-1）。

ISO 15392 建筑可持续性评价总则将可持续发展的建筑定义为用最少的环境影响产生所需的性能与功能，鼓励当地、区域与全球的经济、社会、文化等方面的提升，同时规定了建筑可持续性评价的一般原则，即基于可持续发展的概念并且应用于建筑从摇篮到坟墓的 LCA 全生命周期评价。

ISO 21929-1 通过对建筑可持续性评价的通用框架与核心指标的设立，定义可持续建筑的本质特征及其对环境社会、经济的影响，同时为建筑可持续性指标的开发与选择提供指导。目前，ISO 21929-1 已经为建筑可持续性评价设置了核心指标与附加指标，指标强调环境与资源、人类健康、社会公平以及建筑的文化价值与经济价值，其中核心指标分为 3 个层级：区位相关的可持续指标、场地相关的可持续指标及与建筑相关的可持续指标（表 2-1-1），附加指标依据项目自身需求设置。[①]

ISO 21930 对Ⅲ型建筑产品的 EPD 环境产品声明设立了基本要求与原则框架[②]，包括常规能源与可再生能源的消耗、可再生与非可再生材料的消耗以及水资源的消耗等。

ISO 21931-1 的目标是设置通用框架以提升建筑环境性能评价方法的质量与可比性，框架涵盖建筑全生命周期的所有阶段（设计、施工、运行、更新与拆除），资源、能源的利用与废弃物的处理必须包含在评价方法中。

---

① Sustainable buildings and climate initiative Sustainable building and climate index Global guide for building performance, UNEP, 2009.

② 国际标准化组织 ISO 开发出一系列针对环境标签的标准，定义了三种类型的环境标签，类型Ⅰ"认证标记"（Seal of Approval）标签，由第三方对产品进行认证，当产品满足预设指标便可获得标签；类型Ⅱ"自我声明"（Self-Declaration），基于生产厂商对于产品环境性能的自我声明；类型ⅢEPD"环境产品声明"，由生产厂商提供产品的环境数据，由第三方进行认证。建筑作为特殊产品采用类型Ⅰ的设定范围，即建立建筑某方面性能的评价体系，通过第三方认证机构对其是否符合体系中设定的标准进行认证。

表 2-1-1　ISO 21929-1 标准中与区位、场地及建筑相关的核心可持续指标

	潜在影响							
	环境影响		经济影响		社会影响			
	气候变化	其他环境影响	经济价值	生产效率	健康	满意度	社会公平	文化价值
区位相关的指标（Location Specific Indicators）								
与公共交通的连接	■						■	
与步行、自行车出行交通方式的连接	■					■	■	
与绿化及开敞空间的连接						■	■	
与跟使用者相关的基础服务的连接			■			■		
保持建成环境的质量，维护文化遗产						■		■
场地相关的指标（Site Specific Indicators）								
场地覆土		■						
土地再利用		■						
场地与建筑的可达性							■	
用地对于自然保护的价值		■						
场地的自然特征		■						
建筑相关的指标（Building Specific Indicators）								
资源的利用与有害物质的排放	■	■						
建筑室内状况（热、声与视觉舒适度）					■	■		
室内空气质量					■	■		
建筑的安全性（结构、防火与使用安全）				■	■		■	
建筑的服务性				■		■		
建筑对使用者需求及气候变化的适应性		■		■				
建筑的全生命周期成本			■					
建筑的可维护性			■					

资料来源：Sustainable buildings and climate initiative Sustainable building and climate index Global guide for building performance, UNEP, 2009.

2.2 欧盟标准化委员会 CEN 可持续建筑标准框架

20 世纪 90 年代以来，随着环境保护意识的增强，"建筑环境质量"与"可持续建筑"等概念开始出现，并获得广泛认可。在此期间，欧盟制定了严格的法律法规与指令（Legislation& Directive）、行业标准（Standardisation）、产品与建筑的标签认证体系（Labelling&Certification）、绿色公共采购（Green Public Procurement），以应对可持续发展在健康、能源、环境与交通等方面的挑战。

欧洲标准化委员会（European Committee for Standardization，CEN）可持续建筑工程指令 CEN/TC350（CEN Technical Committee for the Sustainability of Construction Works）与国际 ISO 标准框架保持一致，在欧洲范围内创建统一的可持续建筑评价标准，以定量化的方法对新建建筑与既有建筑的可持续性进行评价，使建筑的可持续性度量方法及相关信息、产品与服务可用于欧洲国家间的交易与交换，防止国际市场潜在的技术贸易壁垒。此标准可被用于评价建筑在全生命周期内的环境性能、经济性能以及可计量部分的健康与舒适度性能。

欧洲可持续建筑工程指令 CEN/TC350 所包含的一系列标准中包括为建筑的可持续性评价提供基本框架（prEN 15643-1），在此基本框架之内，CEN 开发了符合 Mandate M350 指令的一系列标准，例如，制定建筑环境性能综合评价框架（prEN 15643-2）、建筑产品环境声明类别规则（prEN 15804）及建筑环境性能评价计算方法（prEN 15978）。此外，建筑社会性能评价框架（prEN 15643-3）、建筑经济性能评价框架（prEN 15643-4）作为欧洲建筑可持续性能评价一系列标准中的一部分，也在前期筹备中（图 2-2-1）。[1]

---

① BREEAM 2011 New Construction Technical Guide.

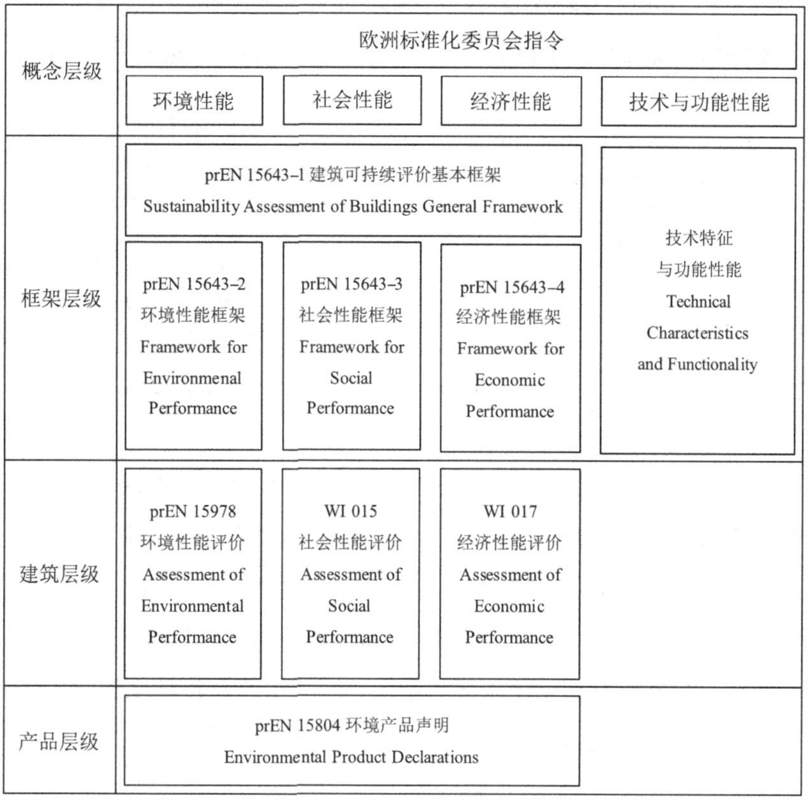

概念层级	欧洲标准化委员会指令			
	环境性能	社会性能	经济性能	技术与功能性能
框架层级	prEN 15643-1 建筑可持续评价基本框架 Sustainability Assessment of Buildings General Framework			技术特征 与功能性能 Technical Characteristics and Functionality
	prEN 15643-2 环境性能框架 Framework for Environmenal Performance	prEN 15643-3 社会性能框架 Framework for Social Performance	prEN 15643-4 经济性能框架 Framework for Economic Performance	
建筑层级	prEN 15978 环境性能评价 Assessment of Environmental Performance	WI 015 社会性能评价 Assessment of Social Performance	WI 017 经济性能评价 Assessment of Economic Performance	
产品层级	prEN 15804 环境产品声明 Environmental Product Declarations			

图 2-2-1 欧洲标准化委员会可持续建筑工程指令 CEN/TC350 不同层级的评价标准

资料来源：ARGE.An Introductory Guide to the Europen Wide Sustainability Agenda

其中，CEN/TC350 标准中的建筑环境性能评价方法是基于建筑全生命周期的定量化评价。由于不同可持续性评价体系采用的 LCA 方法不同，因此不同国家的建筑可持续性评价结果不具备可比性。为了解决这一问题，CEN 标准将建筑环境性能表达为 5 个定量指标（来源于 LCA 的影响类别）以及 8 个环境方面的定量化指标（来源于 LCI 的数据），如表 2-2-1 所示，未来所有标准化的欧洲可持续性评价应考虑同样的指标列表，新建立的可持续性评价体系应与其保持一致。

表 2-2-1　CEN TC350WG1 N002 中设置的建筑环境影响评价定量化指标

环境影响（依据 LCA 环境影响类别）	环境因素（依据 LCI 环境数据）
气候变化—全球变暖潜力 GWP 平流层、臭氧层的消耗 土壤与水资源的酸化 富营养化 光化学污染（来源于地面臭氧层的形成）	非可再生资源的使用 可循环再利用资源的使用 非可再生能源的使用 可再生能源的使用 水资源的利用 无害废弃物的处理 有害废弃物的处理 核废弃物的处理（与有害废弃物分离）

资料来源：L. Bragança & R. Mateus.Global Methodology for Sustainability Assessment: Integration of Environmental LCA in Rating Systems

CEN/TC350 WI 011 中规定了建筑环境性能评价的计算方法，即在设定建筑的生命周期与系统边界的基础上，建立建筑物理特征描述的建筑模型，针对模型定义建筑全生命周期的情景模式并计算相关环境指标，得出最终的评价结果。其中，对能耗的计算依据参考 EPBD EN15603 的描述，建筑耗能系统包括加热系统、制冷系统、通风与空调系统、热水系统、照明系统及自动化控制系统。此外，德国 DGNB 评价体系与法国 HQE 评价体系均遵循欧洲标准 prEN 15804 与 prEN 15978 中的相关规定。

2.3　欧洲可持续建筑联盟 SBA 建筑环境评价框架

2008 年，部分欧盟国家法国、英国、德国等发起成立欧洲可持续建筑联盟的倡议。2009 年，在联合国环境规划署可持续建筑促进会（UNEP Sustainable Building and Construction Initiative，UNEP-SBCI）的支持下，SBA 正式成立，目标是通过设立具有可行性与国际可比性的建筑可持续性能评价标准来推动可持续建筑在欧洲的实践[1]，为建筑业的可持续发展提供更多的确定性指标，同时为欧盟委员会的政策制定提供市场反馈。在此之前，欧洲范围内已进行了大量的可持续建筑评价研究，例如为期 4 年的 CRISP 倡议，收集了欧洲正在使用中的、以全生

---

[1]　SB Alliance.Piloting SBA Common Metrics—Technical and operational feasibility of the SBA common metrics Practical modelling of case studies Final report.

命周期评价为基础的可持续发展指标，旨在将 LCA 原则整合并融入建筑的全部发展阶段；由欧共体联合资助的为期 6 年的 LenSe 项目，其涵盖可持续建筑研究的各个方面，包括环境领域、社会领域与经济领域。

欧洲可持续建筑联盟 SBA 总部设在巴黎，成员包括可持续建筑的评价与认证机构、标准制定机构、国家级的建筑研究中心与建筑产业的利益相关方，正式成员为英国建筑研究院（Building Research Establishment，BRE）、法国建筑科学技术中心（Scientific and Technical Centre for Building，CSTB）与 CERQUAL[①]、德国可持续建筑委员会（German Sustainable Building Council，DGNB）、芬兰国家技术研究中心（VTT）、美国国家标准和技术研究院（National Institute of Standards and Technology，NIST）、意大利国家研究委员会建筑技术研究所（Italian National Research Council Construction Technologies Institute，ITC CNR）与西班牙瓦伦西亚建筑研究所（Valencia Institute of Building）。[②]

2009 年，在欧盟标准化委员会 CEN/TC 350 的标准框架下 SBA 制定出建筑环境评价的通用框架（SBA Framework for Common Metrics），其制定的通用评价标准既遵循可持续建筑的普遍原则，又具备对地方机制的适应性以体现地区差异。2011 年，建筑环境评价通用框架进入试行阶段，在相同的边界条件下使用同样的计算方法对建筑的性能进行评价，重点关注数据的可用性、计算方法的实用性、评价结果的可比性以及与欧洲各国现有评价体系的结合。研究过程分为两个阶段：第一阶段通过实际模型的案例研究测试技术与实施可行性，第二阶段通过模型模拟与 LCA 计算测试体系的稳定性与可比性。

SBA 遵循严格的指标选择过程，将欧洲现有评价体系的所有评价指标全部列出，由 SBA 会员投票选出具有绝对优先权的评价指标，即第一版通用标准所包含的 6 项指标。其中，资源消耗类指标 2 项，常规能源利用（Primary Energy）及水资源利用（Water）；室内环境质量类指标 2 项，室内空气质量（Indoor Air Quality）及热舒适（Thermal Comfort）；建筑排放类指标 2 项，温室气体排放（Carbon Emissions）及废弃物处理（Waste）。[③] 此外，处于讨论中的指标有 3 项，

①　法国 CERQUAL 为 QUALITEL 的下设机构，发布并推广了 Habitat&Environment 住宅质量认证.

②　SBA 官方网站：http://www.sballiance.org/members/.

③　徐永模. 可持续建筑认证与标识 [J]. 混凝土世界，2010（10）：71.

即经济性能（Economic Performance）、视觉舒适度（Visual Comfort）与声学舒适度（Acoustic Comfort）。

SBA 建筑环境评价通用框架将建筑全生命周期分解为 3 个阶段，即建筑运行前阶段、建筑运行阶段以及建筑生命周期结束阶段，每个阶段包含相应的建筑过程（表 2-3-1）。

表 2-3-1　SBA 评价体系建筑全生命周期的 3 个评价阶段及所含过程

阶段 1：建筑运行前阶段	产品生产阶段	建筑原材料的提取与处理
		建筑原材料运输至生产场地
		建筑产品的生产制造
	建筑施工阶段	建筑产品运输至施工场地
		建筑施工与安装过程
阶段 2：建筑运行阶段		与建筑结合的设备系统运行产生的影响
		独立于建筑的电器用具运行产生的影响
		建筑维修、维护与更新产生的影响
		与建筑运行相关的交通运输产生的影响
阶段 3：建筑生命周期结束阶段		建筑拆除过程产生的影响
		与废弃物相关的交通运输产生的影响
		建筑产品及元素循环再利用产生的影响
		建筑废弃物的处理产生的影响

资料来源：作者根据 SBA 官方网站资料整理绘制

SBA 建筑环境评价通用框架对建筑在上述各个阶段的以下指标进行评价：第一，温室气体排放量，其以全球变暖潜能值作为测量单位二氧化碳当量（CO_2eq），以 kg 为单位；第二，常规能源消耗量，以 $kW \cdot h$ 为单位；第三，水资源利用消耗量，其以 m^3 为单位；第四，废弃物的产生与处理，包括有害废弃物（t）、无害废弃物（t）、惰性废弃物（t）、核废弃物（kg）；第五，室内空气质量：CO_2 含量（百万分比）与甲醛含量（$\mu g/m^2$）；第六，室内环境的热舒适度：使用期内温度超过限定值的时间所占的百分比，并对各评价阶段的数据来源提出要求（表 2-3-2）。其中第一至第四项数据在各阶段都需收集，第五至第六项数据在建筑运行阶段收集。

表 2-3-2　各评价阶段相关资料的数据来源及要求

	阶段 1					阶段 2				阶段 3			
	(1)	(2)	(3)	(4)	(5)	(6)	(7)	(8)	(9)	(10)	(11)	(12)	(13)
GWP													
能源													
水资源													
废弃物													
IEQ													

摇篮到工厂（Cradle to Gate）的产品环境声明　　标准化的能耗计算方法
摇篮到坟墓（Cradle to Grave）的产品环境声明　　基于使用情景的数据估算

资料来源：作者根据 SBA 官方网站相关资料整理绘制

SBA 建筑环境评价通用框架在 ISO 与 CEN 的国际标准研究成果的基础上，主要针对全生命周期内建筑对资源与环境产生的影响。

尽管欧洲各国的国情与地域特征各不相同，但因其具备共同的立法环境与研究基础，SBA 建筑环境评价通用框架与欧洲各国评价体系的结合具备较高的可行性。其特点为以下几点：第一，公开与透明性：通用评价框架的开发与应用保持公开与透明；第二，一致性：SBA 建筑环境评价通用框架以建筑整体为评价对象，不包含周边基础设施；第三，模块化：SBA 建筑环境评价通用框架将建筑的全生命周期分解成模块，每个模块都可独立进行评价；第四，实用性：SBA 建筑环境评价通用框架选用最具有实用性的核心指标且每项措施均可被独立评价；第五，灵活性：SBA 建筑环境评价通用框架允许包含额外的可选指标，允许采用适合当地的程序与过程。

2.4　国际可持续建筑挑战 SBC 合作计划

1996 年，加拿大自然资源部（Natural Resources Canada）发起了由 14 个国家参与的"绿色建筑挑战"（Green Building Challenge，GBC）国际合作计划，计划的目标是为绿色建筑提供统一的评价工具。1998 年，"绿色建筑挑战"国际合作计划研究并推出了建立在 EXCEL 基础上的软件类绿色建筑评价工具 GBTool，强调建筑评价体系的评价条款及权重体系的国际适用性与被评价项目的可比性。其具体评价项目、评价基准数值和权重系数可由各国的专家小组根据本国或地区的实际情况确定，为了适应不同国家和地区的技术水平与建筑传统，使不同国家与地区的绿色建筑具备可比性并实现信息交换，GBTool 中具体评价项目、评价基准数值和权重系数可由各国的专家小组根据本国或地区的实际情况确定。因此，每个国家或地区都可以拥有自己国家或地区版的 GBTool。

2002 年，GBC 交由总部设在渥太华的国际非营利机构——国际可持续建筑环境倡议（International Initiative for a Sustainable Built Environment，iiSBE）负责运营，经过对"绿色建筑"与"可持续建筑"概念的对比分析后（表 2-4-1），iiSBE 将"绿色建筑挑战"合作计划改名为"可持续建筑挑战"（Sustainable Building Challenge，SBC），相应评价工具也更名为 SBTool。

表 2-4-1　SBC 评价体系中设定的绿色建筑与可持续建筑的区别

评价领域	绿色建筑 Green Building	可持续建筑 Sustainable Building
非可再生能源消耗	●	●
水资源消耗	●	●
土地资源消耗	●	●
建筑材料消耗	●	●
温室气体排放	●	●
其他气体排放	●	●
对场地生态的影响	●	●
固体废弃物 / 液体污染物	●	●
室内环境质量（空气质量、光环境、声环境）	●	●
性能维护	●	●
使用年限、适应性、灵活性		●
建筑效率		●
地震及其他安全性能		●
社会因素与经济因素		●
城市及规划因素		●

资料来源：作者根据 iiSBE 官方网站相关资料整理绘制

SBTool 的评估范围包括新建建筑和既有建筑，所含建筑类型有办公建筑、学校建筑、图书馆建筑、餐饮建筑、旅馆、居住建筑（公寓、联排住宅）、室内停车场、商业建筑（零售建筑、大型超市、购物中心等）、影剧院等 12 种建筑类型，要求被评价的单体建筑最多包含 3 类空间功能。①

SBTool 评价工具包含 4 个评价阶段，即设计前阶段（Pre-design Phase）、设计阶段（Design Phase）、施工阶段（Construction Phase）以及运行阶段（Operations Phase）。设计前阶段针对"场地评价"，关注场地选择及场地特征，在 SBTool 中可作为没有建筑设计信息时的独立评价。后 3 个阶段针对"建筑评价"，其中，设计阶段评价基于施工前的建筑设计信息与数据，对建筑的预期性能进行评价；施工阶段评价涵盖整个施工过程；运行阶段评价用于评价建筑投入使用至少 2 年之后的实际运行性能，其包括对设计阶段的部分评价条款的验证。

SBTool 评价工具可根据产生当地版本的需要，除强制性标准外，使用者可选择开启或关闭某项评价标准。根据评价条款的数量不同，SBTool 工具可分为以下几版：第一，最少条款版（Minimum）：此版本的评价条款设置均为强制性指标（Mandatory Criteria）及关键性指标（critical importance），可对项目作出快速评价；第二，中量条款版（Mid-size）：此版本的条款设置除强制性指标及关键性指标外，还增加了重要性指标（potentially important）；第三，最多条款版（Maximum）：此版本的标准设置涵盖所有已开发条款，除强制性指标及关键性指标外，还增加了重要性指标及有益性指标（potentially useful）；第四，开发版（Developer）：开发版包含评价体系中已有的全部评价标准，包括已开发标准及在开发中还未完全成熟的评价条款，只用于核心研发团队使用或仅作为研究参考。

SBTool 评价工具的开发版、最多条款版、中量条款版、最少条款版 4 类评价版本，与场地评价、建筑评价的不同阶段（设计阶段、施工阶段、运行阶段）组合后，会产生 16 种具备不同权重体系的评价工具。下表所列为 16 种具备不同权重体系的评价标准各自评价条款的数量（表 2-4-2）。

表 2-4-2　SBTool 2012 场地评价与建筑评价不同阶段、不同版本所含评价条款的数量

版本	场地评价	建筑评价		
	设计前阶段	设计阶段	施工阶段	运行阶段
开发版	35 项	141 项	39 项	146 项
最多条款版	35 项	103 项	26 项	107 项
中量条款版	20 项	54 项	12 项	55 项

---

① iiSBE 官方网站：SB Method and SB Tool for 2011-overview. Nils Larsson.Oct.2011.

版本	场地评价	建筑评价		
	设计前阶段	设计阶段	施工阶段	运行阶段
最少条款版	8 项	14 项	3 项	13 项

资料来源：作者根据 iiSBE 官方网站相关资料整理绘制

　　SBTool 评价工具的结构分为 3 个层次：第一，SBT-A 用于设置适合当地的基准、权重与评价条款，由经过授权的第三方进行校准，使之适合某一国家或地区的实际情况。SBTool 中的自定义数值在未经过校准前没有实际意义，只有确定了特定区域及建筑类型，才可用于正式评价。校准后的"文件 A"可用于本地区的所有建筑。SBT-A 又分为两个独立的评价模块，分别适用于"场地评价"和"建筑评价"。第二，SBT-B 由设计师提供建筑项目的相关基础信息，通过数据处理执行自我评价。第三，SBT-C 基于 SBT-A 和 SBT-B 中输入的数据，由独立的第三方评价人员执行场地及建筑项目评价。SBC 评价体系的上述 3 个结构层次分别对应 3 份 Excel 评价文件（图 2-4-1），即文件 A、文件 B、文件 C。

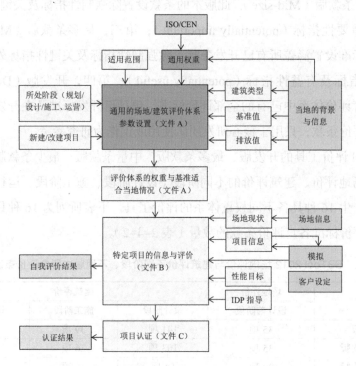

图 2-4-1　SBC 评价体系的 3 个结构层次与对应文件

资料来源：作者根据 iiSBE 官方网站相关资料整理绘制

SBTool 评价工具从场地重建与发展、能源与资源消耗、环境负荷、室内环境质量、服务质量、社会文化与感知、成本与经济性 7 个领域对绿色建筑进行评价。每项指标的权重设置基于评价要素所产生影响的范围（Extent）、强度（Intensity）与持续时间（Duration），以及与重要指标的关联度，由当地的研究部门在 ±10% 的范围内对权重值进行修正，最终修正量如表 2-4-3 所示中分值由 SBTool 进行自动计算。SBTool 2012 建筑评价开发版（表 2-4-4）及 SBTool 2012 场地评价开发版（表 2-4-5）所含评价标准及各级标准的权重设置如下所示。

SBTool 工具的评价过程与评价结果均在 Excel 软件内进行展示。在标准评分方面，采取阶梯式评价系统（Scalar Scoring System）进行步进式评分，每项评价标准都以 –1 分到 5 分作为评分范围，以 0.5 分作为增量进行打分，其中 –1 分表示建筑未达到此项评价标准所设置的基准值（Negative），0 分表示建筑达到了标准设定的最低限度（Minimum Practice），+5 分表示建筑相关性能达到了最佳实践效果（Best Practice）。对有明确基准数值的评价条款即"硬性指标"，可依据其性能数值进行评分，部分"软性指标"无法通过数据计算作定量化评价，但却是建筑可持续性评价体系的重要组成部分，例如评价标准中的 E 类服务质量、F 类社会、文化与感知以及部分与 A 类场地发展相关的条款。对此类"软性指标"SBTool 采用的评分方法为参考客观性描述建筑相关性能的文本声明进行评分，分值同样以 0.5 分为增量进行增减。在对各项标准进行评分后利用加权求和法（Weighted Summation Approach）得到最终评价结果并确定等级（图 2-4-2），即通过工具内设置的三级权重体系逐层进行加权求和，评价结果根据软件内的公式和规则自动计算生成，并以直方图的形式表现。

表 2-4-3　SBTool 评价体系权重的影响因素

可修正程度	预设值			
潜在影响	A：潜在影响范围（1~5分）	B：潜在影响持续时间（1~5分）	C：潜在影响强度（1~3分）	D：受影响的系统（1~5分）
非常少	建筑	1~3a	较小	建筑服务系统 成本与经济性
少	场地	3~10a	中等	健康与舒适 非能源类资源
中等	周边区域	10~30a	较大	能源类资源 水资源

可修正程度	预设值			
潜在影响	A：潜在影响范围 （1~5分）	B：潜在影响持续时间 （1~5分）	C：潜在影响强度 （1~3分）	D：受影响的系统 （1~5分）
大	城市／地区	30~75a		人员健康 生态系统
非常大	全球	>75a		生命安全 气候系统

资料来源：作者根据 iiSBE 官方网站相关资料整理绘制

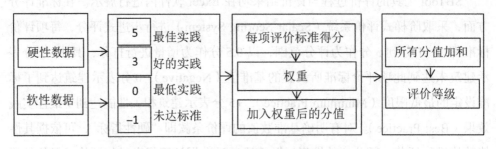

图 2-4-2　SBTool 分值计算与评价等级的确定流程

资料来源：作者根据 iiSBE 官方网站相关资料整理绘制

　　SBTool 评价工具具备以下特点：第一，SBTool 评价工具在制定过程中参考了与建筑可持续性评价相关的国际性评价标准与评价框架，包括 ISO 可持续建筑标准框架及 CEN 可持续建筑标准框架。第二，SBTool 评价工具兼具国际通用性与地区适应性，多个国家的参与使得 SBTool 的标准设置更为全面。在为建筑可持续性评价建立通用框架的同时，SBTool 评价工具允许由非商业的第三方组织针对被评价建筑所在地域的特征、发展现状及建筑类型对 SBTool 评价工具的条款、权重与基准进行自定义设置。第三，SBTool 评价工具对与建筑可持续性能有关的众多因素进行归类，定义了对使用者与自然环境具有重要影响的评价领域，如环境领域、社会领域与经济领域。同时，SBTool 评价工具以负荷与质量（Loadings and Qualities）作为可衡量的输出与输入因素。第四，SBTool 评价工具涵盖建筑的全生命周期，在将 LCA 引入评价体系的同时也与其他的专业评价软件相结合，对建筑物的能耗、污染物的排放以及对室内热舒适和空气品质进行预测与评价。第五，SBTool 评价工具的局限性表现为 Excel 界面的评价操作与权重体系的确定过程十分复杂，使用前需进行大量的校准工作，同时未建立适用于此体系的数据库，主观评价部分偏重从而影响评价结果，不利于其在市场上的推广应用。

表 2-4-4　SBTool 2012 评价体系的评价领域、指标内容及权重设置
（SBTool 2012 建筑评价开发版）

评价领域（7类）		一级指标（29项）		二级指标（项）	
内容	权重	内容	权重	内容	权重
场地重建与发展，城市设计与基础设施 Site Regeneration and Development，Urban Design and Infrastructure	23.2%	场地重建与发展	11.8%	湿地的保护与恢复	1.88%
				沿海环境的保护与恢复	1.88%
				植树造林以固碳、维持土壤稳定及生物多样化	2.51%
				对野生动物走廊的发展与保护	1.34%
				被污染用地、地表水及地面水的治理	0.84%
				阔叶树对建筑的遮挡	1%
				利用植物提供室外环境制冷	0.5%
				使用本地绿化物种减少灌溉需求	0.5%
				公共开放空间的利用	0.17%
				提供儿童游戏区域	0.33%
				为居住区提供小规模的食品生产设施	0.17%
				自行车道与停车区域	0.33%
				人行通道的利用	0.33%
		城市设计	4.8%	通过开发密度设置，实现土地利用效率最大化	1.25%
				通过功能复合减少通勤交通量	1%
				建筑方位对被动式太阳能利用潜力的影响	0.63%
				建筑形态	1.25%
				场地与建筑方位对温暖季节自然通风利用的影响	0.42%
				场地与建筑方位对寒冷季节自然通风利用的影响	0.28%

评价领域（7类）		一级指标（29项）		二级指标（项）	
内容	权重	内容	权重	内容	权重
场地重建与发展，城市设计与基础设施 Site Regeneration and Development，Urban Design and Infrastructure	23.2%	项目基础设施与服务系统	6.5%	建筑组群间供热余热的供给、存储与分配	0.5%
				建筑组群间光伏发电余量的供给、存储与分配	0.5%
				建筑组群间热水余量的供给、存储与分配	0.5%
				建筑组群间雨水与灰水的供给、存储与分配	0.5%
				固体废弃物发电设施	0.5%
				固体废弃物的收集与分类处理	0.11%
				有机污泥的堆积与再利用	0.5%
				灰水与饮用水实行分管供水	0.75%
				地表水管理系统	0.5%
				雨水、暴雨水及灰水的场地处理	0.5%
				生活污水的场地处理	0.5%
				场地公共交通系统	0.33%
				私家车场地停车设施	0.5%
				道路的连通性	0.11%
				货运通道与设施	0.11%
				室外照明质量	0.11%
能源与资源消耗 Energy and Resource Consumption	23.6%	全生命周期常规能源的消耗量	11.1%	建筑材料中蕴含的常规能源	3.14%
				运营维护过程中使用的建筑材料蕴含的常规能源	3.14%
				建筑施工过程中消耗的常规能源	3.14%
				与项目相关的运输过程中消耗的常规能源	1.25%
				拆除过程中消耗的常规能源	0.42%

评价领域（7类）		一级指标（29项）		二级指标（项）	
内容	权重	内容	权重	内容	权重
能源与资源消耗 Energy and Resource Consumption	23.6%	高峰用电需求	1.9%	建筑运行时的高峰用电需求	1.88%
		建筑材料	4.8%	既有建筑结构的再利用程度	1.25%
				废弃建筑材料的再利用	0.05%
				建筑外围护和结构组件的材料效率	0.5%
				使用天然状态的非可再生建筑材料	1%
				装饰材料的选择利用	1%
				使用易拆解、再利用与循环利用的建筑材料	1%
		饮用水、暴雨水及灰水的利用	5.9%	材料中隐含的水	1.88%
				建筑运行时人员的用水需求	1.51%
				灌溉用水	1%
				建筑系统用水	1.51%
环境负荷 Environmental Loadings	36.6%	温室气体排放	17.4%	隐含在施工材料中的温室气体排放	3.48%
				建筑运营时建筑材料产生的温室气体排放	3.48%
				设备运行时由常规能源消耗产生的温室气体排放	5.23%
				与项目相关的交通过程中常规能源产生的温室气体排放	5.23%
		其他气体排放	6.2%	减少建筑运营过程中导致臭氧消耗的物质的排放	4.18%
				减少建筑运营过程中酸化物质的排放	1%
				减少建筑运营过程中光化学制剂的排放	1%
		固体与液体废弃物	5.1%	减少建筑运营过程中产生的固体废弃物	1%

续表

评价领域（7类）			一级指标（29项）		二级指标（项）	
内容		权重	内容	权重	内容	权重
环境负荷 Environmental Loadings		36.6%	固体与液体废弃物	5.1%	减少由于设备运行产生的非放射性废弃物产生的危害	1%
					由于设备运行产生的放射性废弃物	2.09%
					建筑运营过程中排出场地外的污水	1%
			对建筑场地的影响	1.6%	地下水的回填	0.5%
					场地生态多样性的变化	0.5%
					高层建筑同一水平面迎风面的现状	0.56%
			对当地及区域产生的其他影响	6.3%	对邻近建筑的采光及太阳能利用产生的影响	1.88%
					公共交通系统达到峰值负荷时对建筑使用者产生的影响	0.33%
					当地道路系统达到峰值负荷时对私家车业主产生的影响	0.22%
					建筑运行时对附近水体可能产生的污染	0.67%
					与湖水或浅层地下水产生的累积年度热交换	0.5%
					屋顶、景观与铺路对热岛效应的影响	1.34%
					由建筑室外照明系统引起的空气光污染程度	1.34%
室内环境质量 Indoor Environmental Quality		3.7%	室内空气质量与通风	1.8%	居住人员之间的污染物转移	0.17%
					室内空气中霉菌的积聚	0.17%
					室内空气中挥发性有机化合物的积聚	0.25%
					室内空气中 CO_2 的积聚	0.25%
					夏季自然通风空间的通风效率	0.33%
					过渡季节自然通风空间的通风效率	0.25%

续表

评价领域（7类）		一级指标（29项）		二级指标（项）	
内容	权重	内容	权重	内容	权重
室内环境质量 Indoor Environmental Quality	3.7%	室内空气质量与通风	1.8%	冬季自然通风空间的通风效率	0.17%
				机械通风空间的气流运动	0.17%
				机械通风空间的通风效率	0.08%
		空气温度和相对湿度	0.5%	机械制冷空间的适宜空气温度与相对湿度	0.25%
				自然通风空间的适宜空气温度	0.25%
		自然采光与照明	0.7%	主要使用空间的适宜采光水平	0.25%
				自然采光的眩光控制	0.17%
				适宜照度与照明质量	0.25
		噪声控制与声学设计	0.4%	通过外围护结构产生的噪声衰减	0.08%
				主要使用空间设备噪声的传递	0.08%
				使用空间之间的噪声衰减	0.08%
				主要使用空间适宜的声学性能	0.17%
		电磁污染的控制	0.3%	电磁污染	0.25%
服务质量 Service Quality	7.3%	建筑的安全性	4.4%	人员与设备的防火风险	0.5%
				人员与设备的防水风险	0.67%
				人员与设备的防暴雨风险	0.67%
				人员与设备的防震风险	0.84%
				人员与设备使用引爆装置的风险	0.5%
				人员接触生物或化学制剂的风险	0.5%
				紧急情况下高层建筑人员的逃生出口	0.42%
				断电情况下建筑核心区域的维持	0.13%
				建筑使用者正常操作时的人员安全	0.17%
		建筑的功能与效率	0.8%	为业主或租客提供适宜的设备类型	0.08%
				必要功能的建筑布局	0.08%
				为必要功能提供适宜的空间	0.04%
				为必要功能提供适应的固定设备	0.04%
				为货运提供足够的室外通道及卸货设施	0.04%

评价领域（7类）		一级指标（29项）		二级指标（项）	
内容	权重	内容	权重	内容	权重
服务质量 Service Quality	7.3%	建筑的功能与效率	0.8%	垂直运输系统的效率	0.38%
				空间效率	0.08%
				体积效率	0.08%
		可控性	0.5%	建筑设备管理控制系统的效率	0.06%
				建筑技术系统的部分运行能力	0.17%
				照明系统的独立控制	0.17%
				使用者对技术系统的个人控制	0.11%
		灵活性与适应性	0.7%	建筑操作人员或租户修改设备技术系统的能力	0.06%
				结构水平或垂直延伸的潜力	0.14%
				对结构或层高约束的适应性	0.08%
				对建筑外围护与技术系统约束的适应性	0.08%
		灵活性与适应性	0.7%	对能源供应方式变化的适应性	0.38%
		操作性能的优化与维护	0.8%	主要设备系统的操作功能与效率	0.08%
				建筑外围护长期性能维护的可能性	0.38%
				材料的耐久性	0.25%
				建筑建造档案的留存	0.08%
社会、文化与感知 Social，Cultural and Perceptual Aspects	4.6%	社会因素	1.3%	场地与建筑内的无障碍设计	0.5%
				住宅单元居住空间对直接日照的接收	0.17%
				住宅单元主要空间的视觉隐私	0.17%
				住宅单元到私人开发空间的通道	0.25%
				居民参与建筑项目管理	0.17%
		文化与遗产	1.3%	城市设计与当地文化价值观融合	0.33%
				设计对既有街道景观的影响	0.33%
				外部既有设施的遗产价值维护	0.33%
				室内既有设施的遗产价值维护	0.33%
		感知	2%	高层建筑对既有视野的影响	0.33%
				高层建筑的视野质量	0.33%
				高层建筑的风环境	0.33%
				地区开发对当地造成的感知影响	0.33%
				外部设施的美学质量	0.33%
				室内设施的美学质量	0.17%

续表

评价领域（7类）		一级指标（29项）		二级指标（项）	
内容	权重	内容	权重	内容	权重
社会、文化与感知 Social，Cultural and Perceptual Aspects	4.6%	感知	2%	从室内观赏室外景色的通道	0.17%
成本与经济性 Cost and Economic Aspects	1.1%	成本与经济	1.1%	施工成本	0.25%
				运营与维护成本	0.25%
				全生命周期成本	0.25%
				投资风险	0.25%
				租金与花费的承受能力	0.11%

资料来源：作者根据 iiSBE 官方网站相关资料整理绘制

表 2-4-5　SBTool 2012 评价体系的评价领域、指标内容及权重设置
（SBTool 2012 场地评价开发版）

评价领域	一级指标	权重	二级指标	权重
场地位置、服务设施 与场地特征	场地位置与环境	47.19%	场地与水灾易发区的位置关系	15.36%
			场地与火灾易发区的位置关系	12.28%
			居住空间到工作地点的位置关系	2.3%
			场地与公共交通接入点的位置关系	2.3%
			场地位置邻近应急服务区域	1.15%
			场地位置邻近医疗卫生设施	2.3%
			场地位置邻近初级公共教育设施	2.3%
			场地位置邻近中级公共教育设施	2.3%
			场地位置邻近公共社交与娱乐设施	2.3%
			场地位置邻近小型商业零售设施	1.15%
			场地位置邻近大型商业零售设施	1.15%
			场地位置邻近当地具有重要意义的 其他设施	2.3%
	场地外可提供的 服务	18.25%	当地公共交通系统的服务频率	1.54%
			区域可再生能源的可用性	1.15%
			公共电力供应网络的接入	1.73%
			公共宽带通信网络的接入	0.58%

评价领域	一级指标	权重	二级指标	权重
场地位置、服务设施与场地特征	场地外可提供的服务	18.25%	公共饮用水供给与分布服务系统的接入	1.73%
			公共生活污水收集与处理服务系统的接入	2.3%
			固体废弃物收集与处理服务系统的接入	1.54%
			城市区域内部可循环利用材料与产品的可用性	3.07%
			城市区域内部材料与产品在新建筑中的再利用	4.61%
	场地特征	34.52%	场地开发前用地的生态敏感性与生态价值	3.07%
			场地开发前用地的农业价值	3.07%
			场地开发前用地的污染程度	2.3%
			环境空气质量状况——针对悬浮微粒的污染浓度	2.3%
			环境空气质量状况——针对 CO_2 浓度	2.3%
			环境空气质量状况——其他环境污染物	2.3%
			场地的环境噪声等级	0.38%
			场地内既有建筑物对新功能的适应性	3.45%
			场地方位与地势对被动式太阳能利用的影响	5.76%
			场地内可再生能源利用系统安装与使用的可行性	1.15%
			地块面积与形态对经济与投资的影响	2.30%
			确定场地是否受相关遗产保护条例的开发限制	2.3%
			确定场地是否受相关混合利用发展条例的限制	2.3%
			确定场地是否受相关私家车发展条例的限制	1.54%

资料来源：作者根据 iiSBE 官方网站相关资料整理绘制

2.5 卡斯卡迪亚地区 LBC 生态建筑挑战评价体系

2.5.1 LBC 评价体系的发展历程

由于北美地区在自然条件与社会环境等方面具备高度相似性，加拿大绿色建筑委员会[①]（Canada Green Building Council，CaGBC）参考美国 LEED 评价体系，结合加拿大的自然气候条件及相关建筑标准规范，于 2004 年颁布加拿大 LEED评价体系。经过多年推行，北美地区已经普及了绿色建筑从设计施工到运行管理等方面的关键技术。为将建筑的可持续发展在此基础上继续推进，2006 年 11 月，卡斯卡迪亚地区绿色建筑协会[②]（Cascadia Region Green Building Council）与国际生态建筑协会（International Living building Institute，ILBI）联合推出"生态建筑挑战"（Living Building Challenge，LBC）评价体系。2009 年，加拿大绿色建筑委员会将"生态建筑挑战"正式纳入推广项目。

2.5.2 LBC 评价体系的应用范围

LBC 评价体系以评价对象对生态系统所造成的最终影响作为衡量标准，提供统一的评价框架，对社区、景观与基础设施、建筑和建筑修复 4 类对象（表 2-5-1）进行评价。

表 2-5-1 LBC 评价体系的评价对象

4 类评价对象	包含范围
社区	连续场地中的多座建筑，如大学校园、住区、商业区、工业区、小村镇等
景观与基础设施	无空调设备的广场、运动设施、露天停车场、阶梯式剧场等
建筑	新建建筑及既有建筑

① 加拿大绿色建筑委员会成立于 2002 年，成员包括环境组织、行业协会、研究机构、房地产开发企业、建筑工程公司和业主等各绿色建筑相关产业。目前，加拿大绿色建筑委员会已成为引领加拿大绿色建筑与可持续社区发展的领导性组织。

② 卡斯卡迪亚地区包括美国华盛顿州、俄勒冈州、阿拉斯加州与加拿大不列颠哥伦比亚省。卡斯卡迪亚地区绿色建筑协会成立于 1999 年，是美国绿色建筑委员会和加拿大绿色建筑委员会成员。

续表

4 类评价对象	包含范围
建筑修复	古建筑的部分修复、建筑单层设施提升

资料来源：作者根据 LBC 官方网站相关资料整理绘制

2.5.3　LBC 评价体系的体系框架

LBC 评价体系的研究范围包含环境领域与社会文化领域，其广纳了政府政策、城市规划、建筑与景观设计以及工程技术等方面最有创新性的研究成果，结合建成环境领域（Built Environment）最先进的可持续理念，对现有的绿色建筑评价标准进行提升。"生态建筑挑战（LBC）标准的制定核心是在建筑环境与自然环境之间建立一种平衡状态，是以生态修复为指导原则，而不是以达到规定的最低限度作为解决方案。"[①]

LBC 评价体系包括 7 类表现性能（表 2-5-2），涉及环境领域的性能共有 5 类，即场地（Site）、水资源（Water）、能源（Energy）、健康（Health）与材料（Material）。同时，LBC 评价体系将社会文化因素提升到非常重要的位置，涉及社会领域的性能共有 2 类，即公平（Equity）与美观（Beauty）。上述 7 类表现性能可划分为 20 项评价标准，根据评价对象的不同，上述 20 项评价标准可分为强制项和不参评项。

表 2-5-2　LBC 评价体系的技术框架

评价领域	7 类表现性能	4 类评价对象				20 项评价标准
		社区	建筑	景观与基础设施	建筑修复	
环境领域	场地					限制过度开发
						发展都市农业
						栖息地交换
						减少机动车的使用
	水资源					场地净零水
						生态化的水循环
	能源					项目零能耗

---

① 艾登·布鲁克曼（Eden Brukman），卡斯卡迪亚地区绿色建筑协会研究主管。

评价领域	7 类表现性能	4 类评价对象				20 项评价标准
		社区	建筑	景观与基础设施	建筑修复	
环境领域	健康					自然通风和采光
						健康的室内环境
						接触自然的设计
	材料					禁用的建筑材料
						全生命周期碳足迹
						绿色材料产业
						当地材料与服务
						保护与再利用
社会文化领域	公平					人的尺度与空间
						民主与社会公平
						享受自然的权利
	美观					美观与精神
						激励与教育
▨ 允许超出项目场地范围寻找解决方案 ▧ 此项评价标准在对应体系中为不参评项						

资料来源：作者根据 LBC 官方网站相关资料整理绘制

2.5.4 LBC 评价体系的认证类型

LBC 评价体系的认证类型分为三类：第一，完全认证。完全认证作为 LBC 最高级别的认证类型，申请项目需满足相关评价类型所有强制项要求。获得完全认证的申请项目成为建筑对自然环境进行修复的成功案例。第二，性能认证。申请项目需要满足 7 类性能要求，其中超过 3 类的强制项要求，并且至少有一项为水资源、能源或材料，同时需要满足 20 项评价标准中的 2 项：限制过度开发以及激励与教育。性能认证是申请项目逐步执行环境修复原则的证明。第三，零能耗认证。申请项目需要满足 20 项评价标准中的 5 项：限制过度开发、项目零能耗、享受自然的权利、美观与精神和激励与教育。零能耗认证针对的申请项目是由可再生能源提供建筑所需的制冷、采暖和用电等全部能源消耗。

2.5.5 LBC 评价体系的评价标准

LBC 评价体系以保持生物多样性、土地生态健康性以及建筑与当地气候、文化与场所的一致性作为出发点，摒弃了评价体系中的权重设置、模型创建、参考建筑设定等复杂的规则设计，通过严格的评价标准的设置，实现对生态环境进行修复的目的。"想象城市街区及建筑之间共享所有资源，自行生产所需食物，所有功能皆不依赖任何化石能源"[①]。LBC 评价体系共包含 20 项评价标准，每项评价标准均对应可持续发展的某一特定要素（表 2-5-3）。

表 2-5-3　LBC 评价体系的评价标准及具体内容

7 类表现性能	20 项评价标准	具体内容
场地	限制过度开发	在已开发的土地上进行选址，禁止破坏生态敏感区，绿化选用当地物种，保持生物多样性
	发展都市农业	以容积率为标准发展适当规模与密度的都市农业
	栖息地交换	以相同面积的土地作为栖息地交换的储备
	减少机动车的使用	评估社区支持"无车生活方式"的能力
水资源	场地净零水	脱离城市供水和污水系统，100% 的项目用水来自收集的降水或循环利用的水系统，水的净化过程不使用化学物质
	生态化的水循环	100% 的雨水和建筑排水必须在场地内处理供给项目内部使用，或者通过自然流动等方式释放到邻近场地
能源	项目零能耗	100% 的能源由来自场地内部产生的可再生能源提供
健康	自然通风和采光	每个使用空间都有可开启窗，提供自然通风与采光
	健康的室内环境	安装 CO_2 以及室内温湿度监测系统，入住前进行空气质量测试，入住 9 个月后进行可吸入悬浮颗粒及可挥发有机化合物测试
	接触自然的设计	设计反映环境特征，包含人类亲近自然的设计内容
材料	禁用的建筑材料	禁止使用"红名单"中列举的建筑材料及化学制品
	全生命周期碳足迹	对项目进行碳补偿，对施工过程中产生的碳足迹负责
	绿色材料产业	对石材、金属、木材等建筑材料的提取与利用过程进行第三方认证标准的认证
	当地材料与服务	利用当地的可持续产品或者服务，发展当地经济
	保护与再利用	制订项目各个阶段的材料保存与管理计划
公平	人的尺度与空间	按照人的尺度而非机动车的尺度进行空间设计
	民主与社会公平	确保公众能平等使用项目的所有公共设施，残疾人设计符合 ADA 标准，社区项目至少 15% 的居住单元为经济适用房

---

① Living Building Challenge 2.1, A Visionary Path to a Restoration Future.

7类 表现性能	20项评价标准	具体内容
美观	享受自然的权利	不妨碍公众及相邻区域享有空气、阳光、水的机会
	美观与精神	将场所精神和地域文化结合到设计方案中
	激励与教育	设置建筑开放日，向公众宣传项目采用的节能策略

资料来源：作者根据 LBC 官方网站相关资料整理绘制

为实现生态修复的设定目标，在"场地"性能中首次提出"栖息地交换"的概念，通过官方设立的土地信托机构，预留与申请项目相同场地面积的用地作为储备资源。

首次将"都市农业"纳入绿色建筑评价体系，要求以项目容积率为分类标准，结合当地的气候条件与农业基础，发展适合项目密度与规模的都市农业体系。为鼓励申请项目在所属区域内的适当发展，LBC 评价体系借鉴新都市主义断面模型（New Urbanism Transect Model），建立了生态断面模型（Living Transect）（表2-5-4），属于建筑、住区、景观或基础设施的认证项目必须首先依据容积率值（Floor Area Ratio, FAR）确定生态断面模型的类别，根据对应类别对其"都市农业"的发展规模进行控制。

表 2-5-4 LBC 评价体系生态断面模型

类别	容积率（FAR）	特征
L1：自然栖息地保护区	限制开发	自然保护区或生态敏感区
L2：农业区	$FAR \leqslant 0.09$	以农业生产为首要功能
L3：村落／校园区	$0.1 \leqslant FAR \leqslant 0.49$	村镇区域，相对低密度，混合功能
L4：一般都市区	$0.5 \leqslant FAR \leqslant 1.49$	大城市的边缘区域，中等密度，混合功能
L5：都市中心区	$1.5 \leqslant FAR \leqslant 2.99$	中小城市区域，中等或高密度，混合功能
L6：都市核心区	$FAR \geqslant 3$	都市区域，高密度，混合功能

资料来源：作者根据 LBC 官方网站相关资料整理绘制

申请项目所需要的能源100%由场地内的可再生能源提供；制定"碳补偿"标准，碳补偿是指捐资给专门机构，以其他减排项目如可再生能源利用、绿化等，抵消自身二氧化碳排放量的自愿行为。LBC 评价体系要求对项目全生命周期的碳足迹进行碳补偿。

LBC 评价体系对建筑材料及其生产利用过程提出了严格要求，石材、金属材料、木材等重要建筑材料的收获、提取及利用需要提供由第三方认证标准签发的认证证明，每一类建筑材料都需由制造商出具详细的成分说明，并提供明确的来源信息。以木材为例，建筑中使用的所有木材必须提供森林管理委员会 FSC（Forest Stewardship Council）认证，同时向没有设立认证制度的相关产业协会提出此项建议。此项评价标准的设置，不仅体现出 LBC 评价体系对可持续建筑材料的重视，而且有助于建筑材料产业整体标准的提升。

除了对生态系统及使用者健康的关注，LBC 评价体系也关注人类与自然的和谐共生，强调设计方案应该与当地的场所精神和文化传统相结合。同时，LBC 评价体系从社会学角度与经济学角度，对可持续概念及绿色建筑进行阐释，认为以可持续的价值观作为视角，"公民"的概念要高于"消费者"的概念。因此，LBC评价体系重视社会公平，确保所有公民都能平等地使用项目设立的公共设施。

教育与推广也是 LBC 评价体系的关注重点，措施包括设立"建筑开放日"，将项目的节能策略与相关性能指标对公众进行宣传，公布完整的项目资料用于研究及宣传。同时，国际生态未来协会（International Living Future Institute）作为 LBC 的认证机构与教育领域开展合作，将 LBC 评价体系作为授课模块引入大学教育中，推广绿色建筑及可持续社区的前沿理论与研究成果。

2.5.6 LBC 评价体系的特点

LBC 评价体系具有以下特点：第一，前瞻性，LEED 评价体系的制定原则为尽可能减少建筑对环境造成的损害，为绿色建筑的设计与建造提供可行的技术路线。而 LBC 评价体系的制定原则是在可持续设计与技术已获得普及的基础上对目前的生态环境进行修复，从环境层面和社会文化层面审视可持续理念的发展方向，建立堪为示范的下一代绿色建筑评价体系。第二，严格性，获得"完全认证"的申请项目必须满足每一项评价条款的相关要求，与其他评价体系的制定原则不同，LBC 评价体系不存在评价条款的可选项。第三，适用性，LBC 评价体系用统一的评价工具与评价标准衡量不同地域特征、不同建设规模及不同项目类型的评价对象。第四，协作性，LBC 评价体系鼓励多个项目或多个建筑之间进行合作，优化利用每一项绿色基础设施，部分评价标准允许申请项目超出自身场地的范围限制，与周边联合寻找满足标准要求的解决方案。第五，实证性，LBC 评价体系重视建筑的实际性能，要求每个申请项目获得认证之前必须实际投入运行 12 个月以上，确保项目的所有运行指标符合设计预期。

2.5.7 LBC 评价体系案例介绍——Bertschi 生态科技教学楼

Bertschi 小学生态科技教学楼（Bertschi School Living Building Science Wing）满足 LBC 评价体系针对建筑评价的所有强制项要求，是第一个获得 LBC 2.0 "完全认证"的建筑项目。

建筑的设计团队在申请认证并注册之后，于立项与规划阶段即得到专业评价人员的技术指导，随项目进展将建筑设计、施工及运行阶段的相关数据与文件随时记录并提交审核。审核过程包括数据审核、文件审核与实地考察，由专业评价人员给出最终评价报告。该项目的评价结果认为，Bertschi 小学生态科技教学楼将建筑的环境性能与社会文化性能统一到建筑可持续性的研究范畴之中，达到了 LBC 评价体系对建筑的节能性能和社会性能的要求，充分体现了 LBC 评价体系对生态修复原则及建筑社会文化属性的关注。

Bertschi 小学生态科技教学楼项目位于加拿大西雅图的国会山区域。除采用已获得广泛应用的可持续建筑技术，如重视建筑维护结构的保温性能、充分利用自然通风和自然采光外，设计团队还将建筑使用者对生态建筑的理解加入设计过程，将学生希望体现在建筑设计中的自然因素，如室内水流、绿化墙等融入设计方案，同时赋予其实际的功能。

在水资源循环利用方面，建筑屋面收集的雨水流经过滤装置处理后由室内水道进入饮用水蓄水池，作为建筑日常的饮用水水源；经室内的绿化墙处理后的灰水与饮用水溢水共同作为灌溉用水，室内绿化墙也起到了净化建筑室内空气的作用；建筑按照评价标准"场地净零水"的要求设置了独立于城市用水管网的供水系统与污水处理系统，在场地内进行污水的收集、再生与循环利用；采用低冲击策略对场地的暴雨水径流进行管理。

该项目由安装于屋面的 20kW 光伏发电系统提供建筑所需的全部电力，同时设置了能源监控系统，对建筑的能源利用及太阳能发电系统的运转情况进行实时监控，相关数据在建筑的能源数据显示屏进行展示。

教学楼在建筑设计与施工过程中采取了一系列措施，确保为学生提供健康的学习环境。设计团队严格遵守 LBC 评价体系对建筑材料及建筑产品的相关要求，选用健康无害的室内装修材料，将有害气体的释放减少到最低程度。施工团队严格控制在施工过程中产生的固体废弃物、灰尘和噪声，将施工过程对周边环境的影响降到最低，同时制订施工废弃物回收计划，废弃物回收利用率达到 90%。

此外，建筑所采用的全部可持续措施都会对学生及来访者进行展示，将可持续概念融入学生的生活。通过上述做法，改变了传统的教育空间设计模式，将自然界的变化引入建筑设计的过程中，同时增强了下一代的节能环保意识。

2.6　本章小结

本章在探寻建筑可持续性的结构与概念的基础上，对目前国际通用的建筑可持续性评价框架包括 ISO 国际标准化组织、CEN 欧洲标准化委员会、欧洲可持续建筑联盟 SBA 体系进行分析。同时，对国际层面的建筑可持续性评价体系包括国际可持续建筑挑战 SBC 合作计划、卡斯卡迪亚地区 LBC 生态建筑挑战评价体系进行研究。

3 建筑可持续性评价区域体系研究

可持续建筑发展至今，逐渐由建筑设计理念的提升扩展到建筑环境评价、可持续性评价、区域生态规划等多个领域的协同发展，由单项建筑技术的应用扩展到区域、产业层面，从行业自发行为发展为国家战略行为。[①]

建筑可持续性评价体系已诞生 20 多年，从以环境、能源作为主要性能考察标准的评价工具，发展为涵盖环境、社会与经济领域的建筑可持续性评价体系。不同年代与发展背景下建立的评价体系共存，并且都在经历逐步完善与扩充的过程，同时新的评价体系、评价标准与评价工具仍在不断出现。

建筑可持续性评价首先需要稳定的国家与地区的政策环境，因此本章中对各国建筑可持续性评价体系的研究均以政府政策作为起始，同时涉及建筑技术的研发与提升、评价体系的制定与更新、管理模式的发展变革。其中的关键研究要素包括国家政策及能源条例、成熟完善的标准体系、设计与施工中的系统方法、专项技术的持续发展、建筑产品与材料市场。

3.1 欧洲：以环境性能为核心的评价体系

1992 年，欧盟签署《马斯特里赫特条约》，将"可持续发展"的目标设定为维持、保护和改善环境质量、保护人类健康、谨慎合理地使用自然资源以及促进国际合作解决全球性的环境问题。随后，欧盟制定了新的环境与能源政策，欧盟委员会（European Committee）、部长理事会（Council of the European Union）和欧洲议会（European Parliament）3 个机构颁布一系列指令性文件，如 1993 年的

---

① 住房和城乡建设部科技与产业化发展中心，清华大学，中国建筑设计研究院 . 世界绿色建筑政策法规及评价体系 [M]. 北京：中国建筑工业出版社，2014.

能源效率指令、1998 年建筑产品指令、2001 年可再生能源指令等。尤其是 2002 年欧洲议会颁布的建筑能源性能指令（Energy Performance of Building，EPBD），规定了计算建筑综合能源性能的共同方法以及新建建筑与既有建筑能源性能的最低标准；提出可再生能源开发计划，计划至 2050 年欧盟能源供应结构中可再生能源所占比例达到 50%；通过欧盟 SAVE 节能计划与节能指令提高建筑的能效，措施包括建立能效标识制度、改进建筑的保温隔热性能、推行建筑物能源认证（93/76/EEC-SAVE）以及建筑能源绩效评价；要求各成员国制订本国的建筑节能 9 年计划，2008 年 1 月开始实施，每 3 年更新 1 次。[①] 针对欧盟制定的上述政策法规与指令，欧洲的建筑可持续性评价体系均以环境性能评价为核心，同时将社会领域评价与经济领域评价融进体系，实现了国际公约与欧盟指令、国家与地区的政府政策、成熟的建筑技术体系及产业优势与文化传统、社会公平等人文理念的融合。

3.1.1　英国 BREEAM 建筑可持续性评价体系

3.1.1.1　英国的政府政策与技术发展

1994 年，英国制定了可持续发展战略——《可持续发展：英国的战略选择》，从国家政策层面为可持续建筑的发展创造条件。1998 年，英国正式签署《京都议定书》，英国政府随即制定了一系列的政策与法案推动绿色建筑的发展，当地规划部门开始对建筑项目设置环境要求。2004 年，政府颁布能源法案（Energy Act）与《建筑能耗监管条例》。2006 年，颁布《可持续住宅条例》。[②] 2007 年起，英国环境、食品和农村事务部（Department for Environment, Food and Rural Affairs, DEFRA）与建筑、城市规划和公共空间委员会，开始对建筑环境与可持续发展进行调研。2008 年，英国正式通过《气候变化法案》（Climate Change Act），承诺英国 2050 年温室气体排放量会在 1990 年的基础上减少 80%，该法案的颁布也标志着英国成为世界上第一个在法律框架内应对气候变化的国家。此外，英国政府还规定，自 2008 年 6 月起，公共建筑依据节能性能进行等级划分并颁发能效证书。

---

① 武涌，孙金颖，吕石磊. 欧盟及法国建筑节能政策与融资机制借鉴与启示 [J]. 建筑科学，2010，26（2）：3-4.

② 周斌. 可持续建设的政策发展与制度改进 [D]. 重庆：重庆大学，2012.

在英国发布的一系列具备法律约束力的建筑节能与减少碳排放的相关政策中，最引人注目的政策是规定于 2016 年和 2019 年，实现新建的居住建筑和新建的非居住建筑的"净零碳排放"（Net Zero Carbon）。[①] 此外，政府还采取经济手段和激励政策推动节能减排，英国成为世界上首个开征气候变化税的国家，以工业和商业等高能耗产业为征收对象，由可再生能源产生的电力以及热电联产 CHP 系统产生的热力与电力可申请税收减免，同时对住宅节能改造及购买节能产品给予政府补贴。

作为对欧洲政策法令如《建筑能源性能指令》（EPBD 2002）的回应，英国的建筑规范中引入了包括建筑减少能源消耗及 CO_2 的排放、减少建筑水资源的消耗、加强对有害物质排放的控制，以及对建筑通风条款采用更严格的规定等相关措施。

在政府政策的支持及设计师的努力下，英国广泛地开展了可持续建筑的实验项目。如剑桥大学 John Frazer 与 Alex Pike 等人研究的自维持住宅（Autonomous House），对建筑材料的热性能、空调设备的能源效率及可再生能源等技术领域进行研究；2002 年，贝丁顿零碳社区首座达到 6 级零碳标准的 Barratt 绿色住宅建成。

由于资源与能源匮乏，英国也十分重视对可再生能源的研究与利用。2003 年英国发布的《能源白皮书》（*Energy White Paper*）中规定，到 2020 年可再生能源发电量占总电量的 20%，并提出碳排放量在 1990 年的基础上减少 34%。[②] 英国的地源热泵、垃圾填埋的天然气生产以及太阳能、氢能利用等方面的技术处于世界领先水平，并在英国的建筑领域得到了普遍应用。同时，英国借助海岸线的地理优势，将沿海风能与潮汐能作为新能源的研究重点。

3.1.1.2 英国 BREEAM 建筑评价体系

1. BREEAM 评价体系的发展历程

1990 年，英国建筑研究院（Building Research Establishment，BRE）发布了世界首个绿色建筑评价标准——建筑研究院环境评价方法（Building Research

---

① 英国皇家建筑协会 RIBA 官方网站 [OL]：http://www.architecture.com/Home.aspx.

② 浙江省能源局调研组 . 德、丹麦、英国可再生能源发展对浙江的启示 [J]. 浙江经济，2011（5）：37.

Establishment Environmental Assessment Method，BREEAM）。BRE 是英国绿色建筑委员会（UK Green Building Council）的创始成员之一。[①]1997 年，BRE 成为由建筑环境基金会提供资金支持且不受政府资助的独立机构，会员来自建筑各相关领域，以确保 BRE 不受某一特定领域的利益驱动。

BREEAM 评价体系的目标是减少建筑活动对全球环境造成的影响，为建筑的环境性能提供值得信任的标签，刺激可持续建筑的市场需求，同时为可持续建筑的实践提供指导并提升公众的可持续意识。BREEAM 评价体系自颁布以来，许多国家在制定本国的建筑可持续性评价标准时，均以其作为参考，比如加拿大的BREEAM 等。

2. BREEAM 评价体系的应用范围

BREEAM 评价体系涵盖众多建筑类型（表 3-1-1），同时为不属于上述任何一类评价范围的新型建筑设置定制版本 BREEAM Bespoke，由 BRE 针对此建筑类型单独设定评价指标与评价基准。此外，还颁布了针对城市发展的评价标准BREEAM Eco-points，以及针对英国以外的国家和地区的国际定制版 BREEAM International Bespoke。目前，BREEAM 评价体系已更新到 2011 版。[②]

表 3-1-1　BREEAM 评价体系的英国分册与国际分册

版本 （Edition）	新建建筑 （BREEAM New Construction）	办公建筑（BREEAM Offices）
英国版 BREEAM UK		法院建筑（BREEAM Courts）
		数据中心（BREEAM Data Centres）
		教育建筑（BREEAM Education）
		疗养建筑（BREEAM Healthcare）
		工业建筑（BREEAM Industrial）
		多用途住宅（BREEAM Multi-residential）
		其他建筑
		监狱建筑（Prison）
		零售建筑（BREEAM Retail）
	既有建筑（BREEAM In-Use）	既有建筑（BREEAM In-Use）
	社区（BREEAM Communities）	社区（BREEAM Communities）

① BREEAM 官方网站 [OL]:http://www.breeam.org/.
② 同①.

续表

版本 （Edition）	新建建筑 （BREEAM New Construction）		办公建筑（BREEAM Offices）
英国版 BREEAM UK	生态家园（Eco-Homes）		生态家园（Eco-Homes）
	可持续家园 Code for Sustainable Homes		可持续家园 Code for Sustainable Homes
	整修（BREEAM Refurbishment）		整修（BREEAM Refurbishment）
国际版 BREEAM International	新建建筑（国际版）（BREEAM International New Construction）		
	既有建筑（国际版）（BREEAM In-Use International）		
	社区（国际版）（BREEAM Communities Bespoke International）		
	整修（国际版）（BREEAM International Refurbishment）		
资料来源：作者根据 BREEAM 官方网站资料整理绘制			

3. BREEAM 评价体系的认证类型

以 BREEAM 2011 NC 新建建筑为例，评价标准按照项目所处阶段分为设计阶段评价（Design Stage，DS）和运行阶段评价（Post-Construction Stage，PCS）。设计阶段评价取得 BREEAM 临时认证证书（Interim BREEAM Certificate），运行阶段评价获得 BREEAM 最终认证证书（Final BREEAM Certificate）。运行阶段认证工作包括对设计阶段临时认证的复查以及运行阶段的最终评价（图 3-1-1）。获得相应阶段的证书需满足每项条款在其对应阶段所设置的标准要求。

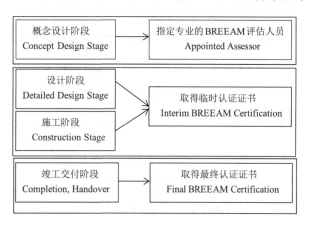

图 3-1-1　BREEAM 评价过程流程图

资料来源：作者根据 BREEAM 官方网站资料整理绘制

4. BREEAM 评价体系的条款与环境权重设置

BREEAM 评价体系在评价条款的设置、评价基准的设定等方面有强大的技术标准与科学研究成果作为支撑，且均高于英国现行的建筑法规与标准。

BREEAM 评价体系将所有的评价条款归类为 3 类环境影响类别，即对全球环境的影响、对区域环境的影响以及对场地与室内环境的影响，进而划分为 10 类评价领域，即管理、健康与舒适、能源、交通、水资源、材料、废弃物、土地利用与生态、污染、创新。其中，创新分值的获得有两种方法：第一种方法为建筑性能达到条款规定的示范性措施（表 3-1-2）的相关要求，但并非所有条款都有示范性措施的规定；第二种方法为建筑采用了创新的建筑技术、设计方式或施工模式。

表 3-1-2 BREEAM 评价体系的示范性措施（BREEAM 2011 NC 新建建筑）

Man 01：可持续采购	Ene 01：减少 CO_2 排放	Mat 03：负责任的材料来源
Man 02：负责任的工程实践	Ene 04：低碳或零碳技术	Wst 01：施工场地废弃物管理
Mat 01：建筑材料 LCA 环境影响	Hea 01：视觉舒适度	Wst 02：建筑材料循环再利用

资料来源：作者根据 BREEAM 官方网站资料整理绘制

BREEAM 体系出具了技术指导手册对每项评价条款进行说明，内容包括条款名称、分值范围、是否有最低标准设置、评价目标、评价标准、先决条件即获得认证必须满足的前提要求（表 3-1-3）、示范性措施、申请所需信息列表等。BREEAM 2011 NC 新建建筑的各项评价条款如表 3-1-4 所示。

表 3-1-3 BREEAM 评价体系先决条件设置（BREEAM 2011 NC 新建建筑）

先决条件	内容要求
Hea 01：视觉舒适度	所有荧光灯及紧凑型荧光灯均安装高频镇流器
Hea 05：建筑的声学性能	早期设计阶段指定声学设计师对场地噪声及建筑布局进行指导
Mat 04：保温设计	对建筑外墙、地面、屋面及建筑设备的保温设计措施进行评价
Pol 03：减缓地面径流	指定顾问对场地峰值速度等数值进行计算

资料来源：作者根据 BREEAM 官方网站资料整理绘制

表 3-1-4　BREEAM 评价体系指标与分值设置（以 BREEAM 2011 NC 新建建筑为例）

评价领域	权重设置	评价条款	条款内容	分值	最低标准
管理 Management	12%	Man 01：可持续采购	确保建筑功能与可持续性符合设计时的性能预期	8分	Y
		Man 02：负责任的工程实践	施工场地的管理采用对环境与社会负责任的方式	2分	Y
		Man 03：减少施工场地对环境的影响	施工场地的管理采用对环境、资源无污染的方式	5分	N
		Man 04：利益相关方的参与	建筑设计过程对使用者及利益相关方进行咨询	4分	Y
		Man 05：全生命周期成本及使用年限	建筑全生命周期成本及使用年限分析，提升运行维护质量	3分	N
健康与舒适 Health & Wellbeing	15%	Hea 01：视觉舒适度	自然采光、人工照明及控制系统的设计确保视觉舒适度	BTD[①]	Y
		Hea 02：建筑室内空气质量	通过通风、设备及室内装修设计，创造健康的室内环境	BTD	N
		Hea 03：建筑室内热舒适度	通过设计与控制系统，确保建筑室内的热舒适度	2分	N
		Hea 04：水资源的质量	降低设备水污染的风险，确保为使用者提供清洁的水源	1分	Y
		Hea 05：建筑的声学性能	确保建筑的声学性能，包括隔音性能符合相应标准	BTD	N
		Hea 06：建筑的安全性	采取有效的设计措施，确保建筑使用的安全性	2分	N
能源 Energy	19%	Ene 01：减少 CO_2 排放	采取措施确保建筑运行能耗及 CO_2 排放最小化	15分	Y
		Ene 02：对能源利用进行分项计量	安装建筑能耗分项计量装置，对运行能耗进行监测	BTD	Y
		Ene 03：场地的室外照明设计	为场地区域的照明选择节能型的灯具及配件	1分	N
		Ene 04：低碳或零碳建筑技术	通过使用可再生能源供能，减少碳排放及大气污染	5分	Y
		Ene 05：交通系统的节能	设计节能的建筑内部交通系统，如电梯、扶梯、自动通道	2分	N
		Ene 06：节能的实验空间	实验区域采用节能设计方法减少能耗相关的 CO_2 排放	BTD	N

① BTD：Building type dependent，依据建筑类型确定条款分值．

评价领域	权重设置	评价条款	条款内容	分值	最低标准
能源 Energy	19%	Ene 07：采用节能设备	采购节能设备，确保建筑运行时的最佳节能性能	2分	N
		Ene 08：干燥空间	提供节能方式进行衣物干燥	1分	N
交通 Transport	8%	Tra 01：公共交通的可达性	发展公共交通网络，减少与交通相关的污染与拥堵	BTD	N
		Tra 02：便利设施的可达性	建筑邻近便利设施，减少使用者的交通往返	BTD	N
		Tra 03：自行车设施	提供足够的相关设施鼓励建筑使用者利用自行车出行	BTD	N
		Tra 04：停车容量最大化	鼓励使用替代型的交通方式代替私车出行，减少排放	BTD	N
		Tra 05：出行计划	为建筑使用者提供多种出行选择，减少对环境的影响	1分	N
水资源 Water	6%	Wat 01：水资源消耗	使用节水冲厕器具及循环利用减少冲厕时饮用水的消耗	5分	Y
		Wat 02：对水资源利用的计量监测	确保对建筑用水量的监测与管理，鼓励减少水资源的消耗	1分	Y
		Wat 03：用水设施渗漏检测与修复	确保用水设施渗漏可被检测，减少其对环境造成的影响	2分	N
		Wat 04：节水型的设备与设施	使用节水型的设备，减少水资源的消耗	1分	N
材料 Materials	12.5%	Mat 01：建筑材料 LCA 的环境影响	使用低环境影响、低碳排放的建筑材料	BTD	N
		Mat 02：室外景观与场地边界保护	用于边界保护及室外硬质表面的材料的环境影响最小化	1分	N
		Mat 03：负责任的建筑材料来源	重要的建筑构件所用材料具有负责任的来源	3分	Y
		Mat 04：保温设计	使用低环境影响的建筑保温材料，具有负责任的来源	1分	N
		Mat 05：建筑的稳固性设计	对建筑结构及景观暴露部分的适当保护，以减少材料更换	1分	N
废弃物 Waste	7.5%	Wst 01：施工场地废弃物管理	通过有效的管理提升资源利用效率，减少施工废弃物	4分	Y
		Wst 02：建筑材料循环再利用	鼓励使用循环再利用的建筑材料，减少对原材料的需求	1分	N

续表

评价领域	权重设置	评价条款	条款内容	分值	最低标准
废弃物 Waste	7.5%	Wst 03：可循环利用的废弃物的存储	设置专用的存储空间对建筑运行产生的废弃物进行管理	1分	Y
		Wst 04：地面与天花板的室内装饰	由建筑使用者选择装饰材料，避免不必要的改动与浪费	1分	N
土地利用与生态 Land Use & Ecology	10%	LE 01：场地选择	使用已开发的土地或被污染的土地，避免使用未开发用地	2分	N
		LE 02：场地的生态价值及生态保护	使用对野生动植物价值有限的土地，保护现有生态特征	1分	N
		LE 03：降低对生态环境造成的影响	降低建筑开发活动对既有生态系统造成的影响	2分	Y
		LE 04：提升场地的生态价值	采取措施保持并提升场地的生态价值	BTD	N
		LE 05：对生物多样性的长期影响	减少建筑开发对场地及生物多样性造成的长期影响	BTD	N
污染 Pollution	10%	Pol 01：制冷剂的环境影响	减少由于建筑系统制冷剂泄漏造成的温室气体排放	3分	N
		Pol 02：氮氧化合物的排放	使用氮氧化合物排放最小化的供热/制冷系统，减少污染	BTD	N
		Pol 03：减缓地面径流	避免、减少、延迟雨水向公共下水管网的排放	5分	N
		Pol 04：减少夜间光污染	室外照明集中在适当的区域，减少光污染及向上的浪费	1分	N
		Pol 05：噪声衰减	减少噪声，避免对周围声音敏感建筑的影响	1分	N
创新 Innovation	10%	Inn 01：创新设计	支持建筑产业与可持续相关的创新设计	10分	N

资料来源：作者根据 BREEAM 官方网站资料 BREEAM New Construction Non-Domestic Building Technical Manual SD5073-1.0:2011 整理绘制

5. BREEAM 评价体系的评价结果与计算方法

决定 BREEAM 评价最终结果的 4 项影响因素为最低要求、评价基准、环境权重及创新分值。获得 BREEAM 认证必须得到 30 分以上，同时需满足表 3-1-5 中设置的最低要求。所得分值计算以 2010 年颁布的 BREEAM 2011 NC 新建建筑为例，BREEAM 得分 =∑（每个领域得分 / 此领域满分 × 100% × 领域权重），每项标准的分值设置如上表 3-1-4 所示。

表 3-1-5　BREEAM 各认证等级必须达到的最低要求（BREEAM 2011 NC 新建建筑）

评价条款（最低要求）		BREEAM 认证等级				
评价领域	评价条款	通过	好	非常好	优秀	杰出
管理	Man 01：可持续采购	1 分	1 分	1 分	1 分	2 分
	Man 02：负责任的工程实践	—	—	—	1 分	2 分
	Man 04：利益相关方的参与	—	—	—	1 分	1 分
健康与舒适	Hea 01：视觉舒适度	1 分	1 分	1 分	1 分	1 分
	Hea 04：水资源的质量	1 分	1 分	1 分	1 分	1 分
能源	Ene 01：减少 CO_2 排放	—	—	—	6 分	10 分
	Ene 02：能源利用分项计量	—	—	1 分	1 分	1 分
	Ene 04：低碳或零碳技术	—	—	—	1 分	1 分
水资源	Wat 01：水资源消耗	—	1 分	1 分	1 分	2 分
	Wat 02：对水资源利用的计量	—	1 分	1 分	1 分	1 分
材料	Mat 03：建筑材料负责任来源	3 分	3 分	3 分	3 分	3 分
废弃物	Wst 01：施工废弃物管理	—	—	—	—	1 分
	Wst 03：循环利用废弃物存储	—	—	—	1 分	1 分
土地利用与生态	LE 03：对生态环境的影响	—	—	1 分	1 分	1 分

资料来源：作者根据 BREEAM 官方网站资料整理绘制

根据所得分值将 BREEAM 评价结果的认证等级划分为 6 类（表 3-1-6），其中获得"杰出"与"优秀"等级的建筑代表了英国可持续建筑项目设计与施工的最高水准。新建建筑获得认证后，为确保建筑运行使用阶段的性能以及减少建筑的运行成本，可通过 BREEAM In Use 评价计划对建筑进行定期的评价、审核与认证，获得"杰出"与"优秀"等级的建筑必须在运行的首个 3 年之内获得 BREEAM In Use 的性能认证，否则 3 年期满会被降为下一等级。

表 3-1-6　BREEAM 评价体系的评价结果及对应的性能

等级分类	分值标准	建筑性能
杰出（Outstanding）	≥ 85%	创新建筑：英国少于 1% 的建筑项目可达到此标准
优秀（Excellent）	≥ 70%	最佳实践：英国 10% 的建筑项目可达到此标准
非常好（Very Good）	≥ 55%	高等实践：英国 25% 的建筑项目可达到此标准
好（Good）	≥ 45%	中等实践：英国 50% 的建筑项目可达到此标准
通过（PASS）	≥ 30%	标准实践：英国 75% 的建筑项目可达到此标准

等级分类	分值标准	建筑性能
未通过（Unclassified）	<30%	未获得认证：建筑性能不符合 BREEAM 要求

资料来源：作者根据 BREEAM 官方网站资料整理绘制

6. BREEAM 评价体系的特点

BREEAM 评价体系基于全生命周期理论，结合了 CEN TC/350 中对建筑环境、社会、经济性能的相关要求，并对其进行了更加深入的研究。高等级的申请项目要求建筑全生命周期的碳排放必须达到一定标准。

BREEAM 评价体系的目标是反映可持续建筑在一定时期技术条件下的相对表现，为实现这一目标并使其更紧密地与时代相结合，BREEAM 体系依据建筑法规与标准的提升以及行业技术的发展每年进行一次修订，摒弃过时条款，同时增加新的评价标准。

建筑环境影响评价软件以数据库为支撑，提供科学完善的建筑要素的环境影响数据，使建筑师在设计阶段即可评价方案的环境影响。

评估过程复杂，要求每个项目的评价至少由两名专业注册评估师完成。BRE 推出了一种自助式定量建筑环境影响评价软件，并辅助于强大的数据库，方便建筑师在设计阶段考虑各设计方案的环境影响。

7. BREEAM 评价体系案例介绍——蜂房联合图书馆 The Hive

蜂房联合图书馆 The Hive 由 Feilden Clegg Bradley 工作室设计，[①] 建筑面积约 1.2 万 m²。该项目为伍斯特大学与伍斯特郡议会联合建造，服务于城市市民与伍斯特大学的师生。同时，该建筑也容纳了郡档案馆、历史研究机构及考古机构，旨在创建高质量的环境、提供更多的公共服务。本项目以 86.4% 的高分获得 BREEAM 杰出等级（Outstanding），管理、水资源、废弃物、土地利用与生态 4 部分得到满分。

The Hive 采用整体性的设计策略，设计师在设计时充分考虑建筑形体如何适应气候变化，建筑的舒适度计算基于"英国气候影响计划"UK—CIP 预测的 2020—2050 年的气候变化数据，利用参数化模型进行场地与环境限制条件下的建筑形体与室内舒适度计算。为测试锥顶烟囱效应的通风效果，制作比例模型在卡

---

① 资料来源：http://grant-associates.pr.co/.

迪夫大学进行风洞模拟实验。建筑优先利用被动式设计方法，充分利用自然采光与自然通风。屋顶的天窗设计强化了自然采光效果，自然通风采用风压与热压相结合的方法，机械通风作为补充措施只用于对环境质量要求较高的空间。

能源利用方面强调使用可再生能源，采用生物质能供热，同时提供生活热水，设置热存储装置以平缓热负荷的变化。模块式燃气锅炉用作极端用热高峰及系统维护条件下的后备能源。以场地附近的塞文河作为冷却源，夏季低温河水对进入建筑室内的空气预先制冷，结合混凝土楼板中的冷水管路，用于热气候条件下的辅助制冷。采用高效管理系统对能源利用、水资源利用、废弃物等进行管理。通过上述措施，蜂房联合图书馆能源性能认证等级为 A 级，建筑碳排放量减少50%，为 15.8kg/（$m^2 \cdot a$）。

The Hive 的主要节水措施是通过采用节水型器具、对雨水的回收利用及设置水耗监测系统，将场地内的雨水收集过滤后作为灌溉与冲厕使用，使地面径流对环境的影响达到最小。场地绿化种植当地植物物种，既用作生产性景观，又可节约灌溉用水，减少维护成本。上述水资源利用措施产生了整体性的节水作用，使建筑用水量减少 75%。The Hive 对建筑材料的可持续性有严格要求，所有材料可回收利用部分占材料总造价的 22%。锥形屋面木结构所用材料为经过"森林管理委员会"（Forest Stewardship Council，FSC）认证的木材，经测算，比钢筋混凝土结构减少 2000t CO_2 排放。建筑围护结构覆盖金属板材，由回收再利用的铜合金材料制成。门窗采用双层节能玻璃，提升了建筑的保温性能。

The Hive 将大学教育与城市功能相融合，已成为伍斯特市的文化地标。7 个锥体屋面的设计来源于当地历史悠久的皇家伍斯特陶器厂，既用作自然通风的排风装置，也是向当地的历史产业致敬。作为本地文化、教育与信息中心，The Hive 不仅成为市民的学习之处，也提升了城市凝聚力，创造出既具有历史感又对可持续发展技术进行展示的建筑形体与空间。

3.1.2 法国 HQE 建筑可持续性评价体系

3.1.2.1 法国政府政策与技术发展

法国以维护能源安全、应对气候变化以及保证社会经济发展为目标，于 2002

年颁布可持续发展规划（The National Plan for Sustainable Development，PNDD），同时制定了一系列国家能源政策及减排措施，措施规定到 2020 年，建筑能效提高 20%，温室气体排放量与 1990 年相比减少 22.8%，可再生能源在总的能源消耗中的比例提高到 23%。

2007 年 10 月，法国提出《Grenelle 环保倡议》，倡议指出建筑节能是应对气候变化、实现节能减排的重点领域，未来将以推广可持续建筑作为建筑领域的发展方向。为此，法国严格执行相关建筑法规，同时建立了建筑能效标识制度，要求公共建筑出租及出售前必须对建筑的能耗指标与 CO_2 排放指标进行评价并提供能效标识，由法国国家标准局颁发证书并进行建筑能效指标公示（表 3-1-7）。[①]

表 3-1-7 法国国家标准局建筑能效指标公示内容

公示项目	公示内容
生态建造	建筑与环境和谐共生的关系
	建筑材料的选择
	建筑施工对环境的影响，如废弃物、噪声等
生态管理	建筑能耗与建筑设备的选择
	水资源利用计划
	垃圾处理计划
	对周边环境实施的保护措施
建筑舒适度	建筑室内温度的控制
	建筑室内的声学设计
	建筑室内的美学设计
	建筑室内的味觉处理计划
对人体健康的影响	卫生间的设计措施
	空气处理措施
	水资源的回收与利用

资料来源：作者根据相关资料整理绘制

---

① 武涌，孙金颖，吕石磊. 欧盟及法国建筑节能政策与融资机制借鉴与启示 [J]. 建筑科学，2010，26（2）：6-7.

3.1.2.2　法国 HQE 建筑评价体系

1. HQE 评价体系的建立背景

法国为实现建筑领域的可持续发展，制定并推行了针对不同建筑类型的可持续建筑认证体系。其中，HQE 评价体系自推出以来，通过一系列的早期实践得以逐步完善，获得了高度的社会关注。对可持续建筑进行 HQE 认证可以增加建设项目的附加价值，提升公民的节能环保意识，HQE 认证体系已成为法国国内重点推广的绿色建筑评价体系。

1992—1996 年，法国针对水资源利用、噪声控制、大气污染、环境保护及城市规划等方面的可持续发展制定了相应的法律规范[①]。随着上述政策的制定、可持续建筑示范项目的推广和针对建筑材料标准的提升，高质量环境生态理论于 1992 年首次提出，随后发展成为专门的 HQE 绿色建筑评价体系。1996 年，法国高质量环境协会（HQE ASSOCIATION）成立，作为专门机构对 HQE 的技术框架进行完善与深化，并在此框架下进行建筑的认证与评价。

2. HQE 评价体系的应用范围

HQE 评价体系自颁布以来，针对不同的建筑类型制定相应的性能目标，从而使其应用范围得以不断扩展（图 3-1-2）。随着公共建筑的可评价类型不断增加，法国建筑科学技术中心 CSTB 在高质量环境协会的监督下于 2003 年颁布了针对独栋居住建筑的认证标准，其后于 2011 年底又推出了 HQE 生态街区认证，将 HQE 的评价范围扩展到包括公共建筑、独栋住宅及生态社区。

图 3-1-2　HQE 评价体系涵盖的评价类型

资料来源：作者根据相关资料自绘

---

① 周斌 . 可持续建设的政策发展与制度改进 [D]. 重庆：重庆大学，2012.

3. HQE 评价体系的评价领域生态目标

HQE 评价体系涵盖 4 类评价领域：环境、能源、舒适与健康。上述 4 类评价领域又被划分为 14 项基准生态目标（表 3-1-8），覆盖可持续建筑的规划、设计、施工、运行管理的全过程，实现了对建筑环境质量的逐阶段控制。HQE 评价体系通过评价领域及生态目标的设置，对建筑环境质量提出明确定义，在此基础上对建筑的环境性能及建筑对室内、室外环境产生的影响进行评价。

4. HQE 评价体系的评价条款与先决条件

HQE 评价体系利用分级架构建立评价模型，评价条款之间相互关联。例如，对于建筑能源消耗目标的设定，也包含了建造过程的环境影响以及使用者的健康度与舒适度的相关要求，以此类关联为基础构成完整的体系结构。HQE 体系将 14 项生态目标划分为 37 项一级指标和 126 项二级指标（表 3-1-9），其中二级指标包含 38 项必须满足的先决条件。所有指标归类为可定量化衡量的结论性指标以及可定性化衡量的方法性指标。

表 3-1-8　法国 HQE 绿色建筑评价体系的评价领域、生态目标及先决条件

4 类评价领域	14 项生态目标	生态目标的评价内容	38 项先决条件（PREREQUISITE）
环境 Environment	建筑与周边环境的关系	评价建筑对周边环境造成的影响	规划方案与当地土地政策及区域可持续发展政策保持一致
			基于项目背景，进行优化场地停车位数量的相关调研
			对实现铁路、水路、公路联合运输的可行性进行研究
	建筑产品与建造过程的选择	对建筑材料、技术体系和建造过程进行科学管理，控制建筑产品与施工过程中产生的环境足迹	对建筑产品、建筑系统及建造过程的可用性进行评估
			建筑使用期限内对建筑空间功能的预期可变性与适应性进行评估与区域分类
	减少施工现场对环境的影响	提升场地管理，减少施工废弃物及噪声、悬浮颗粒等有害物质的产生，控制可能发生的施工损害	在施工场地内对废弃物进行辨别与分类，并在施工过程中对废弃物数量进行统计

4 类评价领域	14 项生态目标	生态目标的评价内容	38 项先决条件（PREREQUISITE）
能源 Energy	能源管理	减少能源需求，提高能源设备的环境效益，强调可再生能源的利用	证明建筑采用了生物气候学设计方法，如建筑形体、平面设计、方位设计及其他生物气候学的设计元素；利用模型模拟计算建筑节能量
			与参考建筑的能耗相比节能 10%
			对可再生能源利用的可行性进行研究
			计算由于建筑耗能系统产生的 CO_2 的量
环境 Environment	水资源管理	科学合理地进行水资源管理，节约饮用水，收集与利用雨水，对污水进行标准化处理	计算由建筑的卫生清洁设施消耗的水量，并与参考项目对比
			计算或估算建筑的总用水量
			采取合理措施对雨水进行临时存储，计算场地渗水率
			对场地的卫生设施进行调查，设置污水处理设施
环境 Environment	施工过程的废弃物管理	施行有效的废弃物管理措施，通过分类及预处理等方法减轻废弃物对环境造成的负担	设置专门的区域对废弃物存储，根据数量的变化增减存储面积，与废弃物的运输通道连接
			确保废弃物存储空间的通风与清洁卫生
	运营管理与维护	优化运营维护方式，提高管理效率，控制维护与维修过程对环境造成的影响	通过设计与技术措施确保建筑加热、制冷、通风、供电及用水系统的运营与维护
			所有技术系统的设备终端有足够的建筑空间
			建筑供热、制冷、照明、通风及生活热水系统设有计量装置
			采用树状计量装置对建筑用水量进行监测

4 类评价领域	14 项生态目标	生态目标的评价内容	38 项先决条件（PREREQUISITE）
舒适 Comfort	室内温度与湿度控制	根据热工分区和空间功能采取相应措施，保持舒适的室内温度与湿度环境	采取措施优化室内温湿度，达到舒适度范围
			供热模式下，设定适合空间功能的适宜温度值及温度范围，确保在建筑运行期间达到此温度值及温度范围
			寒冷季节室内沐浴空间实现与目标温度设定一致的湿度比率
			确定使用空间针对气流速度设定的舒适度范围
			制冷模式下，设定适合空间功能的适宜温度值及温度范围，确保在建筑运行期间达到此温度值及温度范围
	声环境的舒适度	减少场地噪声，降低设备噪声，强调建筑材料的隔声性能，改善室内隔声缺陷	以下均符合标准规定：隔绝室外噪声的设备；设备噪声等级；撞击声等级；室内声学设计；邻近区域的空气噪声；行走噪声
	视觉舒适度	重视与外界的视线交流，提高自然光的利用率，减少人工照明的使用	建筑外表面积接受直接或间接光照的比例
			室内使用者的视线能直接看到室外景观
	嗅觉舒适度	利用自然通风将不利于嗅觉舒适的气体排出	无先决条件设置
健康 Health	健康的区域环境质量	通过管理手段改善环境卫生，创造健康的区域环境卫生条件，保障使用者的健康	辨别周边环境中低频电磁波辐射的来源
			辨别周边环境中无线电波的来源
			建筑运行阶段采取措施确保食品健康安全
			设计至少 1 处建筑维护用房
	健康的空气质量	强化建筑通风，减少建筑材料、建筑设备、维修维护等污染源对空气造成的污染	机械通风与自然通风结合，确保新风量符合标准的规定值
			对建筑室内及室外的污染源进行统计造册，制定措施减少其对建筑室内环境造成的影响

4 类评价领域	14 项生态目标	生态目标的评价内容	38 项先决条件（PREREQUISITE）
健康 Health	健康的用水质量	保证建筑饮用水水质，减少污水对环境的污染	金属、合金及金属镀层（铜铁铝锌等）、液压黏合剂、陶瓷、玻璃、有机材料等与饮用水接触的材料必须得到专业认证
			如果使用了再生水，须作出标记并与其他水网分离设置，对其他水网用水进行 保护
			生活热水系统的末端水温≥50℃；设备存储热水总量≥400升；对生活热水系统进行保温处理；标记军团杆菌的高危爆发点并对其采取控制措施
			在沐浴用水循环利用之前，设计适当的处理过程消除沐浴用水的污染，确保浴池中消毒剂的浓度

资料来源：作者根据 HQE 认证官方网站资料 ASSESSMENT TOOL FOR THE ENVIRONMENTAL PERFORMANCE OF BUILDINGS（EPB），Non—residential buildingsm, Implemented 13/09/2013 整理绘制

表 3-1-9　法国 HQE 评价体系的分级指标设置

4 类评价领域	14 项生态目标	一级指标（共 37 项）	二级指标（共 126 项）	先决条件
环境 Environment	建筑与周边环境的关系	可持续城市发展布局	确保规划方案与区域发展政策保持一致	PR
			道路与行人管理最优化	N
		可持续城市发展布局	提升公共交通的利用效率	N
			鼓励采用污染最小的出行方式	PR
			鼓励对场地进行绿化	N
			保护并提升生态多样性	N
		室外空间可达性	创造舒适的室外气候环境	N
			创造舒适的室外声环境	N
			创造舒适的视觉环境	N

续表

4 类评价领域	14 项生态目标	一级指标（共 37 项）	二级指标（共 126 项）	先决条件
环境 Environment	建筑与周边环境的关系	室外空间可达性	确保使用者的室外空间卫生质量	N
			确保夜间足够的室外照明	N
		建筑对当地居民的影响	确保当地居民获取日照与自然光的权利	N
			确保当地居民拥有安静生活环境的权利	N
			确保当地居民拥有良好视野的权利	N
			确保当地居民拥有安全的环境质量	N
			限制夜间的视觉扰乱	N
			场地选择不对当地居民产生扰乱	N
	建筑产品与建造过程的选择	建筑建造的可持续性与适应性	建筑产品、系统与建造过程与用途相匹配	PR
			建筑使用期限内建筑功能的适应性	PR
			建筑产品与建筑结构的可移动性与可分离性	N
		有利于建筑使用后的维护	建筑产品、建筑系统与建造过程有利于维护	N
		选择可减少对环境产生影响的建筑产品	确定建筑产品的环境影响	N
			选择对环境影响小的建筑产品	N
			选购产生 CO_2 量最少的建筑材料与建筑产品	N
			选择有固碳作用的建筑产品	N
		选择对健康影响最小的建筑产品	确定建筑产品对室内空气质量造成的健康影响	N
			选择对室内空气质量造成的健康影响小的产品	N
			限制由于对木材的处理造成的污染	N
	减少施工现场对环境的影响	优化施工场地的废弃物管理	对施工场地废弃物进行分类与称重	PR
			从源头减少施工场地的废弃物	N

4 类评价领域	14 项生态目标	一级指标（共 37 项）	二级指标（共 126 项）	先决条件
环境 Environment	减少施工现场对环境的影响	优化施工场地的废弃物管理	对施工场地废弃物进行循环利用	N
			对施工场地废弃物进行优化分类处理	N
		减少对施工场地的污染	限制噪声影响	N
			限制视觉干扰，保持施工场地清洁	N
			避免对水与土地造成污染	N
			控制对空气造成与健康相关的影响	N
			施工期间保护生物多样性	N
		减少施工场地的资源消耗	限制施工场地的能源消耗	N
			限制施工场地的水资源消耗	N
			施工场地挖掘土方的再利用	N
能源 Energy	建筑能源管理	通过建筑设计，减少能源消耗	进行生物气候学设计，减少建筑能耗	PR
			提升建筑外围护结构的气密性	N
			提升建筑外围护保温性减少热损失	N
		减少常规能源消耗	限制供热、制冷、照明等造成的常规能源消耗	PR
			限制与使用者的视觉舒适度无关的照明能耗	N
			限制机械设备的能源消耗	N
			使用可再生能源	PR
			限制冷库中制冷系统的常规能源消耗	N
		减少大气中的污染物排放	由于能耗产生的 CO_2 当量	PR
			由于能耗产生的 SO_2 当量	N
			对臭氧层的影响	N
			为冷库制冷设备选择制冷剂减少对环境的影响	N
环境 Environment	水资源管理	减少饮用水的消耗	限制卫生设施中的用水需求	PR
			限制分散式的用水需求	N
			确定用水的总体消耗	PR

4 类评价领域	14 项生态目标	一级指标（共 37 项）	二级指标（共 126 项）	先决条件
环境 Environment	水资源管理	场地雨水的管理	限制场地的不渗透性	N
			对场地雨水进行管理	PR
			防止雨水对场地造成的长期污染	N
			防止降雨引起的临时性污染	N
		废水的管理	控制场地内废水的排放	PR
			灰水的循环利用	N
			限制雨水排入相连的下水管道	N
	施工过程的废弃物管理	废弃物的循环利用	选择废弃物的循环利用处理途径	N
		废弃物的循环利用	鼓励对有机废弃物进行循环利用	N
			鼓励减少操作产生的废弃物	N
		操作性废弃物管理系统的质量	有足够的废弃物存储空间	PR
			确保废弃物存储空间的卫生状况	PR
			优化操作性废弃物的物流过程	N
	运营管理与维护	优化建筑设计以简化建筑的维护与服务系统	建筑设计应便于建筑运行时的维护与服务	PR
			便于维护操作的定时与追踪	N
			确保建筑结构便于维护与服务	N
			确保建筑性能等级与使用者的舒适度	N
		对建筑能耗进行监测与控制	设置计量装置便于监测建筑能耗	PR
			设置计量装置便于监测建筑水耗	PR
		监测与控制系统性能与舒适度	对建筑室内舒适度进行计量监测	N
			优化建筑系统操作与故障检测	N
舒适 Comfort	室内温度与湿度控制	采取措施进行温湿度优化设计	提升建筑提供适宜室内温度及湿度条件的能力	PR
		采取措施进行温湿度优化设计	将具有相同温度与湿度需求的空间进行集合	N
			对极端不舒适的室内情况进行控制	N

4 类评价领域	14 项生态目标	一级指标（共 37 项）	二级指标（共 126 项）	先决条件
舒适 Comfort	室内温度与湿度控制	供热模式下的适宜温湿度设置	实现空间内适宜的温度水平	PR
			确保使用期间室内温度的稳定性	N
			确保室内空气流速不对舒适度产生影响	N
			使用者可以对室内热环境进行控制	N
			利用湿度测定方法对室内湿度进行控制	PR
		无制冷情况下的室内温湿度控制	确保最低水平的舒适度偏离	PR
			确保足够的自然通风量，对空气流量进行调节	N
		制冷模式下的适宜温湿度设置	实现空间内适宜的温度水平	PR
			确保室内空气流速不对舒适度产生影响	N
			控制太阳得热以及由辐射产生的局部不舒适	N
			使用者对热环境的控制	N
			在敏感空间进行温湿度控制	N
	声环境的舒适度	不同功能空间适宜的声环境质量	优化不同功能空间的声环境质量	PR
	视觉舒适度	优化自然采光	光敏感区域建立自然采光通道	PR
			光敏感区域可直接观赏室外景观	PR
			使用空间能达到自然采光标准	N
			避免眩光，提升自然采光质量	N
		舒适的人工照明	根据不同空间功能进行人工照明优化	N
			确保人工照明的均匀度	N
			避免由于照明光源产生的眩光	N
			提供舒适的散射光	N
	视觉舒适度	舒适的人工照明	使用者对视觉环境的控制能力	PR
	嗅觉舒适度	控制引起嗅觉不适的气味来源	辨别并减少引起嗅觉不适的气味	N
			阻止引起嗅觉不适的气味在空气中发散	N

4类评价领域	14项生态目标	一级指标（共37项）	二级指标（共126项）	先决条件
健康 Health	健康的区域环境质量	限制电磁辐射	辨别电磁辐射的来源	PR
			限制电磁辐射对环境与人员的影响	N
		确保健康的建筑环境	确保饮食相关空间的食品健康	PR
			确保建筑预留维护与清洁用房	PR
			选择不利于细菌生长的建筑材料	N
	健康的空气质量	确保通风的有效性	提供适合空间功能的空气流量	PR
			确保管道的气密性	N
			确保管道中空气的质量	N
			确保空间中最佳的室内空气循环	N
		控制室内空气污染物的来源	减少室内外污染物的来源	PR
			使用者避免暴露在室内空气污染物中	N
			避免空气中细菌的滋生	N
	健康的用水质量	建筑室内用水网络的质量	选择不影响水质的建筑材料	PR
			用水管道质量	N
			室内提供结构与标志	PR
			保护室内水网	N
		控制建筑室内水网的温度	确保生活热水的温度，减少水质的细菌污染	PR
			优化生活热水的管网设计，减少细菌污染	N
			生活热水管网温度的维护与控制	N
		对水的处理进行控制	选择防腐蚀抗菌的水处理方式	N
			再生水的处理与利用	N
		对沐浴区域的水质进行控制	对已污染的沐浴用水进行处理	PR
			防止沐浴用水的污染物沉降	N
			控制浴池水中三氯胺的聚集	N

资料来源：作者根据HQE认证官方网站资料 ASSESSMENT TOOL FOR THE ENVIRONMENTAL PERFORMANCE OF BUILDINGS（EPB），Non—residential buildings, Implemented 13/09/2013 整理绘制

5. HQE 评价体系的评价结果与计算方法

HQE 评价体系的评价结果计算相对较复杂，首先对 126 项评价条款实行逐项审核评分，对 14 项生态目标的评分进行逐项加和，依据加和得到的分数确定 14 项生态目标的性能分类为 P 类或 HP 类，按照 P 类得分为 1 分、HP 类得分为 2 分的规定，得出 4 类评价领域的各自分值，将 4 类评价领域各自的加和分值与总分相比，得出的比例换算成得星数，每类满分为 4 星，即每类实际得星数 =（每类实际获得的分值 / 每类总分值）× 4 星。项目的最终认证等级（表 3-1-10）由 4 类性能的实际得星数总和确定。

表 3-1-10　HQE 评价体系的 5 种等级设定

通过（PASS）	满足必须要求
好（BON）	得星总数 ≤ 4 星
非常好（TRES BON）	4 星 < 得星总数 ≤ 8 星
优秀（Excellent）	8 星 < 得星总数 ≤ 11 星
杰出（Exceptional）	得星总数 ≥ 12 星

资料来源：作者根据相关资料整理绘制

6. HQE 评价体系的特点

（1）综合性：HQE 评价体系以寻求能源与资源的优化利用为出发点，采用综合性的评价方法，评价标准内容涵盖可持续建筑设计、技术模式与经济效益等各个方面，在评价建筑对生态环境产生影响的同时强调使用者的健康与舒适。

（2）专业性：HQE 评价体系的制定与评价过程均由相关领域的专业人员参与，此外法国高质量环境协会也会根据反馈信息对 HQE 体系进行升级，对与评价相关的技术性指导文件进行完善。

（3）高性能：HQE 评价体系与国际可持续建筑联盟 SBA 颁布的评价体系标准框架、欧洲标准化委员会 CEN 制定的 CEN/TC 350 标准及可持续建筑联盟 SBA 指标相一致，以高性能作为评价目标与执行基准，同时将使用者的需求融入评价过程。

（4）国际与地区适应性：HQE 评价体系具有国际适应性，通过法国建筑科学技术中心 CSTB 的研究成果，确立国际的通用指标，可适用于不同气候区域、不同文化背景的国家和地区，便于进行建筑性能的对比，同时评价体系设置"等效原则"，在遵守当地建筑规范的前提下，实现预期的性能目标。

（5）与已有的法规标准结合：HQE评价体系引入法国与欧洲建筑领域已有的相关法律法规、行业标准及行业认证体系，如外围护结构空气渗透性能必须符合国际标准ISO 9972中的相关规定，场地的污水处理措施符合欧洲标准EN 12566-3中的相关要求。

（6）进行行业内普及：为使更多的建筑行业人员对HQE评价体系有系统全面的了解，HQE协会设立了环境管理系统（Environment Management System，EMS），对HQE评价体系中的14项生态目标实行程序化管理，在项目的策划阶段指导业主制订建筑实施计划，在设计与建造阶段指导设计者与施工管理者对14项生态目标进行可行性研究、优化与分级，选择适宜的实施模式，便于在后续的建筑设计、施工与运行管理等阶段进行贯彻。

7. HQE评价体系案例介绍——ICADE办公楼一期（ICADE Premier Haus 1）

ICADE办公楼一期项目位于德国慕尼黑，建筑面积约2万 m^2，是首项获得HQE国际认证的建筑项目。建筑设计以健康、舒适与节能为主题，旨在提升建筑全生命周期的环境与能源性能，最终以12星的得星总数获得HQE认证最高等级"杰出"（Exceptional）级，成为可持续设计的典范。其中，4类评价领域中"能源"得星数3星，"环境"得星数2星，"健康"得星数3星，"舒适"得星数4星。

（1）能源策略：ICADE办公楼一期采取了多种结构性措施以优化能源效率。除区域供热外，被动式高效外围护结构设计，结合主动式建筑智能管理系统、余热回收装置及建筑自动化控制设备，整体提升了建筑节能率。建筑将照明自动化控制系统与室内的光感应装置相结合，配合夏季遮阳系统即导光板与遮阳百叶的设计，可减少照明能耗，同时减少夏季进入室内的热量，降低空调能耗。以上措施产生了综合性的节能效果，最终建筑的实际运行能耗为每年 $120kW \cdot h/m^2$，比当地法规规定减少50%，达到了HQE评价体系所要求的级别。

（2）环境策略：ICADE办公楼一期建筑的使用期限预期为50年，经过严格的测算，确定建筑全生命周期LCA温室气体排放量为 $44kgCO_2/（m^2 \cdot a）$，远低于常规建筑的排放量 $72kgCO_2/（m^2 \cdot a）$。为确保使用者的舒适度与健康，提升室内空气质量，建筑采用机械通风系统，对室内温度与空气流速进行控制，且与自然通风设计相结合，使室内空气甲醛含量 $\leqslant 60\mu g/m^3$，VOC含量 $\leqslant 500 \mu g/m^3$。

（3）节能建筑材料：建筑材料的 EPD 产品环境声明显示，本项目 95% 的建筑构件与建筑材料，都能起到减少建筑能耗及温室气体排放的作用。例如，外围护结构的涂层具有高耐候性及防紫外线能力，提升了建筑维护结构的隔热保温性能。

（4）使用者的舒适性：建筑的调节与控制系统确保使用者可自行调整与室内舒适度相关的各项参数。此外，重视使用者听觉与视觉的舒适性，室内隔墙为玻璃分隔，在确保拥有足够室内自然采光的同时，分隔材料也具备一定的隔声性能。

ICADE 办公楼一期项目在获得良好的能源环境性能的同时，突出自身的设计感，将先进的构造设计与高性能建筑材料相结合，创造出既与环境相融合，又具备极强的环境调节能力的建筑维护结构。

3.1.3　德国 DGNB 建筑可持续性评价体系

3.1.3.1　德国政府政策与技术发展

德国作为能源进口国，建筑领域的可持续成为国家政策的关注重点。德国通过建立完善的政策法规体系以及持续提升建筑节能标准实现建筑领域的可持续发展。为了推动巴伐利亚 Bavaria 环境公约的实施进程，政府采取了一系列的激励手段，如对环境项目进行费用减免、简化审批流程。此外，德国联邦政府与地方政府均为可再生能源的利用提供财政激励与政府补贴，如联邦政府光伏屋顶计划和巴伐利亚州学校建筑节能 "50/50" 计划。

1978 年，德国开始实施《建筑保温条例》（WSVO 1978），条例规定新建建筑的采暖能耗限值为 250kW·h/（m² · a），1995 年限值重新设定为 100kW·h/（m² · a）。2002 年，为贯彻欧盟对建筑节能减排的要求，开始实施新的建筑节能条例 EnEV 2002，采暖能耗限值调整为 70kW·h/（m² · a）。其后，此条例于 2004 年、2007 年、2009 年分别被修订，2009 年提出的采暖能耗限额为 45kW·h/（m² · a）。目前，该条例仍在继续修订中（EnEV2014），修订后超低能耗建筑的采暖能耗限额将降为 15kW·h/（m² · a），这是目前建筑能耗的最高标准。[①]

---

① 吉林省发展和改革委员会 http://www.jldrc.gov.cn/ggkf/201311/t20131105_1403.html，德国丹麦建筑节能考察报告，2013-11-05.

德国目前正在积极推广从低能耗建筑的基础上发展而来的被动式节能建筑（Passivhaus）。被动式节能建筑无须主动能源供应即可维持室内环境的舒适度，其技术重点包括围护结构的保温和遮阳设计、带热回收装置的可控新风系统及可再生能源的利用。[①] 由于德国所处的纬度较高，建筑围护结构的保温系统成为德国建筑技术体系的关注重点。德国建筑节能标准的逐步提升使得围护结构的气密性随之加强。为确保室内空气质量，德国建筑普遍设置新风系统对进入室内的空气进行过滤、增加含量氧并进行冬季的新风预热处理，同时设置排风的热回收系统，避免自然通风产生的冷热量损失。德国还根据可再生能源的经济性排序（垃圾填埋发电、风力发电、生物质发电、地热发电、光伏发电）确定电价标准，要求电网运营商必须购买可再生能源产生的绿色电力。此外，德国还大力推广光伏建筑一体化、区域生物质热电联产、地源热泵等可再生能源利用技术。[②]

3.1.3.2　德国 DGNB 建筑评价体系

1. DGNB 评价体系的发展历程

2007 年，德国可持续建筑委员会（German Sustainable Building Council）与联邦交通、建筑与城市事务部（Federal Ministry of Transport，Building and Urban Affairs，BMVBS）研究，推出了德国可持续建筑评价体系（Deutsche Gesellscha fur Nachhaltiges Bauen，DGNB）。DGNB 体系建立在德国高水平的工业体系以及节能建筑长期发展的经验基础之上，涵盖可持续发展的环境、社会与经济三大领域。DGNB 评价体系的目标是保护环境与资源，在确保建筑质量的同时降低建造成本，强调使用者的健康与舒适。

2. DGNB 评价体系的应用范围

DGNB 评价体系适用于不同气候区域、不同建筑标准体系、不同文化背景的国家与地区。目前 DGNB 体系共包含 15 种标准类型（表 3-1-11），并且仍在不断研究并推出新的评价标准。

3. DGNB 评价体系的认证类型

DGNB 评价体系的建筑认证类型包括 4 类：新建建筑预认证（Pre-Certificate

---

① 厉益芳.德国建筑节能新理念的启示 [N]. 中国建设报，2011-05-23（005）.
② 浙江省能源局调研组.德国、丹麦、英国可再生能源发展对浙江的启示 [J].浙江经济，2011，5：37.

for New Buildings），可作为建筑项目策划与规划阶段的指导工具对建筑的性能目标进行定义，有利于整合建筑的设计过程；新建建筑认证（Certificate for New Buildings），适用于建筑的设计与施工阶段；既有建筑认证（Certificate for Existing Buildings），适用于建筑的运行阶段；既有建筑的提升认证（Certificate for Modernizations），适用于建筑的更新改造阶段。DGNB 新建建筑预认证有效期 18 个月，既有建筑认证有效期为 3 年。

DGNB 评价体系对新建工业区、新建商业区与新建都市区的评价认证可划分为 3 类：预认证证书（Pre-Certificate），预认证证书在项目的设计竞赛阶段授予，有效期为 3 年；基础设施认证（Infrastructure Certificate），基础设施认证可授予基础设施完成至少 25% 或者城市发展框架已经被批准且已签署建设合同的项目，有效期为 5 年；正式认证证书（Urban Quarter），正式认证证书可授予已完成 75% 建设量的申请项目，证书终生有效。[①]

4. DGNB 评价体系的评价条款

DGNB 评价体系包含 6 类评价领域：生态 / 环境质量（Environmental Quality）、经济质量（Economic Quality）、社会文化与功能质量（Sociocultural and Functional Quality）、技术质量（Technical Quality）、过程质量（Process Quality）、场地质量（Site Quality）。每一类评价领域针对特定的保护目标进行设置（图 3-1-3）。其中，场地质量需对其进行单独评价，不包含在建筑质量总体评价中。上述 6 类评价领域共分为 61 项评价条款，目前在使用中的为 48 项（表 3-1-12）。[②]

DGNB 评价体系作为国际性的评价体系，强调对建筑及城市区域整体性能的评价，每项评价标准都有科学严谨的计算方法，并有统一的数据库和软件支持，如基于欧洲的资源、能源及建筑产品行业平均标准的 ESUCO LCA Database（European Sustainable Construction database）数据库，德国本国的 German Ökobau-Database 数据库，包含超过 500 种建筑材料的 EPD 环境数据，如混凝土、木材、塑料、金属、黏合剂、石材等，也包括在建筑使用阶段各能源系统的国家等级的统计数据（Country Specific Data）。

---

① SBA 官方网站：http://www.sballiance.org/members/.

② Michael Dax. DGNB Certification System Barcelona. October 10, 2011.

表 3-1-11　DGNB 评价体系的应用范围与评价对象

应用范围	评价对象
DGNB 新建工业区 （New Industrial District，NIS）	仅有德语版本，对大于 2 万 m² 的新建工业区进行评价，区域内建筑类型为制造、物流建筑
DGNB 新建商业区 （New Business District，NGQ）	仅有德语版本，对大于 2 万 m² 的新建商业区进行评价，区域内建筑类型为办公与行政建筑
DGNB 新建都市区 （New Urban District，NSQ/NUD）	有德语与英语版本，对大于 2 万 m² 的城市区域进行评价，区域内的建筑类型多样化
DGNB 室内装修 （Interior fit-out，MA-BV/MA-HA）	仅有德语版本，对办公建筑或商业建筑的室内新装修（包括围护结构与家具）进行评价
DGNB 新建装配建筑与场地 （New Assembly Buildings and Venues，NVS）	仅有德语版本，对新建的公共装配式建筑进行评价，如博物馆、贸易展览会、市政大厅等
DGNB 新建实验室 （New Laboratories，NLG）	仅有德语版本，对新建行政与实验室建筑进行评价
DGNB 新建医疗建筑 （New Hospitals，NGB）	仅有德语版本，对新建医疗卫生建筑进行评价
DGNB 新建旅馆建筑 （New Hotel，NHO）	仅有德语版本，对新建旅馆建筑进行评价
DGNB 新建学校建筑 （New Schools，NBI）	仅有德语版本，对新建教育建筑进行评价
DGNB 新建居住建筑 （New Homes，NOW/NKW）	仅有德语版本，对新建居住建筑进行评价，NOW 项目多于 6 个单元，MKW 项目少于 6 个单元
DGNB 新建工业建筑 （New Industrial Buildings，NIN）	仅有德语版本，对新建工业建筑进行评价
DGNB 新建零售建筑 （New Retail Buildings，NHA/NRE）	有德语与英语版本，对新建零售业建筑进行评价
DGNB 办公与行政建筑修复 （Office and Administrative Buildings Refurbishment，MBV）	仅有德语版本，对正在修复中的办公与行政建筑进行评价
DGNB 既有办公与行政建筑 （Office and Administrative Buildings In-Use，BBV）	仅有德语版本，对已使用 3 年以上的办公与行政建筑进行评价
DGNB 新建办公与行政建筑 （New Office and Administrative Buildings，NBV/NOA）	有德语与英语版本，对新建办公与行政建筑进行评价，NBV 为德文版，NOA 为国际版

资料来源：作者根据相关资料整理绘制

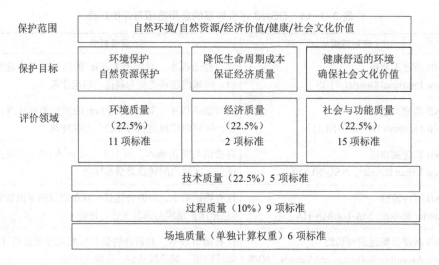

图 3-1-3　DGNB 评价体系的保护目标与评价领域

资料来源：Anna Braune. Building LCA calculations for the German Sustainable Building Certificate DGNB - Methodology and Benefits

5. DGNB 评价体系的评价流程

DGNB 评价体系的申请项目可根据不同评价等级的对应要求确定建筑的性能目标，依据性能目标对其规划与建筑设计阶段进行指导。在此过程中，可申请预认证作为市场推广的工具。依据 DGNB 的规则和要求在设计与施工阶段收集相关资料与数据并提交申请文件，由专业的评价人员对文件与数据进行检验，确定是否符合 DGNB 评价条款的相关要求，并为符合相应要求的项目颁发正式认证证书。

DGNB 申请项目的评价流程均由获得认证资质的专业人员参与，负责项目的预评估（Pre-Assessment）、预认证（Pre-Certification）及正式认证（Certification）。预评估以 DGNB 评价条款为标准，由专业认证人员与业主及设计团队成立工作小组对申请项目进行初步评价。预认证需要专业认证人员联合业主及设计团队确定项目的申请等级与性能目标，在规划阶段为设计人员提供技术支持，完成预认证阶段的文件提交；正式认证阶段需由专业人员对申请文件进行整理并确保其真实性，再由其向 DGNB 提交正式申请文件。

表 3-1-12 DGNB 评价体系的评价领域、评价标准、评价内容及权重与分值设置
（DGNB 2009 版）

评价领域	权重	分值	评价标准	分值	权重	重点评价内容
生态质量（11 项）	22.5%	200 分	全球变暖潜能 GWP	10 分	3	评价建筑 50 年内在施工、运行与废弃处理过程中的温室气体排放（CO_2 当量），减少损伤臭氧层、产生光化学烟雾、造成土壤酸化与水体富氧化的污染物排放（条款为全生命周期评价，符合标准 DIN EN ISO 14040 与 14044）
			臭氧消耗潜能 ODP	10 分	1	
			光化学臭氧产生潜能 POCP	10 分	1	
			土壤酸化潜能 AP	10 分	1	
			富营养化潜能 EP	10 分	1	
			建筑对当地环境的影响	10 分	3	禁用部分建筑材料如卤素、重金属、有机溶剂，European Biocidal Products Directive 与 REACH 中列出的有害物质
			对全球环境的影响	10 分	1	使用获得 FSC 与 PEFC 可持续认证的木材
			建筑的常规能源需求	10 分	3	减少建筑全生命周期的常规能源需求 [$kW \cdot h/(m^2 \cdot a)$]
生态质量（11 项）	22.5%	200 分	可再生能源比重	10 分	2	建筑的可再生能源利用最大化，如太阳能、地热能、风能
			饮用水需求及污水处理	10 分	2	减少对饮用水的需求及污水的产生并对污水进行处理
			土地的利用	10 分	2	对由项目建设引起的土地功能变化程度进行评价
经济质量（2 项）	22.5%	50 分	建筑全生命周期成本	10 分	3	建筑全生命周期成本（建造成本、运行维护成本、拆除成本）最小化，以及结构的空间效率与适应性
			建筑空间的利用效率	10 分	2	
社会文化与功能质量（15 项）	22.5%	280 分	冬季热环境舒适度	10 分	2	对室内温度、通风设计、辐射温度与地板温度、垂直温度梯度、相对湿度进行评价，符合德国标准 DIN 4108-2
			夏季热环境舒适度	10 分	3	
			室内卫生	10 分	3	竣工 4 周内对 VOC 与甲醛含量、异味及微生物进行检测
			声环境舒适度	10 分	1	对噪声声压级、混响时间、空间的吸声效果进行评价

评价领域	权重	分值	评价标准	分值	权重	重点评价内容
社会文化与功能质量（15项）	22.5%	280分	视觉舒适度	10分	3	充分利用自然采光避免眩光，灯具的配光曲线与显色性
			使用者对建筑的影响	10分	2	评价使用者对室内温度、通风、遮阳及照明的控制能力
			屋面设计	10分	1	屋面设计与绿化、太阳能利用及社会文化活动结合
			安全性及事故风险	10分	1	指示道路及照明设计，安全设施及工作时间之外的安全
			无障碍设计	10分	2	对所有使用者平等使用建筑的可能性进行定性评价
			建筑面积的有效利用	10分	1	提高建筑空间的利用效率；功能的适应能力体现为：建筑的模块化、空间结构、电力供应、供热与给排水设计
			功能的适应性与可变性	10分	2	
			公共空间可达性	10分	2	评价建筑通向公共区域及公共设施的可达性
			自行车设施的便利程度	10分	1	自行车数量的提升，停放空间规划，如面积、位置及设施
			通过竞赛提升设计与规划质量	10分	3	依据 GRW95 RPW2008 进行设计竞赛，确保建筑多样化
			与公共艺术相结合	10分	1	公共艺术品作为建筑元素，提升了建筑质量与辨识度
技术质量（5项）	22.5%	100分	火灾预防	10分	2	安装火灾报警装置、声响报警系统及自动喷水灭火系统
			噪声与电磁污染	10分	2	减少与相邻空间之间的空气噪声与结构噪声传递
			建筑围护结构的热量与湿度控制	10分	2	依据德国标准 EnEV 2007 对建筑的传热系数、热桥、空气渗透率、结构冷凝、换气率等进行评价
			易于清洗和维护	10分	2	依据建筑设计与施工过程的技术参数进行评价
			易于拆除与循环利用	10分	2	对建筑设备、承重结构以及非结构性产品进行评价

续表

评价领域	权重	分值	评价标准	分值	权重	重点评价内容
过程质量（9项）	10%	230分	项目前期准备质量	10分	3	对设计质量进行评价。确定设计目标，准备设计竞赛，关注使用者的行为对能源消耗模拟产生的影响；强调设计阶段的各学科参与及公众参与；设计过程强调健康、安全、能源、水资源、废弃物、检测、清洁维护、灵活性与适应性等概念；招标过程强调方案的可持续性
			设计阶段的整合设计流程	10分	3	
			设计方法的优化分析与完整性	10分	3	
			招标阶段对可持续因素的考虑	10分	2	
			为优化利用与管理创造条件	10分	2	
			施工场地及施工过程的环境影响	10分	2	对施工企业进行资格审查；施工过程中进行气密性检测、热成像仪检测、室内空气质量检测；对系统进行调试确保运行性能
			施工企业的质量与资格预审	10分	2	
			施工过程的质量保障	10分	3	
			系统调试与运行	10分	3	
场地质量（6项）	10%	130分	场地环境风险	10分	2	降低人为灾害、恐怖行为以及自然灾害造成的风险
			与场地微环境的关系	10分	2	评价环境空气质量、环境噪声等级、土地与电磁污染等
			场地与小区的公共形象与现状	10分	2	场地及区域具有整洁、无犯罪行为的正面形象与吸引力
			交通系统的可达性	10分	3	可方便到达公共交通系统及火车站，便利自行车的路径

续表

评价领域	权重	分值	评价标准	分值	权重	重点评价内容
场地质量 （6项）	10%	130分	特殊设施的可达性	10分	2	可方便到达餐饮、开敞空间、教育设施及医疗机构等
			公共设施的连通性	10分	2	与区域供热、燃气系统、宽带的连接，太阳能的利用等

资料来源：DGNB 官方网站 GERMAN SUSTAINABLE BUILDING CERTIFICATE Structure-Application-Criteria. First English Edition. March 2009

6. DGNB 评价体系的评价结果

DGNB 评价体系建立了科学的评价边界条件和参数基准值，基于每项条款各自的分值与权重进行得分计算，评价领域总得分为本领域各项条款所得分值（表3-1-13）乘以各自权重后求和，评价领域的最终性能指数（Group Performance Index）为评价领域总得分与本领域满分的比值。其中，每项条款满分为 10 分，条款的权重系数依据其重要性等级设为 1～3 级，各项条款的评价结果可通过评价图进行直观体现。DGNB 依据所得分值将认证等级分为 3 类：50%～65% 为铜级，65%～80% 为银级，80% 以上为金级。

表 3-1-13　DGNB 各项评价条款的评分标准

分类	分值	分值要求
目标值	10分	符合评价条款的最高要求，此项性能本领域的最佳实践
参考值	5分	此项性能符合行业当前的技术水平
最小值	1分	此项性能符合国家的相关法律规定与建筑标准

资料来源：作者根据相关资料整理绘制

7. DGNB 评价体系的特点

DGNB 评价体系基于欧盟的法规与标准 CEN/TC 350 标准框架[1]，超越生态层面的"绿色建筑"，还包含建筑的经济性能、社会文化与功能评价，[2] 基于建筑与材料的全生命周期理论，对建筑全生命周期内的环境影响与成本消耗进行系统研究。DGNB 评价体系以建筑的性能目标为导向，于建筑层级设置基准，而非建筑

---

[1]　Michael Dax. DGNB Certification System Barcelona. October 10, 2011.

[2]　GERMAN SUSTAINA BLE BUILDING CERTIFICATE. Structure—Application—Criteria. First English Edition March 2009.

元素或建筑产品层级，强调建筑的整体性能评价而不是以有无单项措施为衡量标准；依据科学性原则，对评价条款实行渐进式的目标与分值设定。DGNB 评价体系具备适应性与更新的弹性，随着环境气候、法律法规、建筑技术、施工模式、社会文化的发展而变化。DGNB 评价体系鼓励采用最先进的技术进行整合设计，设计早期阶段对目标进行定义。DGNB 评价体系使用数据与结果验证作为质量控制的手段，防止环境负荷的转移，关注使用者的健康与舒适。

8. DGNB 评价体系案例介绍——ThyssenKrupp Headquarters Q1

蒂森克虏伯总部办公楼位于德国埃森市克虏伯工业园区，以能源与资源消耗最小化、生态影响最小化、充分利用可再生能源以及创造健康高效的工作环境为目标，严格遵守 DGNB 对建筑节能、可持续建筑技术及建筑材料的相关要求。本项目 DGNB 评价等级为金级（表 3-1-14），建筑面积为 29 839m²，建筑能耗为每年 150kW·h/m²，常规能源需求比德国新建建筑的法定限值减少 58%，比同类型建筑减少 27% 的 CO_2 排放，BAC 节能等级为 A 级。

建筑位于拥有 200 多年历史的工业区内，施工前，施工团队对场地环境进行了全面检测，对污染源进行专业处理，确保场地内无遗留污染。蒂森克虏伯总部办公楼建筑的南向与北向玻璃幕墙共 700m²，办公空间围绕玻璃屋面的中庭布置，通过廊桥横跨中庭作为水平连接，确保办公空间充分利用自然采光。办公空间内部设置结合吸声设计的可移动隔墙，创造灵活可变的工作空间。使用者可对建筑室内温度以及防眩光装置进行调节，优先利用自然采光，同时选用高效节能的照明灯具与照明设备如照度传感器进行照明系统的自动调节。

表 3-1-14 蒂森克虏伯总部办公楼 DGNB 分项得分

评价领域	得分
生态质量	87.2%
经济质量	70%
社会与功能质量	87.1%
技术质量	71%
过程质量	93.7%
场地质量	75%
总得分	80.3%

资料来源：作者根据 DGNB 官方网站整理绘制

建筑围护结构的最外层为遮阳装置，40 万片含铬不锈钢百叶固定于垂直轴上作为遮阳设施，遮阳装置的开启与关闭可通过垂直轴的旋转进行自动控制，同时可根据存储于控制软件中的太阳轨迹数据以及太阳光的实际入射角度对遮阳百叶进行调节，除起到隔热与遮阳作用外，还可将自然光反射入室；围护结构的中间层为玻璃幕墙结构层，框架材料为合金钢，起到保温隔热与围合建筑空间的作用；玻璃幕墙内部设置防眩光装置，为室内创造良好的办公环境。

蒂森克虏伯总部办公楼采用智能化的整体建筑解决方案（Total Building Solutions），设置绿色建筑信息监控系统（Green Building Monitor Information System）对建筑能源系统的运行与数据进行监测，同时为使用者提供易于管理与控制的建筑智能化系统，如风险管理系统、侵入探测系统、访问管理系统及与烟雾探测器结合的语音报警系统。建筑由产业园区内的地源热泵系统进行供热及制冷，结合建筑的高效余热回收系统以及混凝土地板的热活化，成为蒂森克虏伯总部办公楼的 3 项主要节能策略。建筑材料选用本地速生的木材产品，建筑室外空间的绿地内种植超过 700 棵树木，与 200m×30m 的水面结合，提升了建筑周边的微环境。屋面雨水收集后通过与污水分离的排水系统流入景观水体，使水体质量得到持续提升。

蒂森克虏伯总部办公楼充分展示了项目设计与运行的公开性与透明度，同时重视建筑的经济、社会与文化因素。其中，经济因素体现在对自然资源与能源的节约利用和建筑自身的价值保存，社会与文化因素体现在室内环境的舒适性以及对使用者效率与健康的提升。

3.2 北美：以市场发展为主导的评价体系

3.2.1 美国 LEED 建筑可持续性评价体系

3.2.1.1 美国的政府政策与技术发展

美国作为世界能源消费最多的国家，其能源消费量占世界能源总消费量的16.4%，其中建筑能耗占能源消耗的 40% 左右。为改变此现象，美国政府制定了节能规划，颁布一系列推动建筑可持续发展的政策法规，通过行政法规强制要求政府所属建筑及政府资金资助的建筑达到 LEED 标准。[①]2003 年，美国国务院将 LEED 标准作为美国驻外大使馆的设计与建造标准；2005 年，美国颁布《能源政策法案》，对建筑节能给予高度关注，对可持续建筑发展起到了促进作用；2009 年，美国政府发布行政命令要求 15% 的联邦机构既有建筑于 2015 年底达到高性能可持续性建筑标准的要求，联邦所有机构建筑于 2020—2030 年达到零能耗（Zero Net Energy）目标。[②]美国各级政府的建筑规范均由非营利的科研机构国际建筑法规委员会（International Code Council）制定并通过法律法规的方式实施，地方政府通常采取将可持续条款加入建筑规范的方式对其进行控制。对私营建筑项目，部分地方政府通过加快审批程序、降低审批费用、提供经济奖励、增加建筑容积率或建筑高度等政策性方法鼓励其发展，并以建筑教育、先进技术援助等形式予以支持。其中，经济奖励措施包括税收优惠、办理许可证费用的减免、可再生能源的绿色税收优惠，以及各级政府对可持续建筑的资金资助。

20 世纪 70 年代的石油危机严重削弱了美国经济，也激发了公众对有效利用能源的认识。在建筑技术的发展方面，为了强调对可再生能源的利用，建筑师在重新建立符合本地区气候条件的被动式设计体系的同时，也开始尝试新的节能技术。新型节能技术包括建筑改造中隔热材料的利用、新型材料的反射屋面、能源回收系统等，可再生能源利用包括太阳能发电与蓄电系统、地热资源的利用及生物质燃料。此外，部分具有前瞻性环境意识的建筑师研究并设计出拥有健康的室内居住与工作环境的建筑。此类建筑以良好的室内空气质量为标准，关注可持续建筑材料与建筑产品的应用，充分利用室内环境的自然采光与自然通风。[③]2005 年，美国国会颁布新的能源政策法案（EPAct），对联邦政府建筑在节能、节水、可再生资源利用及 CO_2 排放量等方面作出详细要求。其后，美国政府推动了环境领域对空气、水及自然生态环境的保护，公众的环保意识逐渐增强，期望可持续发展的环境问题在政治、经济与文化的变革中得以解决。

---

① 住房和城乡建设部科技与产业化发展中心，清华大学，中国建筑设计研究院 . 世界绿色建筑政策法规及评价体系 [M]. 北京：中国建筑工业出版社，2014.

② 马薇，张宏伟 . 美国绿色建筑理论与实践 [M]. 北京：中国建筑工业出版社，2012.

③ 同②.

3.2.1.2 美国 LEED 建筑评价体系

1. LEED 评价体系的发展历程

1993 年，非营利性组织美国绿色建筑委员会（U.S. Green Building Council，USGBC）成立。为满足美国绿色建筑日益增长的市场需求，USGBC 于 1994 年开始筹备建立绿色建筑评价体系。1998 年，美国绿色建筑委员会颁布了能源与环境设计先导（Leadership in Energy and Environmental Design，LEED）评价体系 V1.0 版。整个评价体系建立在 3 部文献的基础上——《LEED 委员会章程》（LEED Committee Charters）、《LEED 基础政策指南》（LEED Foundations Policy Manual）及《标准开发手册》（LEED Product Development Handbook）。通过上述文献，USGBC 确定了 LEED 评价体系的发展方向与目标，以 LEED 及其支撑体系在规则上的不断完善为基础，完成绿色建筑市场的转换。[①] 自 1998 年 LEED V1.0 版颁布以来，经过了 V2.0 版（2000 年）、V2.1 版（2002 年）、V2.2 版（2005 年）及 V2009 版（2009 年）4 次补充与修订，目前最新版为 2014 年颁布的 LEED V4 版。

2. LEED 评价体系的应用范围

LEED V4 版评价体系涵盖的评价对象分为 5 类：建筑设计与建造 LEED BD+C，包括新建及重大改建建筑评价 LEED NC、建筑核心及围护结构评价 LEED CS、学校建筑评价 LEED for School、零售建筑评价 LEED for Retail、酒店建筑评价 LEED for Hospitality、数据中心评价 LEED for Data Centers、仓储物流建筑评价 LEED for Warehouses and Distribution Centers、医疗建筑评价 LEED for Healthcare；室内设计与建造 LEED ID+C，建筑类型包括商业建筑内部、零售建筑、酒店建筑；建筑运行与维护 LEED O+M，建筑类型包括既有建筑、学校建筑、零售建筑、酒店建筑、数据中心、仓储物流建筑；社区发展评价 LEED ND，包括规划项目、建成项目；住宅建筑评价 LEED Homes，包括低层（1～3 层）多户住宅、中层（4～6 层）多户住宅。[②]

3. LEED 评价体系的认证类型与认证流程

2008 年，GBCI 绿色建筑认证协会成立，专门管理与绿色建筑项目相关的资格审查与认证。LEED 评价体系的认证类型分为预认证与正式认证。预认证仅针

---

① 石超刚 . 基于可持续发展的绿色建筑评价体系研究 [D]. 长沙：湖南大学，2007.

② USGBC 官方网站：http://cn.usgbc.org/leed.

对 LEED CS 标准，实行自愿申请，并非强制要求，且审核标准相对宽松，作为项目设计阶段开发商吸引市场关注的工具，项目只需设计方案体现出符合标准的意愿即可。正式认证针对 LEED 评价体系的全部评价对象，流程如图 3-2-1 所示。以 LEED NC 为例，所有的评价标准可分为设计阶段评价与施工阶段评价，信息与文件收集也对应地涵盖建筑设计与建筑施工两个阶段。设计阶段相关条款的信息资料可于设计阶段结束时提交审查并获得设计阶段的审查结果，但不能获得分值，施工阶段完成后结合施工阶段相关分值的提交信息与文件，进行两个阶段的共同审核才能获得分值与正式认证。

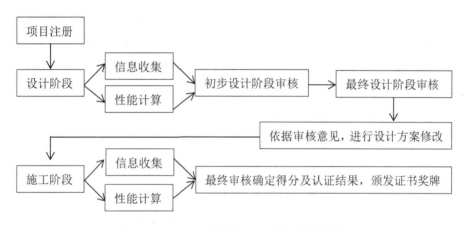

图 3-2-1　LEED 评价体系正式认证的流程图

资料来源：作者根据 USGBC 官方网站相关资料整理绘制

4. LEED 评价体系的评价领域

LEED NC V4 版包含 8 类评价领域：场址与交通（Location and Transportation，LT）、可持续的场地设计（Sustainable Site，SS）、水资源效率（Water Efficiency，WE）、能源与大气（Energy and Atmosphere，EA）、材料与资源（Material and Resources，MR）、室内环境质量（Indoor Environmental Quality，IEQ）、创新设计（Innovation in Design，ID）及地域优先（Region Priority，RP）。

LEED 体系设置了与"创新设计"类分值相关的示范性措施，若建筑的某项性能远超出评价标准规定的性能等级，达到 LEED 设定的关于"示范性措施"的性能要求，此项条款即可获得"创新设计"类的相应分值。"地域优先"这一评价领域表明 LEED 评价体系将地域影响列入评价范围，针对美国不同地区的气候资源等条件，按照项目注册时提供的邮政编码列出可获得"地域优先"分值的 6 个可能得分点，每个项目最多可得 4 分，满足要求即可得分。

5. LEED 评价体系的最低要求与条款设置

LEED 体系设置了获得认证的建筑必须满足的最低项目要求（Minimum Program Requirements，MPRs），即对申请 LEED 认证的项目提出的最低标准，GBCI 有权撤回不符合 MPRs 的 LEED 认证证书。MPRs 中列举的认证项目必备要求包括：LEED 项目边界内的建筑与构筑物必须遵守联邦、州及项目所在地的建筑法律法规的相关要求；建设项目必须在永久性的场地内进行设计、施工与运行，建筑项目必须建造完成具备持久性特征的建筑空间；项目具备合理的用地边界，边界内的土地必须属于建筑所有者，必须拥有连续性的场地以支持建筑施工活动；符合最小建筑面积要求，新建及重大改建建筑、既有建筑运行与维护、建筑核心及外壳 3 类认证的申请项目建筑面积必须大于 $1000ft^2$（$93m^2$），商业建筑室内认证申请项目的建筑面积必须大于 $250ft^2$（$22m^2$）；符合最小入住率的要求，年度平均全工时当量（Full Time Equivalent，FTE）大于 1，若不满足此项要求，项目将无法获得室内环境质量 IEQ 类评分；允许 USGBC 在 LEED V2009 项目得到认证一年内使用其建筑能源及用水量数据，以信息共享推进绿色建筑的发展；符合项目最小容积率要求，即在项目用地边界范围内，申请项目的建筑面积应不小于 2% 的场地面积。

为便于对评价条款的理解与应用，LEED 体系发布了参考指导手册，对每项评价条款进行详细解释，包括目的、要求、相关条款、参考标准概述、区域差异、示范性措施、实施方法、计算方法以及相关定义等内容。USGBC 推出的最新版 LEED V4 将 LEED 评价体系进一步向前推进。在条款设置方面，LEED V4 版将建筑能耗计量、水资源计量和施工废弃物管理计划由得分项提升为必须满足的先决条件，同时提出了新的概念以塑造未来几年绿色建筑产业的发展方向。为此，LEED V4 版在评价条款中新增了引领性的条款设置，如整合设计过程、减少建筑全生命周期的影响、建筑产品信息的公开与优化、基础设施的 LID 低环境影响开发、建立碳补偿机制、进行建筑维护结构调试、建立能源的需求响应机制以及空间采光的自主性等（表 3-2-1）。

（1）建筑的整合设计过程。LEED V4 新增评价条款整合设计过程（Integrative Process），要求项目团队在建筑设计阶段进行机会分析，在不同专业间交流的背景下寻找传统设计模式中未被充分利用的可持续设计策略。例如，在早期设计阶段，项目团队就对备选的设计方案进行比较分析，评价每个方案的建筑能耗与环境影响；项目团队应提出将被动式设计策略与主动式系统的调试过程结合的执行方法，并将其贯穿整个建筑设计、施工与运行阶段。

（2）建筑的 LCA 评价与产品信息公开。LEED V4 针对材料与资源评价领域设置了新的评价条款，例如 MR C1 减少建筑全生命周期的影响（Building Life-Cycle Impact Reduction）及建筑产品信息公开与优化（Building Product Disclosure and Optimization）所含的三项标准：MR C2 建筑产品的 EPD 环境声明（Environmental Product Declarations）、MR C3 原材料来源（Sourcing of Raw Materials）以及 MR C4 建筑材料的构成成分（Material Ingredients）。

建筑全生命周期的影响（MR C1）要求建立仅限于建筑主体结构与维护结构的参考模型与设计方案进行对比，参考模型采用对应建筑类型的典型施工模式，评价内容包括 6 类影响因素：全球变暖潜力、臭氧消耗、土壤酸化、富氧化、地面臭氧的生成以及非可再生能源的消耗。要想获得此条款的分值，设计方案全生命周期的全球变暖潜力数据以及上述其他任意 2 类数据的计算结果比参考模型至少减少 10%，并且全部 6 类数据的计算结果不能超出参考模型 5%。在北美地区广泛使用的 Athena 环境影响模拟软件 V4.2（Athena Impact Estimator）是 LEED 认可的 LCA 评价程序，可用于此分值的计算。由于 LCA 数据的大量性与不确定性，此项标准如何执行仍属于 LEED 体系继续研究的范畴。

表 3-2-1　LEED 评价体系的先决条件与评价条款设置（LEED NC V4）

评价领域	领域分值	评价标准	参考规范	条款分值
场址与交通	16 分	C1 整合设计过程		1 分
		LT C1：LEED ND 认证的场址		不计入
		LT C2：生态敏感土地的保护		1 分
		LT C3：高度优先的场址		2 分

续表

评价 领域	领域 分值	评价标准	参考规范	条款 分值
场址与 交通	16 分	LT C4：周边密度与用途 多样化		5 分
		LT C5：高质量的交通 模式		5 分
		LT C6：自行车相关设施		1 分
		LT C7：减少停车足迹		1 分
		LT C8：绿色环保机动车		1 分
可持续场 地设计	10 分	SS P1：施工过程中的 污染控制	美国环境保护 USEPA Construction General Permit	先决 条件
		SS C1：建筑场地评价	美国材料试验协会 ASTM 美国环境保护署 EPA Brownfield Definition	1 分
		SS C2：场地开发——保 护或修复生态栖 息地		2 分
		SS C3：开敞空间最大化		1 分
		SS C4：暴雨水管理		3 分
		SS C5：减少热岛效应	美国材料试验协会 ASTM Standards	2 分
		SS C6：光污染控制	美国国家标准学会 / 采暖、制冷与空调工 程师学会 / 北美照明学会 ANSI/ASHRAE/ IESNA Standard	1 分
节水	11 分	WE P1：减少室外水资 源的使用量	《美国能源法案》(Energy Policy Act，EPAct) 国际管道与机械协会 IAPMO/ANSI	先决 条件
		WE P2：减少室内水资源 的使用量		先决 条件
		WE P3：建筑层面的用水 量计量		先决 条件
		WE C1：减少室外水资 源的使用量	《美国能源法案》(Energy Policy Act，EPAct) 国际管道与机械协会 IAPMO/ANSI	2 分
		WE C2：减少室内水资 源的使用量		6 分
		WE C3：冷却塔的用水量		2 分
		WE C4：用水量计量		1 分
能源与 大气	33 分	EA P1：建筑能源系统 的基础调试		先决 条件
		EA P2：符合建筑节能的 最低要求		先决 条件

续表

评价领域	领域分值	评价标准	参考规范	条款分值
能源与大气	33 分	EA P3：建筑层面的能源计量		先决条件
		EA P4：制冷剂使用的基础管理	美国环境保护署清洁空气法案 USEPA Clean Air Act	先决条件
		EA C1：建筑能源系统的高级调试		6 分
		EA C2：建筑最优化的能源性能	美国国家标准学会 / 采暖、制冷与空调工程师学会 / 北美照明学会 ANSI/ASHRAE/IESNA Standard	18 分
		EA C3：增强能源计量	International Performance M&V Protocol	1 分
		EA C4：能源的需求响应		2 分
		EA C5：可再生能源生产		3 分
		EA C6：增强制冷剂管理		1 分
		EA C7：绿色电力与碳补偿		2 分
材料与资源	13 分	MR P1：可回收物品的储存与收集		先决条件
		MR P2：施工与拆除废弃物的管理计划		先决条件
		MR C1：减少建筑全生命周期的影响		5 分
		MR C2：建筑产品信息的公开与优化——EPD 声明		2 分
		MR C3：建筑产品信息的公开与优化——原材料来源		2 分
		MR C4：建筑产品信息的公开与优化——建筑材料的构成成分		2 分
		MR C5：施工与拆除废弃物管理		2 分

评价领域	领域分值	评价标准	参考规范	条款分值
室内环境质量	16分	IEQ P1：符合室内环境质量性能的最低要求	美国国家标准学会 ANSI 美国采暖制冷与空调工程师学会 ASHRAE Standard	先决条件
		IEQ P2：吸烟环境（ETS）控制	美国国家标准学会 / 美国试验材料学会 ANSI/ASTM	先决条件
		IEQ P3：符合最低声学性能的要求		先决条件
		IEQ C1：提升室内空气质量	美国国家标准学会 / 美国采暖、制冷与空调工程师学会 ANSI/ASHRAE Standard	2分
		IEQ C2：低挥发性材料	美国试验材料学会 ASTM	3分
		IEQ C3：建设过程室内空气质量管理计划		1
		IEQ C4：室内空气质量评价		2
		IEQ C5：建筑室内热舒适度		1分
		IEQ C6：建筑室内照明		2
		IEQ C7：自然采光设计		3
		IEQ C8：有质量的视野		1
		IEQ C9：建筑室内的声学性能		1
创新设计	6分	ID：创新设计	创新策略以及 LEED 专业认证人员的参与	6分
地域优先	4分	PR：地域优先		4分

资料来源：作者根据 USGBC 官方网站相关资料整理绘制

建筑产品信息公开与优化包括三项标准：公布建筑产品的 EPD 环境声明（MR C2）、原材料来源（MR C3）及建筑材料的构成成分（MR C4）。此规定有利于提升建筑材料与建筑产品的市场透明度，促使制造商进行建筑产品的环境性能优化，还有助于建立相关类型的数据库以精确测量与统计建筑产品对环境及使用者健康产生的影响。

（3）LID 低环境影响开发策略。低环境影响开发（Low Impact Development，

LID）策略是指以改善生态系统的循环与功能为基础，通过分散的、小规模源头控制以及过滤、入渗、蒸发和蓄流等技术方法对场地内产生暴雨水径流进行控制。LEED V4 将雨水作为自然资源并将雨水管理措施分级，要求对当地 95% 的降水事件进行管理。

（4）碳补偿机制。碳补偿（Carbon Offsets）是指通过资助植树造林、垃圾填埋或气体再利用等环保项目抵消建筑自身活动产生的 CO_2。LEED V4 首次将碳补偿机制列入评价体系，要求证明建筑 50% 或 100% 的能源来源于绿色能源、碳补偿机制或已获得可再生能源认证。其中，通过碳补偿机制所得的能源要求已获得 Green-e Climate 或其他等同的能源认证。[①]

（5）围护结构调试与需求响应。建筑围护结构与需求响应措施是 LEED V4 提升建筑能源性能的关注重点。建筑围护结构是决定建筑能源性能的重要因素，对围护结构的调试（Building Envelope Commissioning，BECx），如热桥测试及湿度检测可对建筑材料与建筑组件的性能是否符合设计目标与要求进行确认。建筑设备的需求响应是指通过对建筑用能设备及照明设施的自动控制，削减高峰时段的用能量，以减少能源成本。通过"需求响应"，建筑用能与公用电力事业之间可以进行双向调节，尤其对采用了可再生能源的建筑。高峰用电需求减少 10% 可得 2 分。

（6）室内环境质量。LEED V4 针对室内环境质量评价领域设置了更复杂的模型工具以及更多的性能监测与测试过程，要求所有的室内装饰材料必须进行挥发性有机化合物 VOC 释放量测试，液态材料如油漆与黏合剂等必须进行 VOC 释放量与 VOC 含量两项测试。

（7）空间采光的自主性与声学性能。LEED V4 对室内自然采光模型进行提升，采用更加复杂与动态的衡量标准即"空间采光的自主性"对其进行模拟。LEED V2009 中的室内空间关键采光点的照度计算方法仍可使用，但想获得更多的分值则必须按照空间采光的自主性的要求，计算每年至少 50% 的使用时间照度大于 300lux 的工作面所占全部工作面的百分比，同时进行室内空间的眩光模拟（Annual Sunlight Exposure，ASE）。

---

① USGBC 官方网站：http://www.usgbc.org/node/2612837? return=/credits/new-construction/v4/energy-%26-atmosphere.

LEED V4 新增评价条款"室内空间的声学性能",对建筑内部的声学特性进行测量,包括:室内噪声级,尤其关注施工后 HVAC 系统引起的噪声的测量值;空间的隔声性能,由建筑材料与构件的声音穿透等级(sound transmission class,STC)确定;混响时间与混响噪声累积,对空间吸声能力进行评价;声音的强化与屏蔽能力。

6. LEED 评价体系的权重设置

LEED 评价体系通过各项评价条款的分值设置引入权重体系,评价条款的分值直接反映该评分点对环境影响的重要程度,各项条款拥有独立且固定的权重,不随项目地域位置等因素而变动。体系的权重设置分为 3 个步骤:第一步,使用参考建筑对 13 类环境影响进行评价;第二步,判定各类环境影响的相对重要性等级;第三步,利用建筑对环境与人类健康影响的定量化数据为各项条款分配分值。条款最低分值为 1 分,无负分设置。由于建筑市场与建筑技术的发展以及环境影响与建筑类型的不断变化,条款权重也会随着评价体系的更新发展重新进行设置。

7. LEED 评价体系的评价结果与等级设置

评价条款的分值设定采取直接得分与分级得分相结合,逐项得分相加得到最终得分,通过最终得分分值确定认证等级。LEED V2009 的认证等级分为 4 级:认证级 Certified(40～49 分)、银级 Silver(50～59 分)、金级 Gold(60～79 分)、铂金级 Platinum(80 分及以上)。

8. LEED 评价体系的特点

LEED 评价体系因其设计简洁、操作简便、易于理解实施和应用等原因,在国际范围内具备较高的接受度,也因此 LEED 认证执行过程中的各参与方均接收到建筑可持续性意识的初步培养,在建筑产业内部实现相关知识的普及。LEED 评价体系以美国国内现有的相关设计标准、技术规范、行业认证体系作为 LEED 评价体系的技术支撑,由独立的第三方提供认证,已形成完整的评价产业链条,提升了获得认证建筑的商业价值。LEED 体系的缺点在于对设计的指导性较差,为追求认证可挑选易于实现的条款,评价体系与区域及城市的整体发展目标关联度、评价条款之间的关联度均较差。

9. LEED 评价体系案例介绍——Broadband Vault 数据中心

美国本德市 Broadband Vault 数据中心建筑面积约 2200m²,建筑每年节能量

约为 816 000kW·h，相当于每年减排 162t CO_2。项目获得 LEED BD+C 新建建筑
（V2009）金奖（表 3-2-2）。本项目获得能源信托基金的资金支持，在已有的仓
库建筑结构中辅以砌块墙体完成结构升级。

表 3-2-2　Broadband Vault 数据中心 LEED 评价得分

评价领域	得分
可持续的场地设计（SS）	14 分
水资源效率（WE）	22 分
能源与大气（EA）	13 分
材料与资源（MR）	9 分
室内环境质量（EQ）	12 分
创新设计（ID）	6 分
地域优先（RP）	3 分
总分	79 分

资料来源：作者根据 USGBC 官方网站资料绘制

Broadband Vault 数据中心的建筑内部功能空间包括数据大厅、网络运营中心、
管理空间、设备空间以及公共空间，设计重点为：建筑自身的安全性，建设过程
结合 LEED 认证的申请，建筑设计、施工、建筑产品采购和劳动力的地方参与，
能源效率、用水效率以及选用可循环利用的建筑材料。

建筑位于干旱高温的俄勒冈州，提高用水效率是建筑设计的优先事项，减少
数据中心的冷却用水量成为项目的创新设计点。本项目采用空气热交换技术替代
传统的蒸发制冷技术，仅在极端气候条件下使用蒸发制冷作为辅助冷却，既可控
制能源消耗，又可减少运行成本。场地采用透水铺装以增加雨水的回渗，缓解热
岛效应的同时，也减少了市政系统的负担。节水型的景观设计减少了灌溉用水。
建筑室内安装节水器具，如节水型的厕所与小便器、具有感应控制系统的淋浴与
厨房水龙头。上述措施使建筑与基准模型相比减少了 40% 的用水量。

数据中心通常为高能耗的建筑类型，Broadband Vault 项目的关注点为通过减
少建筑能源使用量来减少建筑的环境足迹，同时降低长期运行成本。建筑的南向
屋面安装 624 块光伏板组成的功率为 152kW 的太阳能光伏阵列，为建筑运行提
供电能，可满足高峰用电时段 16% 的供电需求。除利用建筑自身安装的光伏系
统发电外，Broadband Vault 数据中心通过太平洋电力公司的"蓝天计划"，购买

可再生能源产生的绿色电力以满足剩余的能源需求。此外，使用照明控制系统及
LED 照明也是重要的建筑节能措施。

传统数据中心的不间断电源（UPS）利用电池作为存储装置，容易造成腐蚀。
Broadband Vault 数据中心采用了不使用电池的新型存储技术，避免了对建筑与土
地的污染。项目 30% 的建筑材料来源于当地，建筑材料的可循环利用部分占总造
价的 27%。在施工和拆迁过程中产生的废弃物 95% 以上获得了重新利用。

3.2.2　加拿大建筑可持续性评价体系

加拿大绿色建筑委员会（Canada Green Building Council，CaGBC）成立于
2002 年，成员涵盖环境组织、行业协会、研究机构、地产开发与建筑工程公司等
可持续建筑各相关领域。经过十几年的发展，CaGBC 已成为引领加拿大绿色建筑
与可持续社区发展的领导性组织。CaGBC 通过制定并推行涵盖可持续社区、建筑、
景观与基础设施等领域的 4 项评价体系和执行计划（表 3-2-3），将社区层级与建
筑层级的可持续设计与评价纳入统一的理论体系和研究框架中，以便进行城市和
建筑领域可持续理念的教育推广。

表 3-2-3　CaGBC 推广的 4 项绿色建筑与社区联合发展的执行计划与评价体系

CaGBC 推行的执行计划与评价体系			针对的建筑 / 社区类型
执行计划	绿色行动计划（GREEN UP）		既有建筑
	加拿大精明增长计划（Smart Growth Canada）		可持续社区
评价体系	加拿大 LEED 评价体系	LEED NC	新建与重大改建建筑
		LEED EB:O&M	既有建筑
		LEED CS	外壳与内核
		LEED CI	商业建筑室内
		LEED Home	独户住宅
		LEED ND	可持续社区
	生态建筑挑战（Living Building Challenge）评价标准		新建建筑 / 既有建筑
			建筑修复
			景观与基础设施
			住区

资料来源：作者根据 CaGBC 官方网站相关资料整理绘制

3.2.2.1　绿色行动计划

绿色行动计划主要针对具备节能减排潜力的商业与办公综合建筑、学校、银行和行政建筑等类型。CaGBC 旨在通过旗下的"绿色行动计划"（GREEN UP），对既有建筑的业主和管理者进行培训，使其能够采用结构化、标准化的方法监测和记录建筑物耗能量和用水量的使用数据以及温室气体排放数据，并以上述数据为基础实现以下目标：

（1）用标准化的方法建立动态的建筑性能（耗能量、用水量、温室气体排放量等）数据库及信息系统。

（2）提供可视化的衡量与比较建筑性能的标准和工具。

（3）评价建筑的节能环保性能，包括温室气体排放量与节能潜力。

（4）制订减少建筑物能耗量、用水量和温室气体排放量的执行计划。

3.2.2.2　精明增长计划

伴随经济的快速发展和城市化进程，北美地区出现了城市的无限制蔓延，造成了生态与社会的负面效应。在此背景下，美国的环境学者和城市规划师于20 世纪 90 年代提出了"精明增长"的概念，并于 90 年代中期由美国规划协会（American Planning Association）设立了精明增长项目。

由于北美地区在自然环境、社会体制、发展阶段及面对的困境等方面具有很高的相似性，1999 年非政府组织"加拿大不列颠哥伦比亚省精明增长"机构成立，CaGBC 于 2010 年将"加拿大不列颠哥伦比亚省精明增长"项目列入加拿大全境推广的可持续社区发展计划，称为"加拿大精明增长计划"。此计划由四大类共10 项可持续发展原则构成（表 3-2-4），目标是确保社区发展对社会、环境与经济负责，在节省投资的基础上保护自然环境、提升生活品质。

表 3-2-4　"加拿大精明增长计划"的可持续发展原则

原则分类（4 类）	基本原则（10 项）
土地利用	推行土地的混合利用模式
	建立紧凑型社区，居民的日常活动都可以在近距离内实现
	鼓励现有社区的发展，有效利用原有的基础设施不占用新的土地
	在保护公共空间、自然景观和环境敏感地区原有环境的前提下进行社区开发，使其具备经济、环境和美学价值

原则分类（4 类）	基本原则（10 项）
土地利用	保护农业用地，保障城市的食品安全，为生物提供栖息地
交通出行	提供确保出行安全的基础设施，居民可选择多种出行方式
居住模式与社区文化	为处于不同家庭结构和收入水平的居民提供多样化的居住机会
	创造独特、多元化和有包容性的社区文化
	鼓励居民参与社区活动
基础设施与绿色建筑	建造和使用更节能、更经济的基础设施和可持续建筑，兼顾节约能源与环境保护

资料来源：作者根据 CaGBC 官方网站相关资料整理绘制

3.2.2.3　加拿大 LEED 评价体系

CaGBC 根据美国绿色建筑委员会的 LEED 评价体系，结合加拿大特有的气候条件、建筑方式和相关建筑法规，于 2004 年颁布了加拿大 LEED NC1.0 评价体系。加拿大 LEED 评价体系按照评价对象分为 6 类标准：LEED NC（新建建筑与重大改建建筑，2004 年首次颁布），LEED CS（商业建筑外壳与内核，2008 年首次颁布），LEED CI（商业建筑室内装修，2006 年首次颁布），LEED Home（独立住宅，2009 年首次颁布），LEED ND Canada ACPs（社区发展的加拿大适用版，2011 年首次颁布）以及 LEED EB。

加拿大 LEED 评价体系在体系构成、评价条款的层级设定、分值及权重的设置、评价结果的等级划分等方面均参照美国 LEED 体系执行，在条款的执行标准上，则与本国的可持续建筑实践及相关政策法规相结合。

3.2.2.4　执行计划与评价体系之间的关联

CaGBC 以建筑与可持续社区的评价体系和评价标准作为推广重点，针对新建建筑、既有建筑、可持续社区等不同对象，采用适宜的执行计划或评价标准，执行计划与评价标准之间互相参照、相互关联。例如"绿色行动计划"按照标准化方法建立的既有建筑性能参数数据库，成为制定加拿大 LEED EB 相关条款定量评价基准的参考依据，在申请 LEED EB 认证时，"绿色行动计划"中的监测结果可以作为建筑相关性能的证明；精明增长理论则是加拿大精明增长计划、加拿大 LEED ND 评价标准、生态建筑挑战评价体系中的社区评价的共同理论基础。

CaGBC 采用多种层级的执行方式推行执行计划与评价体系（表 3-2-5），旨在引起市场主体对绿色建筑与可持续社区协同发展的概念的关注。评价体系与评价标准的制定与执行为绿色建筑市场提供直接有效的衡量手段，也成为业主和所有者提升竞争优势的途径；相关节能法规与节能标准通常为绿色建筑实践的最低要求；自愿参与的行动计划作为指导性推荐；教育培训重在对专业人员的培养以及强调社区市民和建筑使用者的参与。

表 3-2-5　CaGBC 多层级的执行与推广方式

执行方式	具体实例
评价体系与评价标准	加拿大 LEED 评价体系、"生态建筑挑战"评价标准
相关节能法规与标准	加拿大 LEED 评价体系中涉及的相关节能法规与标准
自愿参与的执行计划	针对社区的"精明增长计划"、针对既有建筑的"绿色行动计划"
教育与培训	对 LEED 专业评估人员的教育培训、"精明增长计划"对社区市民的教育培训、"绿色行动计划"对业主和使用者的教育培训

资料来源：作者根据 CaGBC 官方网站相关资料整理绘制

3.3　澳大利亚：以认证普及为目标的评价体系

目前，在澳大利亚获得广泛认可的建筑可持续性评价体系有 NABERS 评价体系及 Green Star 评价体系。NABERS 体系是由政府机构负责管理与运营的国家评级系统，对既有建筑运行阶段的实际性能进行评价。Green Star 体系由澳大利亚绿色建筑委员会颁布，对新建建筑的设计与施工过程进行认证。

3.3.1　澳大利亚 NABERS 评价体系

3.3.1.1　NABERS 评价体系的发展历程

1998 年，新南威尔士政府可持续能源发展机构（Sustainable Energy Development Authority，SEDA）颁布了澳大利亚建筑温室效应评价体系（Australian Building Greenhouse Rating，ABGR），针对建筑的温室效应及建筑能源性能进行评价。

2000 年，ABGR 成为国家级的评价体系，澳大利亚环境与遗产部（DEH）在 ABGR 的方法体系基础之上针对其他环境指标开发了早期版本的澳大利亚国家建成环境评价体系（National Australian Built Environment Rating System，NABERS）。2005 年，澳大利亚环境与遗产部（Department of the Environment and Heritage，DEH）将 NABERS 推向市场化。目前，由新南威尔士州环境、气候变化与水资源部（NSW Department of Environment, Climate Change and Water）负责管理该体系的运营和发展，同时由 NABERS 国家指导委员会（NABERS National Steering Committee）连同代表全国、各州及各地区的产业代表监督执行，并对其进行持续更新与管理。

澳大利亚政府将 NABERS 评价体系应用于商业建筑审计计划（Commercial Building Disclosure Program，CBD），即出售或出租超过 2000m² 的办公空间时，必须获得 NABERS 评价认证。此外，NABERS 还被用于政府运营项目尤其是政府机构办公建筑的能效管理，要求面积大于 2000m² 的新建及重大改建的政府办公建筑必须达到 NABERS Energy 4.5 星级及以上。世界经济论坛（World Economic Forum）报告指出，NABERS 评价系统已使澳大利亚在租户教育及节能改造方面领先于其他市场。[①]2013 年，NABERS 评价体系已被引入新西兰，名为 NABERSNZ。

3.3.1.2　NABERS 评价体系的评价工具

澳大利亚全国建成环境评价体系（NABERS）是基于既有建筑性能表现的环境影响评价体系，其最大特点是根据建筑 12 个月的实际运行能耗数据及其他相关运行参数对建筑运行的实际测量结果进行评价。

NABERS 评价体系提供能源（NABERS Energy）、水资源（NABERS Water）、废弃物（NABERS Waste）及室内环境（NABERS Indoor Environment）4 种评价工具，可应用于办公建筑、商业建筑、旅馆、居住建筑、数据中心等建筑类型，每种建筑类型可用的评价工具如表 3-3-1 所示。目前，澳大利亚 72% 的办公空间已使用 NABERS Energy 能源评价工具进行了评级。根据 NABERS 提供的相关报告显示，使用 NABERS Energy 能源评价工具的建筑其平均节能率达到 8.5%，使用 NABERS Water 水资源评价工具的建筑其平均节水率达到 11%。

---

① NABERS 官方网站：http://www.nabers.gov.au/.

表 3-3-1　不同建筑类型对应的 NABERS 评价工具

	建筑类型				
	办公建筑	商业建筑	旅馆	居住建筑	数据中心
评价工具	能源评价	能源评价	能源评价	能源评价	能源评价
	水资源评价	水资源评价	水资源评价	水资源评价	—
	废弃物评价	—	—	—	—
	室内环境评价	—	—	—	—

资料来源：作者根据 NABERS 官方网站相关资料整理绘制

以最常使用的办公建筑能源评价工具 NABERS Energy 为例，此工具可为业主及使用者提供建筑在温室气体排放方面的性能基准，计算建筑的耗电量、燃气消耗量及其他的能源消耗量。评价考虑的因素包括：建筑运行的气候状况、建筑的空间尺度、建筑为使用者提供的服务等级、建筑使用的能源与资源等。使用 NABERS Energy 评价工具得出的性能数据在建筑之间具备可比性。

3.3.1.3　NABERS 评价体系的等级设置

NABERS 体系对建筑的能耗评价与水资源评价认证等级划分为 1 星级到 6 星级，针对办公建筑的室内环境及废弃物评价认证等级划分为 1 星级到 5 星级（表 3-3-2）。星级之间以 0.5 星为递进值，6 星级代表建筑具有优异的温室气体减排性能及节能效率。目前，澳大利亚办公建筑能源性能的平均 NABERS 等级为 3 星级，每提升 1 星级相当于减少了 15% 的建筑温室气体排放。

表 3-3-2　NABERS 评价系统等级设置及性能基准

能源评价与水资源评价 （办公建筑、商业建筑及旅馆）		室内质量评价与废弃物评价 （办公建筑）	
6 星级	领先于市场的建筑性能	5 星级	领先于市场的建筑性能
5 星级	优秀的建筑性能	4 星级	优秀的建筑性能
4 星级	好的建筑性能	3 星级	好的建筑性能
3 星级	平均建筑性能	2.5 星级	平均建筑性能
2 星级	低于平均水平的建筑性能	2 星级	低于平均水平的建筑性能
1 星级	差的建筑性能	1 星级	差的建筑性能

资料来源：作者根据 NABERS 官方网站相关资料整理绘制

3.3.1.4　NABERS 评价体系的特点

NABERS 评价体系针对建筑的实际运行性能进行评价，强调运行时的状况而不是设计时的措施，因此产生了可进行对比与交流的评价结果。每一项评价工具均提供以市场为基础的独立基准，通过设置弹性目标推动可持续建筑实践，达到积极的环境效果。NABERS 由专业评价人员执行认证，应用 NABERS 的相关规则进行建筑数据收集与分析，评价结果 12 个月有效，利用年度审查确保评级结果代表建筑当年的运行性能。

3.3.1.5　NABERS 评价体系案例介绍——布里斯班绿化广场南塔

绿色广场南塔项目（Green Square South Tower）位于澳大利亚昆士兰州布里斯班，建筑面积 17 700m^2。由于布里斯班市议会确立了至 2026 年建成"清洁与绿色城市"同时实现 CO_2 排放量减少 50% 的预期目标，绿色广场南塔项目作为布里斯班市议会的办公楼，成为使用 NABERS 评价体系进行可持续设计评价的典范。2009 年，本项目的 NABERS Energy 能源评级为 4.5 星；2010 年，评级上升为 5.5 星；2011 年，评级结果继续提升为最高等级 6 星级，成为昆士兰州商业建筑提升能源性能的示范性项目。本项目在设计阶段还获得澳大利亚绿色之星 Green Star 办公建筑设计认证 5 星级，成为昆士兰州首项获得 5 星级设计认证的办公建筑设计项目。

绿色广场南塔项目每年可减少能源消耗约为 410 000kW·h，每年的 CO_2 减排量为 390t。建筑采取的可持续措施包括高效的围护结构、照明系统与空调系统，可调节的外遮阳设计，可循环利用的建筑材料与水资源，绿色电力的利用等。

本项目建筑室内的照明措施包括在办公区域采用高效节能的 T5 照明灯具，结合高效镇流器可使工作面照度达到 400lx，靠近外窗的区域可优先利用自然采光，因此设置独立的照明控制系统，非工作时间照明系统采用手动控制；电梯厅、大堂空间及停车场安装有照明灯具的自动感应与运动传感装置；公共区域设置 3m×2.4m 照明格栅，可提供更好的照明水平与眩光控制能力。

建筑空调系统的节能措施包括空气处理机组采用分区设计，通过改变流入办公区域的空气流速对室温进行调节，使建筑室内热舒适度（Predicted Mean Vote）在 −0.5 到 +0.5 之间；降低无使用人员区域对空调系统的要求，同时对天花板进行保温处理；对空调系统进行夜间清理维护以减少空调负荷；设置二氧化碳监测系统对室外空气进风量进行控制，减少空调系统的负荷。

本项目优先采用可循环利用的建筑材料，其中 60% 的钢材含有可循环利用成分，混凝土材料中 40% 的水泥为替代材料，100% 的木材是循环再利用材料或拥有可持续来源认证。建筑室内装修采用低甲醛与低 VOC 含量的建筑材料与建筑产品，确保室内空气质量及使用者的健康。建筑每年总节水量为 6×10^6 L，其中节水器具可节省年用水量 1.2×10^6 L，利用雨水收集与处理系统进行景观灌溉与冲厕，其他的节水措施还包括消防系统试水回用、空调系统节水等。[①] 建筑使用燃气热水系统并购买绿色电力（Green Power），减少了建筑电力利用过程中的碳排放。

各专业人员的通力合作以及进行信息共享成为实现绿色广场南塔项目实现其节能与节水目标的重要因素。项目鼓励使用者的参与并对其进行可持续建筑教育，形成了独特的可持续文化，为昆士兰办公建筑在 NABERS 体系下进行环境可持续性能的提升树立了典范。

3.3.2　澳大利亚 GSC 绿色之星认证

2003 年，国家级的非营利组织澳大利亚绿色建筑委员会（Green Building Council of Australia，GBCA）在参考英国 BREEAM 与美国 LEED 评价体系的基础上，颁布澳大利亚绿色之星认证（Green Star Certification，GSC），目的是为建成环境的可持续性提供整体性的设计方法与评价标准，为建筑以及社区提供认证的同时提升建筑的环境效率与公众的可持续意识。

3.3.2.1　绿色之星认证的应用范围及星级设置

绿色之星认证的应用范围包括 4 类，每类认证的首版均为试验版本（PILOT Tools），在经过 90 天的试验期后，由澳大利亚绿色建筑委员会根据评价过程与反馈信息对评价工具进行修改与提升，此后正式发布评价工具的 V1 版本。

1. 绿色之星设计与施工认证（Design and As Built）

包括教育建筑（V1 版）、办公建筑（V3 版）、工业建筑（V1 版）、居住建筑

---

① 澳大利亚绿色建筑委员会 GBCA 官方网站 http://www.gbca.org.au/.

（V1 版）、公共建筑（V1 版）、商业建筑（V1 版）与医疗建筑（V1 版）的设计与施工过程。

2. 绿色之星室内认证（Interiors）

对上述建筑的室内装修过程进行评价，创造健康可持续的室内环境。

3. 绿色之星社区认证（Communities）

从区域及社区角度提升规划项目的可持续性。

4. 绿色之星性能认证（Performance）

对既有建筑的运行效率进行评价，并针对其薄弱环节进行提升。

绿色之星的建筑设计与施工认证、室内认证及社区认证 3 类评价工具的认证等级为 4 星级、5 星级、6 星级，建筑性能认证可获得的认证等级为 1 星级至 6 星级（图 3-3-1）。

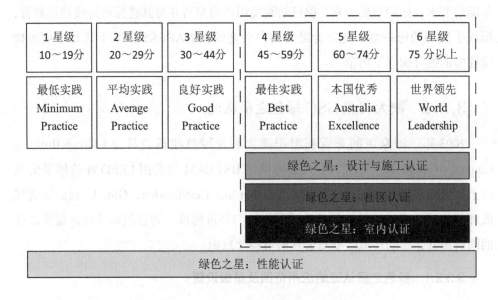

图 3-3-1　绿色之星 4 类认证的等级范围

资料来源：作者根据 GBCA 官方网站相关资料整理绘制

3.3.2.2　绿色之星认证的评价领域与评价条款

绿色之星的设计与施工评价包括 9 类评价领域（表 3-3-3）：管理、室内环境质量、能源、交通、水资源、材料、土地使用与生态、排放及创新。社区评价包括 6 类评价领域：管理（Governance）、设计（Design）、宜居性（Liveability）、经济发展（Economic Prosperity）、环境（Environment）与创新（Innovation）。

每类认证的所有评价条款并非适用于任何项目，需依据项目的实际情况作出相应判断，不适用（Not Available）的情况下此项条款可被关闭。绿色之星认证创新分值的获得包括以下 3 种情况：项目采用了新的建筑技术、设计方法以及创新的应用模式，建筑性能超过绿色之星评价条款中设定的基准值，采用了绿色之星评价条款规定范围之外的与环境、社会、经济的可持续性相关的创新因素。

3.3.2.3 绿色之星认证的权重设置与分值计算

绿色之星认证的权重体系遵循科学的设置方法，在参考了经济合作与发展组织（Organization for Economic Co-operation and Development，OECD）发布的可持续建筑报告以及澳大利亚联邦科学与工业研究组织（Commonwealth Scientific and Industrial Research Organization，CSIRO）、联邦环境与遗产部（the Commonwealth Dept.of Environment and Heritage）等部门相关研究成果的基础上，澳大利亚绿色建筑委员会就评价工具如何体现地区差异启动了国家级的调查，最终确定了目前的权重体系（表 3-3-3）。每项条款的权重系数随地理位置不同而变化，反映出不同地域评价条款的重要性等级。[1]

表 3-3-3　绿色之星认证的评价标准设置

评价领域	环境权重	评价标准
管理 （Management）	9%	Man 1：有"绿色之星"专业认证人员参与
		Man 2：为建筑系统调试设置条款要求
		Man 3：建筑通信系统调试
		Man 4：调试机构（ICA）出具参与声明
		Man 5：为建筑使用者出具技术指导手册
		Man 6：施工期间执行建筑环境管理计划（EMP）
		Man 7：废弃物管理
室内环境质量 （Indoor Environment Quality）	20%	IEQ 1：室内空气通风率
		IEQ 2：室内空气换气效率
		IEQ 3：室内空气 CO_2 含量的监测与控制
		IEQ 4：建筑的自然采光设计
		IEQ 5：自然采光的眩光控制
		IEQ 6：建筑照明采用高效镇流器
		IEQ 7：建筑室内的电气照明等级

---

[1]　GBCA 官方网站 http://www.gbca.org.au/.

评价领域	环境权重	评价标准
室内环境质量 （Indoor Environment Quality）	20%	IEQ 8：良好的外部景观视线
		IEQ 9：建筑室内环境的热舒适度
		IEQ 10：可独立调节的热舒适度控制系统
		IEQ 11：选用对人体无害的建筑材料
		IEQ 12：建筑室内的噪声等级控制
		IEQ 13：易挥发的有机化合物含量控制
		IEQ 14：甲醛含量最小化
		IEQ 15：建筑的防霉措施
能源 （Energy）	25%	Ene 1：温室气体排放量
		Ene 2：设置能耗分项计量装置
		Ene 3：建筑室内照明功率密度
		Ene 4：建筑室内照明分区设计与控制
		Ene 5：减少高峰时段的能源需求
交通 （Transport）	8%	Tra 1：设定场地内的停车规程
		Tra 2：节能高效的公共交通系统
		Tra 3：为自行车出行提供便利设施
		Tra 4：通勤时段大运量的交通系统设计
水资源 （Water）	12%	Wat 1：设置饮用水便利设施
		Wat 2：设置用水计量装置
		Wat 3：景观灌溉用水
		Wat 4：冷却塔用水的消耗
		Wat 5：消防用水的消耗
材料 （Materials）	14%	Mat 1：可回收废弃物的存储
		Mat 2：既有建筑部分的重新利用
		Mat 3：可循环利用的建筑材料
		Mat 4：建筑核心与外围护结构的装修
		Mat 5：可循环利用的混凝土材料
		Mat 6：可循环利用的钢材
		Mat 7：PVC 的使用最少化
		Mat 8：可持续的木材
		Mat 9：便于拆解的建筑设计
		Mat 10：建筑的拆解过程
土地使用与生态 （Land Use & Ecology）	6%	Eco 1：表层土的开挖与填埋
		Eco 2：土地资源的再利用
		Eco 3：被污染土地的回收利用
		Eco 4：土地生态价值的变化

评价领域	环境权重	评价标准
排放 （Emissions）	6%	Emi 1：制冷剂的臭氧消耗能值（ODP）
		Emi 2：制冷剂的全球变暖潜能值（GWP）
		Emi 3：制冷剂的泄漏检测
		Emi 4：绝缘材料的臭氧消耗能值（ODP）
		Emi 5：水体污染
		Emi 6：减少污水排放量
		Emi 7：照明光污染
		Emi 8：冷却塔军团杆菌污染
创新（Innovation）		Inn 1：创新的设计策略与技术
		Inn 2：超越"绿色之星"的评价基准设置
		Inn 3：环境设计方案与措施

资料来源：作者根据 GBCA 官方网站相关资料整理绘制

绿色之星认证的满分为 105 分，其中环境权重的分值总分为 100 分，创新分 5 分。各领域评分均考虑环境权重的影响，创新分值无权重设置。各领域分值＝ 各领域所得分值 / 此领域总分值 ×100%。总得分的计算方法为将每一评价领域的 分值乘以各自的环境权重后相加，再加上创新分值。

3.3.2.4　绿色之星认证的体系特点

第一，澳大利亚可持续建筑的培训教育体系非常完善，绿色之星认证的第 1 项条款即规定必须有绿色之星专业认证人员参与。第二，对包括材料在内的建筑 全生命周期的环境影响进行评价。第三，以现行的国家节能标准为基准，以碳减 排量进行加分。第四，绿色之星认证体系设置可变权重体系，加权因子因地区环 境而变化，体现出对地域差异的重视。

3.3.2.5　绿色之星认证的案例分析——Pixel 办公楼

Pixel 办公楼以 105 分的满分获得绿色之星办公建筑设计与施工 V3 版 6 星级 认证。本项目建筑面积为 $1000m^2$，充分展示了澳大利亚在建筑可持续设计方面的 先进理念与技术，即建筑不再是资源消耗者而成为资源生产者，为未来的办公建 筑设计提供了典范。

Pixel 办公楼对办公建筑及建造模式重新进行定义，在碳中和与可持续建筑设计方面达到了世界领先水平。本项目建筑材料的蕴含能（Embodied Energy）及建筑运行时的碳排放均被可再生能源产生抵消，屋面安装的光伏发电系统结合日光追踪装置可提升 40% 的电力输出，此外，建筑屋面还装有风力发电系统，共同实现了建筑的零能耗与零排放。

Pixel 办公楼将功能性与美学因素结合，本项目最重要的视觉特征是像素化（Pixilated）的遮阳系统，允许自然光进入办公空间的同时还起到防止眩光、阻止夏季室内热的作用，智能窗可在夏季夜间自动开启降低室内温度。

建筑北侧与西侧的芦苇床用来过滤处理场地内的灰水，夏季可利用水温对进入室内的空气进行预冷，降低流入室内的空气温度以减少夏季的制冷能耗。屋面采用当地原生草种做实验性种植，由墨尔本大学的研究人员进行监测，可起到调节微环境并降低室内温度的作用。建筑室内设置储水池，收集到的雨水通过逆向渗透作用进行处理，处理后的雨水除进行灌溉外还用于建筑内部的厕所冲洗，上述节水措施可满足建筑自身 100% 的用水需求。

Pixel 办公楼共申请了 30 项创新点，其创新技术包括采用北欧先进的小型真空厕所，可大量节省建筑用水；建筑黑水采用厌氧池进行处理并产生甲烷，代替天然气用于水系统的加热与制冷等。此外，为减少 Pixel 办公楼与混凝土材料相关的 CO_2 排放，项目方与专业机构合作研制使用了新型混凝土材料 Pixelcrete 构筑结构体系。此种混凝土材料减少了 60% 的水泥用量，所含成分 100% 可进行回收并可循环利用，可明显减少混凝土材料全生命周期产生的 CO_2。

Pixel 办公楼期望其可持续设计理念与方法能成为绿色建筑发展过程中的典范。除澳大利亚的绿色之星认证，其还同时申请了美国 LEED NC 认证与英国 BREEAM 国际定制（BREEAM Bespoke International）认证，其中 LEED 认证得到 105 分（满分 110 分），是 LEED 认证项目中目前所取得的最高成绩。

3.4　亚洲：以政府政策为推动的评价体系

大部分亚洲国家在过去几十年以经济发展为首务，在能源政策方面以提供足够的能源刺激经济发展为目标。在这种发展策略的影响下，亚洲经济发展必然伴随着持续增加的能源消耗以及严重的环境污染。

自 20 世纪 90 年代起，亚洲各主要国家开始逐渐改变能源政策（表 3-4-1），期望在能源安全和可持续发展问题上取得平衡，同时将建筑节能作为解决能源问题的重要途径，措施包括订立建筑节能标准、进行建筑能源性能评估以及研究并建立适合本国国情的建筑可持续性评价体系。

表 3-4-1   亚洲国家的能源政策

国家	所采取的能源政策
中国	国家能源政策关注节能、能源使用最佳化、推广环保意识和能源安全
日本	确保日本的能源安全，同时解决能源与环境问题，提供全球性的解决方案
新加坡	通过节能和高效利用能源降低能源需求，实现可持续发展并解决温室气体排放问题；巩固在亚太地区的石油提炼和贸易中心地位；成为区域燃气管道网络中心（80% 能源为天然气，修建亚洲第一条多国共用的天然气管道）；电力企业重组及私有化；参与海外能源探测与生产
韩国	能源政策注重 3E——能源安全（Energy Security）、节约能源（Energy Efficiency）和环境保护（Environmental Protection）
印度尼西亚	能源多样化，积极开发新能源，依市场机制调节能源价格，推广环保意识
马来西亚	确保充足、安全和符合经济效益的能源供应，推广有效的能源使用，降低能源生产、运输、转化、使用和消耗对环境产生的负面影响
印度	能源政策着重"为大众提供能源"，致力于建立环保可持续的能源供应产业

资料来源：作者根据相关资料整理绘制

在较成熟的建筑市场中，行业协会与开发商在建筑节能设计与可持续建筑认证中担任主导角色。而亚洲的可持续建筑发展仍以政府决策推动为主，普遍依赖工程顾问指导项目的节能设计与评价认证。由政府推动制定的可持续建筑评价标准包括 2003 年日本颁布的 CASBEE 评价体系、2005 年颁布的新加坡 Green Mark 评价体系以及 2006 年中国颁布的绿色建筑评价标准等。

3.4.1   日本 CASBEE 建筑可持续性评价体系

3.4.1.1   日本的政府政策与技术发展

1979 年，日本颁布《节能法》为所有使用能源的产业（汽车产业、工厂、商业建筑、住宅、电器与办公器材等）制定节能标准。1993 年，日本颁布《环境基本法》，倡导可持续发展的同时明确了环境保护的基本理念，以构建环境优先型社会为目标制定环境保护政策，积极参与解决全球的环境问题。[①]同年，日本建设省住宅署颁布《环境共生住宅》以及由"住宅标准化"而产生的涉及评价、性能检测等方面的各类标准 185 部。

1997 年，日本正式签订《京都议定书》，此后开始同步推进行政法规、学会协会体制及技术层面的整合研究。1999 年，日本重新修订住宅与非住宅建筑的节能标准。2003 年，日本政府规定商业建筑在进行新建、扩建、翻新及大型改造之前，必须提交强制性节能措施报告待其审批后才可动工。2006 年，此规定开始适用于大于 2000m^2 的住宅。2007 年，将非强制性的建筑节能标准改为强制性要求。2009 年 4 月，日本环境省公布了名为《绿色经济与社会变革》的政策草案，其目的是通过实行减少温室气体排放等措施，强化日本的低碳经济。2012 年，日本政府制定"低碳住宅与公共建筑路线图"，规定了建筑的减排目标与实施方法。

除制定严格的政策法规外，日本政府还制定了税费减免、财政补贴、贷款利率优惠、可再生能源电力回购等经济政策对可持续建筑的发展予以支持和推动。同时，设置建筑节能奖励、新能源利用大奖等相关的表彰奖励，以此对可持续建筑进行宣传，提高公共认知。

3.4.1.2　日本 CASBEE 建筑评价体系

1. CASBEE 评价体系的发展历程

在经历了建筑室内环境评价、建筑周边环境影响评价（外部风环境、日照遮挡、空气污染等）以及建筑全生命周期内对环境的负荷评价 3 个发展阶段之后[②]，为实现建筑界的可持续发展并为其设立统一的评价标准，在日本国土交通省的支持下，由政府、学者及建筑相关产业三方联合成立的日本可持续建筑联合会（Japan Sustainable Building Consortium，JSBC）及下属分委会于 2001 年启动了建筑物环境综合性能评价体系（Comprehensive Assessment System for Building Environmental Efficiency，CASBEE）的研究计划，研究成果于 2003 年 7 月正式发布并依据反馈信息对其进行持续更新。[③]日本国土交通省颁布的《环境行动计划》

---

① 沈晓悦. 日本的《环境基本法》[J]. 世界环境，2006（5）：75-77.

② CASBEE 评价体系官方网站 http://www.ibec.or.jp/CASBEE/english/index.htm.

③ 伊香贺俊治. 建筑物环境效率综合评价体系 CASBEE 最新进展 [J]. 彭渤，崔惟霖，译；林波荣，校. 生态城市与绿色建筑，2010（3）：20.

及《京都议定书目标达成计划》等政策文件中，均明确要求对 CASBEE 评价体系在日本国内进行广泛普及。[①]

2. CASBEE 评价体系的应用范围

2003 年，JSBC 颁布了 CASBEE 的 4 类基本评价工具，即规划阶段（工具 -0）、新建建筑（工具 -1）、既有建筑（工具 -2）、改建建筑（工具 -3），此后又陆续颁布新建独立式住宅、热导效应以及房产评估等 8 类扩展评价工具（表 3-4-2）。其中，作为基本评价工具的 CASBEE 新建建筑（工具 -1）既可用作设计阶段的自我评价，也可用作认证工具由第三方评价机构作出正式认证。工具 -1 适用的建筑类型包括住宅类建筑与非住宅类建筑，住宅类建筑包括医院、宾馆及公寓式住宅，非住宅类建筑包括办公建筑、学校、商业建筑、餐饮建筑及集会建筑。

表 3-4-2　CASBEE 评价体系的基本工具与扩展工具

工具分类	工具名称	评价范围
CASBEE 基本工具（4 类）	CASBEE- 前期设计（工具 -0）Pre-design（Tool-0）	在前期设计阶段协助业主、规划师进行场地选择，对项目的环境影响进行了解与评价
	CASBEE- 新建建筑（工具 -1）New Construction（Tool-1）	在设计阶段协助设计师与工程师基于设计方案及预期性能对环境效率进行提升
	CASBEE- 既有建筑（工具 -2）Existing Building（Tool-2）	基于运行数据与记录对实际运行 1 年以上的建筑项目进行评价，也可用于资产评估
	CASBEE- 改建建筑（工具 -3）Renovation（Tool-3）	以既有建筑为评价对象，对建筑的运行过程进行监测、调试与设计升级
CASBEE 扩展工具（8 类）	CASBEE—简化版本 Brief Version for NC/EB/RN	用于项目早期阶段建成环境效率的目标设置以及对既有建筑的环境性能管理
	CASBEE—地方版本 Local government versions	通过改变体系的权重系数适应当地的现状，如气候条件与政策等
	CASBEE—热岛效应 Heat Island	以建筑为缓解热岛效应所采取的措施为评价对象，对热岛效应相关条款进行定量化评价
	CASBEE—临时建筑 Temporary Construction	CASBEE NC 的扩展工具，针对寿命在 5 年以内的临时性博览会建筑或体育设施

---

① 刘仲秋，孙勇，等 . 绿色生态建筑评估与实例 [M]. 北京：化学工业出版社，2013.

续表

工具分类	工具名称	评价范围
CASBEE 扩展工具（8类）	CASBEE—都市发展 Urban Development	对区域范围内建筑群的整体环境性能进行评价，建筑群内的单体建筑可分属不同业主
	CASBEE—城市 Cities	全面评价城市的环境、社会与经济 3 类性能，客观评估城市政策与环境措施的效率
	CASBEE—独立住宅 Detached houses	以独户独栋住宅为评价对象（CASBEE 基本工具针对公寓进行评价，不包括独栋住宅）
	CASBEE—市场推广 Market Promotion	针对运行 1 年以上的既有建筑的 CASBEE 简化版本，目标是进行市场推广

资料来源：作者根据 CASBEE 官方网站相关资料整理绘制

CASBEE 将 4 类基本评价工具融入建筑的整个设计过程。在建筑的前期设计阶段（Pre—design），设计师对特定的自然环境、社会文化环境、经济环境等进行多维度、立体化的分析研究，确立设计主题及设计理念；设计阶段（Design），将前期设计确立的主题与设计理念通过自我评价过程进行检验，即对建筑方案在生态环境、可持续技术、社会文化、建筑美学、经济成本等方面的特征进行比较研究；后期设计阶段（Post—design），对建筑的可持续性进行监测与评价，并将最终结果反映到设计过程。

3. CASBEE 评价体系的条款设置

CASBEE 评价体系依据"建筑环境效率"（Building Environmental Efficiency，BEE）这一概念对建筑的环境性能进行评价，明确划定建筑环境效率的评价边界，即以用地边界和建筑最高点之间的假想封闭空间作为评价建筑环境效率的封闭体系。边界内为建筑相关人员的可控范围，边界之外为不可控的公共空间。

建筑物环境效率（BEE）＝建筑物环境质量与性能（Quality）／建筑物外部环境负荷（Load），其中 Quality 用来衡量假想封闭空间内部使用者的舒适性，Load 用来衡量建筑对假想封闭空间外部区域的负面环境影响。BEE 这一概念充分体现了可持续建筑寻求以最小的环境负荷实现最优化的建筑室内环境的理念。由建筑环境效率的 BEE 分级图（图 3-4-1）可以看出，Q 值越大（建筑的环境性能与质量越好）、L 值越小（建筑对外部环境产生的负荷越小），则 BEE 值越大，建筑的 CASBEE 评价等级越高。此外，CASBEE 还以 LR（Load Reduction）代替 L 进行评价，LR 定义为"建筑物外部环境负荷的降低"。

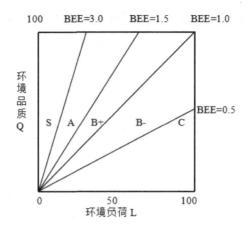

图 3-4-1　建筑环境效率 BEE 分级图示

资料来源：作者根据相关资料整理绘制

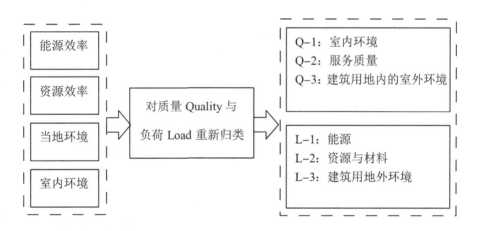

图 3-4-2　CASBEE 评价条款的分类组合

资料来源：作者根据 CASBEE for New Construction Technical Manual（2010 Edition）整理绘制

CASBEE 评价体系涵盖 4 类评价领域：能源效率、资源效率、当地环境与室内环境。通过对上述 4 类评价领域各子项的重新归类与整理，最终确定 Quality 与 Load 的各项评价条款（图 3-4-2）。以 CASBEE 评价体系 V2010 版为例，建筑物环境质量 Q 与建筑物外部环境负荷的降低 LR 包含的评价条款如表 3-4-3、表 3-4-4 所示。

表 3-4-3　CASBEE 评价体系 V2010 版建筑物环境质量（Q）所含评价条款

指标大类	一级指标	二级指标	三级指标
Q-1：室内环境	1：声环境	1.1：噪声	1.1.1：背景噪声评价
			1.1.2：设备噪声控制
		1.2：隔声	1.2.1：开口部位隔声性能
			1.2.2：隔墙的隔声性能
			1.2.3：楼板隔声（L）性能
			1.2.4：楼板隔声（H）性能
		1.3：吸声	
	2：热环境	2.1：室温控制	2.1.1：室内温度设定
			2.1.2：负荷变化与控制
			2.1.3：维护结构性能
			2.1.4：系统分区控制
			2.1.5：温度与湿度控制
			2.1.6：系统独立控制
			2.1.7：非工作时间的控制
			2.1.8：建筑监测系统
		2.2：湿度控制	
		2.3：空调方式	
	3：光环境	3.1：自然光利用	3.1.1：室内空间采光系数
			3.1.2：不同朝向的开口
			3.1.3：建筑采光设备
		3.2：眩光	3.2.1：灯具的眩光控制
			3.2.2：采光的眩光控制
		3.3：照度	
		3.4：照明控制	
	4：室内空气质量	4.1：污染源控制	4.1.1：化学污染物质
			4.1.2：矿物纤维
			4.1.3：螨类与霉菌控制
			4.1.4：军团菌控制策略
		4.2：新风	4.2.1：建筑通风量
			4.2.2：自然通风性能
			4.2.3：室外空气入口位置
			4.2.4：建筑送风设计
		4.3：运营管理	4.3.1：CO_2 监测系统
			4.3.2：吸烟控制

续表

指标大类	一级指标	二级指标	三级指标
Q-2: 服务质量	1：功能性	1.1：功能性与易操作性	1.1.1：空间与储存
			1.1.2：建筑信息系统
			1.1.3：无障碍设计
		1.2：心理与心情	1.2.1：开阔感与视野
			1.2.2：休闲空间设计
			1.2.3：室内装修设计
		1.3：维护管理	1.3.1：设计时考虑维护
			1.3.2：安全性能维护管理
	2：耐用性与可靠性	2.1：抗震与减振	2.1.1：抗震性能
			2.1.2：减震与缓冲系统
		2.2：构件的使用年限	2.2.1：结构材料的年限
			2.2.2：外装修材料更新间隔
			2.2.3：内装修材料更新间隔
			2.2.4：空调与通风管道间隔
			2.2.5：给排水管路更新间隔
			2.2.6：主要设备更新间隔
		2.3：可靠性	2.3.1：HVAC 系统
			2.3.2：给排水系统
			2.3.3：电气设备
			2.3.4：机械设备与管路
			2.3.5：通信设备
	3、灵活性与适应性	3.1：空间的灵活性	3.1.1：层高的灵活性
			3.1.2：平面布局的灵活性
		3.2：楼板的允许荷载	
		3.3：系统的灵活性	3.3.1：空调管道可更新性
			3.3.2：给排水管道可更新性
			3.3.3：电气配线可更新性
			3.3.4：通信配线可更新性
			3.3.5：设备的可更新性
			3.3.6：预留备用空间
Q-3: 建筑用地内的室外环境	1：保护生态环境		
	2：城市景观		
	3：地域特征及室外舒适性	3.1：地域特征及室外舒适性	
		3.2：提升场地热环境	

资料来源：作者根据 CASBEE for New Construction Technical Manual（2010 Edition）整理绘制

表 3-4-4　CASBEE 评价体系 V2010 版建筑物外部环境负荷降低（LR）所含评价条款

指标大类	一级指标	二级指标	三级指标
LR-1：能源	1：建筑热负荷		
	2：自然能源的有效利用	2.1：自然能源的直接利用	
		2.2：可再生能源的转化利用	
	3：建筑服务系统的效率		
	4：运行效率	4.1：监控	
		4.2：运行与管理系统	
LR-2：资源与材料	1：水资源保护	1.1：节水	
		1.2：雨水与灰水的再利用	1.2.1：雨水利用系统及利用措施
			1.2.2：灰水利用系统及利用措施
	2：减少非可再生资源的利用	2.1：减少建筑材料的用量	
		2.2：对既有建筑主体结构的再利用	
		2.3：对建筑结构框架中可循环材料的回收利用	
		2.4：对非结构框架中可循环材料的回收利用	
		2.5：使用可持续森林采伐的木材	
		2.6：提升建筑构件与建筑材料的再利用可能性	
	3：避免使用含有污染物的材料	3.1：使用不含有害物质的材料	
		3.2：避免使用氟利昂与哈龙	3.2.1：不使用哈龙类灭火剂
			3.2.2：保温材料中不含氟利昂与哈龙
			3.2.3：制冷剂的 ODP 值（臭氧破坏系数）
LR-3：建筑用地外环境	1：防止全球变暖的措施		
	2：对地域环境的影响	2.1：防止大气污染	
		2.2：改善热岛效应	
		2.3：区域基础设施负荷	2.3.1：减少雨水排放对区域基础设施造成的负荷
			2.3.2：减少废水排放对区域基础设施造成的负荷
			2.3.3：交通对区域基础设施造成的负荷控制
			2.3.4：废弃物处理对区域基础设施造成的负荷
	3：周边环境	3.1：噪声、振动与臭味的防止	3.1.1：建筑内噪声对周边环境产生的影响
			3.1.2：建筑产生的振动对周边环境的影响

指标大类	一级指标	二级指标	三级指标
LR-3：建筑用地外环境	3：周边环境	3.1：噪声、振动与臭味的防止	3.1.3：建筑用地内产生的臭味对周边环境的影响
		3.2：风害与日照	3.2.1：评价建筑是否对周边环境造成风害
			3.2.2：评价建筑是否对周边环境产生沙土危害
			3.2.3：减少建筑对周边环境造成的日照遮挡
		3.3：光污染	3.3.1：室外照明及室内照明漏光造成的光污染
			3.3.2：控制建筑外立面反射太阳光造成的眩光

资料来源：作者根据 CASBEE 官方网站资料 CASBEE for New Construction Technical Manual（2010 Edition）整理绘制

4. CASBEE 评价体系的权重与分值设置

CASBEE 评价体系的权重设置将科研成果与利益相关方的价值判断相结合，研究人员在对政府部门、设计师、委托方、项目管理者等相关人员进行大范围调查的基础上，对各项评价条款的重要程度进行对比分析，采用衡量条款重要性等级的 AHP（Analytic Hierarchy Process）层次分析法进行权重设置。CASBEE NC V2008 评价体系 LR-3 的 "全球变暖评价" 条款，即在对 254 名专家进行权重调查后纳入评价体系中。[1]CASBEE 体系针对不同的建筑类型分别进行 3 级权重设置，其中 CASBEE NC 评价体系指标大类与一级指标的权重系数值如表 3-4-5 所示。

表 3-4-5　CASBEE NC 指标大类与一级指标的权重系数

指标大类	权重系数	一级指标	权重系数
Q-1：室内环境	0.40	1. 声环境	0.15
		2. 热环境	0.36
		3. 光环境	0.25
		4. 室内空气质量	0.25

---

① 伊香贺俊治. 建筑物环境效率综合评价体系 CASBEE 最新进展 [J]. 生态城市与绿色建筑，2010（3）：20.

指标大类	权重系数	一级指标	权重系数
Q-2：服务质量	0.30	1. 功能性	0.40
		2. 耐用性与可靠性	0.31
		3. 灵活性与适应性	0.29
Q-3：建筑用地内的室外环境	0.30	1. 保护生态环境	0.40
		2. 城市景观	0.30
		3. 地域特征及室外舒适性	0.30
LR-1：能源	0.40	1. 建筑热负荷	0.30
		2. 自然能源的有效利用	0.20
		3. 建筑服务系统的效率	0.30
		4. 运行效率	0.20
LR-2：资源与材料	0.30	1. 水资源保护	0.15
		2. 减少非可再生资源的利用	0.63
		3. 避免使用含有污染物的材料	0.22
LR-3：建筑用地外环境	0.30	1. 防止全球变暖的措施	0.33
		2. 对地域环境的影响	0.33
		3. 周边环境	0.33

资料来源：作者根据 CASBEE 官方网站资料 CASBEE for NC Assessment Software 整理绘制

CASBEE 评价体系采用 5 级评分方式，每项评价条款的分值范围为 1～5 分，即每 1 分代表 1 级。1 分代表此项条款设置的最低条件，3 分为达标值，即达到当时社会与技术发展的一般水平，5 分代表此项条款的最高性能标准。评分表中每级分值分为评分栏和不评分栏，评分栏表示可在该分值等级的限值范围内进行评分，不评分栏表示在该分值等级不进行评分（图 3-4-3）。

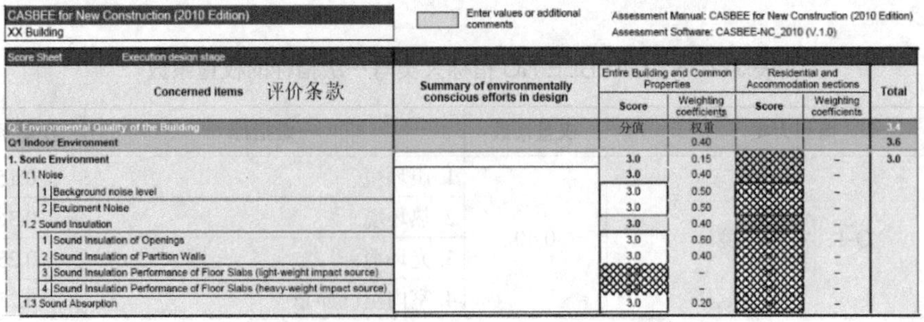

图 3-4-3　CASBEE NC 2010 评分表（以 Q1 为例）

资料来源：CASBEE 官方网站 –CASBEE for New Construction Technical Manual（2010 Edition）

5. CASBEE 评价体系的评价结果

BEE 值的计算公式为：BEE=Q/L=25×（SQ-1）/25×（5-SLR），SQ 为建筑环境质量 Q 所得分值，SLR 为建筑负荷的降低 LR 所得分值。CASBEE 评价体系根据 BEE 值的计算结果进行分级，共分为 5 个等级，即 S 级、A 级、B^+ 级、B^- 级、C 级，评级要求与结果表达如表 3-4-6 所示。

表 3-4-6　CASBEE 评价体系的评价结果与等级划分

评价等级	评级要求	结果表达
S 级（Excellent）	BEE ≥ 3.0 且 Q ≥ 50	★★★★★
A 级（Very Good）	BEE=1.5-3.0 或 BEE ≥ 3.0 Q < 50	★★★★
B^+ 级（Good）	BEE=1.0-1.5	★★★
B^- 级（Fairly Poor）	BEE=0.5-1.0	★★
C 级（Poor）	BEE < 0.5	★

资料来源：作者根据 CASBEE for New Construction Technical Manual（2010 Edition）整理绘制

此外，CASBEE 体系的评价结果还包括（图 3-4-4）：2-1 建筑环境效率 BEE 值、2-2 全生命周期 CO_2 排放数据（参考值与目标建筑采取相关减排措施后的碳排放值）、2-3 评价结果雷达图以及 2-4 评价结果饼状图（指标大类与一级指标的所得分值）。

6. CASBEE 评价体系的评价流程

为了保证评价的透明性与专业性，JSBC 于 2004 年开始在全国范围内实施由第三方机构开展的评价审查制度。日本建筑环境与节能研究所（The Institute for Building Environment and Energy Conservation，IBEC）以及 IBEC 认证的 11 个民间机构作为认证实施主体，有资格向通过 CASBEE 认证的项目颁发认证证书。

此外，CASBEE 还引入评价员制度，评价员包括 CASBEE 建筑评价员和 CASBEE 独立住宅评价员两种。申请 CASBEE 认证的项目需在获得专业资格的评价员的指导下填写申请表，准备并提交相关申请资料及由评价员认定的评价结果，认证实施主体召集相关专家组成评审委员会实施评审工作，重点审查申请材料的完整性以及申报结果的准确性。目前，CASBEE 已有英文版的体系说明，但提交到日本建筑中心的申请资料须是日文并按照规定的格式编制成册。

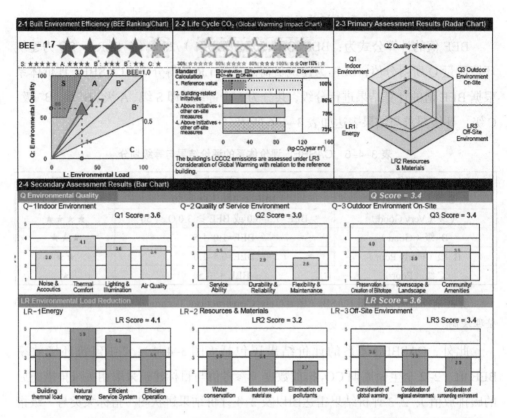

图 3-4-4　CASBEE NC 2010 评价结果图表（BEE 图、LCCO$_2$ 图、雷达图以及柱状图）

资料来源：作者根据 CASBEE for New Construction Technical Manual（2010 Edition）整理绘制

7. CASBEE 评价体系的特点

CASBEE 作为首个亚洲国家开发的绿色建筑评价体系，将日本与亚洲在建筑可持续发展方面面临的问题列入考虑范围，创造性地提出了建筑环境效率（BEE）的概念，从环境质量与环境负荷两方面对建筑的可持续性能进行评价，涵盖建筑从规划设计到竣工运行各个阶段，可用于确定建筑的环境评价等级，并指导设计者进行可持续建筑设计。

此外，CASBEE 评价体系未涉及经济与社会文化及美学领域；评价条款繁多且结构复杂，造成条款更新与补充的难度大；评价工作量大，共需对 93 项进行评价与打分；Q 类指标与 L 类指标的关系包含正相关、负相关与不相关，指标相关性的不均衡会影响评价的公平性。①

8. CASBEE 评价体系的案例介绍——天津泰达 MSD H2 低碳示范楼

CASBEE 评价体系的首项国际认证项目天津泰达 MSD，即天津经济技术开发区现代服务产业区 H2 低碳示范楼，其获得 CASBEE 最高等级 S 级，其 BEE 值为 3.4。此外，本项目同时申请并获得中国绿色建筑评价标准认证三星奖、英国 BREEAM 认证和美国 LEED 认证金级。

H2 低碳示范楼项目为办公建筑，建筑面积约为 16 236m²，地上 10 层，地下 2 层，是开发区内具有示范功能的低碳建筑项目，为低碳建筑的技术展示提供平台，兼具技术研究、科技推广等多种功能。

H2 低碳示范楼将建筑及结构、空调通风系统、可再生能源利用、电器及照明系统、给排水系统作为节能设计重点，采用了一系列整体性的低碳技术，确保建筑具有优异的环境性能，如多种类的生态玻璃幕墙系统、太阳能光伏发电系统、太阳能热水系统及地源热泵系统。上述措施使建筑在实现低碳节能目标的同时，也创造出健康舒适的内部环境。

建筑光环境设计将综合光导装置、节能照明技术及电动外遮阳装置相结合，减少 27% 的办公区照明用电量。垂直光管将自然光引入地下，结合地下停车场的高效反射材料，用于地下停车空间的自然采光；水平光管由高可见光反射率的材质组成，将自然光引入建筑内部的办公空间，光导装置放光器内安装能耗低、适用性强、稳定性高的 LED 灯具，将光导装置与人工照明相结合；室内设置工作面照度传感器，根据室内照度自动调节灯具光通量的输出；采用电动遮阳百叶减少夏季室外强光的进入。

建筑南立面采用开放式双层呼吸式幕墙系统，底部与顶部设置百叶风口。夏季打开风口利用烟囱效应将热空气排出，降低室内的制冷负荷；冬季关闭风口，利用温室效应的保温效果降低室内供暖负荷；过渡季节可通过控制开启窗的大小及数量，由换气层向室内输送新鲜空气。北立面基于保温要求采用双中空玻璃幕墙。平面采用集中式设计方法减少围护结构面积，核心筒布置在东西两侧，有利于减少建筑热损失。

---

① 住房和城乡建设部科技与产业化发展中心，清华大学，中国建筑设计研究院. 世界绿色建筑政策法规及评价体系 [M]. 北京：中国建筑工业出版社，2014.

通过建筑自动化控制系统（Building Automatic control System，BAS）以及建筑能源管理系统（Building Energy Management System，BEMS）对建筑能源性能进行管理。此外，还利用了电梯能源再生技术、地板送风空调系统等主动式节能系统。

可再生能源利用方面，建筑采用太阳能光伏发电系统为建筑提供电力供应，选取日照比较充足的建筑南立面及屋顶安装太阳能光伏发电板，年发电量约为45MW·h，约占建筑年度总用电量的 4.1%。真空集热管太阳能热水系统的集热装置安装在裙房屋面，集热效率≥ 0.46[①]，可全年提供热水。地源热泵利用地表浅层地热资源作为空调冷热源进行夏季制冷与冬季供热。

本项目将屋面绿化与建筑视觉景观设计相融合，有利于减少热岛效应，同时具有容纳户外活动的功能。立面垂直绿化的设计可提高建筑周边的空气质量。采用雨水与中水的回收及循环再利用技术以节约水资源，建筑室内采用节水型器具，总节水量达到 22.95%。室外广场采用透水地面，既可减少降雨时的地面径流，又可使雨水渗入地下涵养水源。

H2 低碳示范楼优先选用可回收与可循环利用的建筑材料，既减少成本又节约能源。室内设计选用环保型材料，确保室内空气质量与使用者的健康。本项目作为示范性建筑，在理性地探索如何运用新材料、新技术达到技术与建筑形态的完美结合方面提供了新的设计思路。

3.4.2　新加坡 Green Mark 建筑可持续性评价体系

3.4.2.1　新加坡的政府政策

为提升建筑能效以应对气候变化，新加坡政府于 1979 年针对建筑能源性能制定了首版强制性建筑能源规范。1980 年，新加坡建设局颁布《建筑节能标准》推动建筑节能领域的发展。2005 年，制定围护结构综合传热系数 ETTV CP24：1999 建筑节能标准。同年，制定 Green Mark 绿色建筑标志计划，以此提升全社会对建筑环境影响的认识。此后，新加坡政府分别于 2006 年与 2009 年开展了第一次绿色建筑整体规划和第二次绿色建筑整体规划，为可持续建筑发展提供科研资金奖励，同时在立法、推广与培训等方面共同推进。

---

① 泰达 MSD 低碳示范楼虚拟展厅 http://www.ecoteda.org/flash_zt/dtl/.

除制定两次绿色建筑整体规划外，新加坡分 4 个阶段开展了新建建筑和既有建筑改造的立法工作，提出最低能源效率值及绿色标志认证级别要求等强制执行措施。此外，国会还通过了《建筑控制法案》（*Building Control Act*），提出建筑设计与建造需采取维护环境可持续性的相关措施。2008 年，新加坡建设局（Building and Construction Authority，BCA）对《建筑控制法案》进行提升，同时开始执行《建筑控制（环境可持续）条例》〔*Building Control (Environmental Sustainability) Regulations*〕，要求建筑面积超过 2000m^2 的新建建筑、加建建筑及重大改建建筑必须达到条例规定的最低环境可持续标准，相当于 Green Mark 的认证级要求。2009 年，为将具有经济效益的节能潜力最大化，新加坡政府在 BCA 第二次绿色建筑整体规划中宣布，在政府土地出售计划（Government Land Sales Programme，GLS）涵盖的用地范围内进行开发的建筑项目必须获得 Green Mark 超金级或白金级；政府既有建筑改造项目中安装空调系统的建筑面积若超过 10000m^2，必须在 2020 年之前达到 Green Mark 超金级，5000m^2 以上则必须达到白金级。

3.4.2.2　新加坡 Green Mark 建筑评价体系

1. Green Mark 评价体系的发展历程

为使新加坡建筑产业向环境友好型发展，提升建成环境的可持续性，新加坡国家发展部（Ministry of National Development）下的建设局 BCA 于 2005 年 1 月开始推行绿色建筑标志计划（Green Mark Scheme）。绿色建筑标志计划受新加坡国家环境局（National Environment Agency）资助，结合国际认可的环境性能标准，提供综合性框架对新建建筑与既有建筑的整体环境性能进行评价，对可持续建筑的设计、施工与运行过程进行提升，同时提高公众的节能环保意识。

为推行 Green Mark 评价体系，新加坡政府从 2006 年 12 月 15 日开始，开展了为期 3 年的"绿色建筑标志激励计划"（Green Mark Incentive Scheme，GMIS），包括"设计原型绿色标识激励计划"（GMIS-DP）和"既有建筑绿色标识激励计划"（GMIS-EB），为达到 Green Mark 金级及以上等级的开发商、建筑所有者、建筑设计师与机电工程师提供资金奖励。

2. Green Mark 评价体系的应用范围

Green Mark 评价体系的应用范围包括 3 类评价范围，即居住建筑、非居住建筑与其他类型（表 3-4-7）。

表 3-4-7　新加坡绿色建筑标志评价体系的应用范围

体系类型	分类及版本	具体评价范围
居住建筑	新建居住建筑 V4.1	新建的私人或公共的居住建筑
	既有居住建筑 V1.0	既有的私人或公共的居住建筑
非居住建筑	新建非居住建筑 V4.1	新建的办公建筑、商业建筑、工业建筑及公共建筑
	既有非居住建筑 V3.0	既有的商业建筑、工业建筑及公共建筑
其他类型	既有学校建筑 V1.0	除国际学校、大学及高等教育学校以外的学校建筑
	办公建筑室内 V1.1	办公建筑室内装修及维护
	基础设施 V1.0	大坝、道路、桥梁等基础设施
	区域 V2.0	居住区、工业或产业园区及商业区
	餐饮建筑 V1.0	餐饮建筑
	超市 V1.0	超市类建筑
	既有数据中心 V1.0	既有数据中心
	新建数据中心 V1.0	新建数据中心
	零售建筑 V1.0	零售建筑
	新建公园 V1.0	新建公园
	既有公园 V1.0	既有公园

资料来源：作者根据新加坡建设工程管理局 BCA 官方网站资料整理绘制

3. Green Mark 评价体系的认证流程

Green Mark 评价体系的评价过程包括项目申请、预评价、正式评价与实地验证。在向 BCA 提交申请表之后，BCA 的评价小组与项目方、建筑管理方在正式的评价审查之前召开预评价会议，使申请方对 Green Mark 有更清晰的认识，并提出对申请提交文件的相关要求。随后由 BCA 评价小组进行正式评价，验证相关报告及证明文件，确保建筑项目符合评价标准及认证级别的相关要求。正式评价完成之后，依据设计文件得到临时证书，并于项目运行后由专业评价人员对建筑进行实地考察与数据检测，确保建筑的实际性能与设计文件相一致，最终依据评价人员的审查结果颁发认证证书。

已经获得新加坡建设局"绿色建筑标志"认证的建筑要求每 3 年复核一次，以确保经过一段时期的运行后建筑仍然满足 Green Mark 的相关要求。新建建筑其后的审核会根据既有建筑的标准为评价依据。

4. Green Mark 评价体系的评价领域与条款设置

Green Mark 评价体系的评价领域包括节能（Energy Efficiency）、节水（Water Efficiency）、环境保护（Environmental Protection）、室内环境质量（Indoor

Environmental Quality）、其他绿色创新（Green Features and Innovation）5 类。评价体系的条款设置如表 3-4-8 所示。其中，Part 5 的创新措施包括真空垃圾收集体系、减少碳足迹的相关措施、混凝土使用指数（Concrete Usage Index，CUI）计算、围护结构自清洁系统、既有建筑结构的保留再利用等。

表 3-4-8　新加坡绿色建筑标志计划 Green Mark 评价领域与条款设置（新建非居住建筑）

评价领域	评价指标	分值设置
Part1：节能类	1-1：建筑围护结构的热性能	12 分
	1-2：建筑空调系统	30 分
	1-3：建筑围护结构的热参数设计	35 分
	1-4：自然通风 / 机械通风	20 分
	1-5：自然采光	6 分
	1-6：人工照明	12 分
	1-7：停车场通风	4 分
	1-8：公共区域通风	5 分
	1-9：电梯和自动扶梯	2 分
	1-10：建筑节能实践与设计要点	12 分
	1-11：可再生能源利用	20 分
Part2：节水类	2-1：鼓励使用有 WELS 节水标签的设施与装置	10 分
	2-2：用水采用分项计量，对泄漏进行检测与控制	2 分
	2-3：通过景观设计及灰水利用，减少饮用水灌溉	3 分
	2-4：减少用于冷却塔的饮用水用水量	2 分
Part3：环境保护类	3-1：可持续的建筑施工，鼓励回收再利用	10 分
	3-2：使用经过当地认证的可持续的产品	8 分
	3-3：场地的植物绿化，减少热岛效应	8 分
	3-4：建筑施工与运行期间的环境管理措施	7 分
	3-5：场地的绿色交通设计，减少车辆产生的污染	4 分
	3-6：制冷剂的选择与利用，减少对臭氧层的危害	2 分
	3-7：排入公共下水网前对场地暴雨水进行处理	3 分
Part4：室内环境质量类	4-1：维持稳定的建筑室内热舒状态	1 分
	4-2：使用空间的环境噪声等级符合标准规定	1 分
	4-3：减少室内空气污染物，提高室内环境健康度	2 分
	4-4：建筑通风系统设计提升室内空气质量（IAQ）	2 分
	4-5：采用高频镇流器，提升工作环境的照明质量	2 分
Part5：其他绿色特征	5-1：采用对环境有积极影响的创新措施	7 分
绿色建筑标志 Green Mark 总分		190 分

资料来源：作者根据新加坡建设工程管理局 BCA 官方网站资料整理绘制

5. Green Mark 评价体系的等级设置

Green Mark 体系居住建筑评价标准总分为 155 分，非居住建筑评价标准总分为 190 分。体系设有必须满足的强制性分值要求，以新建非居住建筑为例，节能领域所得分值必须达到 30 分（此部分满分 116 分），其他领域（节水、环境保护、室内环境质量及其他绿色特征）的所得分值必须达到 20 分（此部分满分 74 分），对有空调系统的建筑项目强制性分值要求涵盖所有认证级别，无空调系统的建筑强制性分值要求仅针对申请超金级与白金级的项目。

Green Mark 体系的评价条款采取直接得分与分级得分相结合，将逐项得分相加得到总分，申请项目依据评价条款的总分值确定认证等级。Green Mark 的认证等级分为 4 类：白金级（Platinum）、超金级（Gold Plus）、金级（Gold）和认证级（Certified），其分值范围与节能率要求如表 3-4-9 所示。

表 3-4-9　新加坡绿色建筑标志的认证等级、分值范围及对应等级的节能率

认证等级	分值范围	节能率
白金级	≥ 90 分	> 30%
超金级	≥ 85 分 < 90 分	25%～30%
金级	≥ 75 分 < 85 分	15%～25%
认证级	≥ 50 分 < 75 分	10%～15%

资料来源：作者根据相关资料整理绘制

6. Green Mark 评价体系的特点

Green Mark 评价体系由新加坡建设局进行开发与管理，重视对申请项目的实地考察与检测，确保项目运行效果符合设计预期；强调定量化的条款设置，条款基准数值设置明确，采用直接得分与分级得分结合的方式，操作性较强；要求绿色建筑的各相关主体包括开发商、施工单位、机械与电气顾问、建筑师等通过 ISO14000 认证。Green Mark 体系除节能类设置单独的最低分值外，其他 4 类设置总的最低分值要求，导致申请项目可能会偏重某一类要求而忽视其他标准。

7. Green Mark 评价体系的案例介绍——ZEB 零能耗建筑

新加坡建设局布莱德路园区内的零能耗建筑（Zero Energy Building，ZEB）是由厂房改建的政府办公楼。项目的建筑面积 4500m²，是新加坡首个零能耗建筑，获得新加坡绿色建筑标志 Green Mark 认证白金级。

新加坡作为自然资源极度缺乏的岛国，发展零能耗建筑具有重大的意义。ZEB 既是将零能耗技术应用到既有建筑中的实验项目，同时也是建筑节能与绿色建筑的研究基地。在 ZEB 接受测试的零能耗技术会对新加坡未来 20 年内的既有建筑节能改造产生重大影响。

为实现零能耗的最终目标，设计团队采用整体性设计方法（Integrated Design Approach），将被动式节能设计策略与主动式节能设计策略相结合，优先使用被动式设计方法，以主动式方法作为补充。建筑项目充分利用自然条件减少其自身所需能耗，例如减少建筑得热以及对自然采光与自然通风的充分利用。

为减少夏季进入建筑内部的热量以降低空调系统的制冷负荷，ZEB 的维护结构使用了 3 种不同类型的节能玻璃，设置普通双层玻璃作为参考对照，由研究人员对电致变色玻璃、光伏玻璃与双层玻璃单元（内设可调节遮阳百叶）的采光性能、遮阳性能、吸热性能以及对视野的影响进行监测与分析，运行后的测量数据可作为研究使用。

光导管、镜面管与遮阳板是 ZEB 自然采光设计的 3 项主要措施。光导管位于建筑屋面，内部设置可旋转的镜面装置，将自然光直接引入室内；镜面管通过外部的收集装置捕捉天顶光，自然光的收集过程不需要机械装置参与，通过导光设备射入室内屋面的水平反射板，建筑设置 3 种不同类型的镜面管以测试其反射率与采光效率；遮阳板表面涂有高反射镀层，在起到遮阳效果的同时可将太阳光反射入更深的建筑内部，减少人工照明需求。

由于热带地区的建筑超过 50% 的能耗用于空调系统，因此 ZEB 强调充分利用自然通风设计以减少空调负荷。PV 板与金属屋面板之间留有 300mm 空隙，随着热空气的上升其间产生负压区，当热量在空隙间流动时，通过天花板的通风孔使室内的热空气上升，热量最终由太阳能烟囱引出到室外。

ZEB 采用的主动式设计措施包括提高设备效率，对风扇、传感器与太阳能光电板的能源进行收集与转化；设置灯控感应装置对人工照明进行控制，还可根据自然采光水平调节照明强度；室内温度与通风量可根据使用者的需要自行调节；地板设置出风口为空间提供冷空气，冷空气变热后通过花板的通风孔排出室外；空调系统可监测室内 CO_2 浓度从而对通风率进行调节；使用节能灯具减少了建筑

26% 的照明能耗；绿色种植屋面与种植墙面减少了建筑的得热量。[①]

ZEB 的屋面及墙面共设置 1540m² 的太阳能 PV 板，与城市电网连接，每年可产生 207 000kW·h 的电力。太阳能 PV 板在产生电力的同时还能起到遮阳的作用。除为 ZEB 提供电能以外，剩余的发电量还可供 BCA 的其他建筑如游客中心使用，也可输入城市电网。

本项目显示了零能耗建筑在热带地区实现的可行性。项目的运行监测数据显示，建筑年度耗电量为 183MW·h，由可再生能源产生的电量为 203MW·h，每年可减少约 200t CO_2 排放。ZEB 与光伏发电结合的建筑系统，发电量可以实现预期的零能耗设计目标。

3.5　本章小结

依据地域区划与体系特征对国内外建筑可持续性及建筑环境性能相关的评价体系进行分析研究，研究内容包括评价体系的发展历程、应用范围、评价领域的确定、评价条款的选择、基准与权重的设置、评价体系的特征以及案例分析等方面，重点关注当地的地域特征、发展现状、设计理念、技术体系及建筑相关产业对本国和本地区建筑可持续性评价体系所产生的影响，同时研究不同国家的建筑可持续性评价体系对上述问题的解决策略。

---

① 资料来源：http://www.dpa.com.sg/projects/zero-energy-building/.

4 建筑可持续性评价体系综合分析

可持续发展是一种全新的发展战略，所涉及的研究范围包括环境资源、社会制度、思想观念、科学技术、经济与文化等领域，强调人类社会的长远利益。建筑可持续性是对建筑特定状态的描述，体现了建筑自身所具备的发展能力。建筑可持续性评价是指在特定的时间与空间范围内，对建筑实现可持续发展目标的能力进行判断，即建筑所能达到的可持续状态的程度。

建筑可持续发展两个主要驱动力为与建筑相关的法律政策、监管工具以及建筑可持续性评价体系。[①] 建筑可持续性评价体系的制定需求与理论基础各不相同，虽具有相同的价值负载，但其制定与提升均受到国家及地区的地域特征、国家政策、建筑法规、社会文化、技术体系与产业发展等因素的影响，具有不同的体系特征。

4.1 建筑可持续性评价体系的价值负载

可持续发展的定义是"既满足当代人的需要，又不对后代人满足其需要的能力构成危害的发展"。这一论述中包含 3 项义务：为后代留下满足其需要的自然资源与社会文化资本；保护并有效管理所有的环境资源，重视土地、水、空气、生物多样性；强调社会公平与公众参与，环境问题不受疆域限制，应在公平的基础上实现地区与全球资源共享，相关事务应通过公众参与信息公开的途径进行处理。[②]

可持续发展意味着公平与普惠式的发展模式，建筑可持续性评价的基本架构建立在可持续发展的理论基础之上，也相应承担起了对环境保护与社会发展的责

---

① Building Environmental Assessment Method for IRELAND, IGBC Exploratory Study UCD Energy Research Group—University College Dublin.

② 布赖恩·爱德华兹. 可持续性建筑 [M]. 北京：中国建筑工业出版社，2003.

任。建筑可持续性评价体系中的环境领域评价体现出对环境的调节功能、承载功能、生产功能和信息功能的保护与管理；社会领域评价体现在对社会发展趋势正确认知的基础上，提炼出衡量建筑在社会文化领域可持续发展的相关指标，强调建筑的社会责任以及文化理念的传承，提升区域发展和公众的环境保护意识，传递新的价值观与生活方式，体现社会公平。

将对环境和社会的关注融入建筑可持续性评价体系之中，充分反映不同气候区域、不同地域特征与发展现状、不同建筑体系与技术倾向以及不同社会文化类型的价值取向，是其价值负载的最直接体现。

4.2 建筑可持续性评价体系的特征研究

目前，有两种已获得国际广泛认可的针对建筑可持续性评价工具的分类方法，即 ATHENA Institute 的分类方法与国际能源署的分类方法。[①]

2000 年，ATHENA Institute 引入"评价工具类型学"（Assessment Tool Typology），将建筑可持续性评价工具分为 3 个层次：第一，产品比较与信息资源整合工具（Product Comparison Tools and Information Sources），对建筑材料的环境影响进行评价并给出建筑材料、产品及产品的环境性能概况，用于建筑产品采购阶段的辅助决策，如 BEES 与 TEAM；第二，整体建筑设计与决策辅助工具（Whole Building Design or Decision Support Tools），针对建筑能耗、通风设计、采光设计等某一方面进行计算机模拟分析或提供建筑全生命周期的环境负荷分析，为设计者提供可选择的技术策略，如 ATHENA，BEAT，Eco-Quantum，EQUER；第三，整体建筑评价框架与体系（Whole Building Assessment Frameworks or Systems），此类工具涵盖建筑评价的更多领域，包括一系列用于评价整体建筑性能的定量与定性指标，由专业评价人员完成评价过程，如 BREEAM，LEED，Eco-Effect，Eco-Profile，ESCALE。通常前两类多采用评价软件的形式，强调评价指标与分析数据的客观性，摒弃定性化的评价指标。因其基于大量的数据分析可为第三类整体性的建筑评价框架与体系提供数据基础。

---

① Appu Haapio, Pertti Viitaniemi. A Critical Review of Building Environmental Assessment Tools[J]. Environmental Impact Assessment Review, 2008（28）: 469-482.

2001 年，国际能源署 IEA Annex 31 依据与能源相关的建筑环境影响将评价工具分为 5 类：第一，能耗模拟软件（Energy Modelling Software）；第二，建筑环境的 LCA 评价工具（Environmental LCA Tools for Buildings），如 Eco-Effect，ESCALE，ATHENA，BEAT，Eco-Quantum，EQUER；第三，环境评价框架与分级体系（Environmental Assessment Frameworks and Rating Systems），如 BREEAM，LEED，Eco-Profile；第四，与建筑设计与管理相关的环境指导手册（Environmental Guidelines or Checklists for Design and Management of Buildings）；第五，环境产品声明、认证及标签（Environmental Product Declarations，Catalogues，Reference Information，Certifications and Labels）。其中，第一类与第二类为交互式工具，第三、四、五类为被动式工具。交互式工具可提供计算与评价方法，为使用者及决策者提供参考，并帮助其在可选择的范围内采取积极措施，对信息技术有较大的依赖性，被动式工具仅提供决策与最终结果，不与使用者产生交互作用。

本书对已有建筑可持续性评价体系的研究，其研究对象为 ATHENA Institute 的分类方法中的第三类整体建筑评价框架与体系。为实现建筑可持续性评价体系的普适性与可比性，出现了由国际组织如国际标准化组织 ISO、欧洲标准化委员会 CEN、欧洲可持续建筑联盟 SBA 等主导建立的建筑可持续性评价方法的通用框架，以及国际可持续建筑挑战 SBC 合作计划、卡斯卡迪亚地区 LBC 生态建筑挑战等可应用与认证实践的评价体系。除此之外，目前各国存在的建筑可持续性评价体系均依据各自的建立目的而制定，执行与更新多在本国或制定机构内部进行，因而在具备共性的同时也具有不同的体系特征。

4.2.1 建筑可持续性评价体系的关联分析

从首个建筑可持续性评价体系 BREEAM 颁布以来，其与随后诞生的 LEED 及 SBTool 一起为其后制定的评价体系提供了研究基础，其皆遵循对建筑的某项性能或局部特征进行评价后将其评价结果合计为最终分值或等级的制定思路。[①]

澳大利亚 Green Star 与新加坡 Green Mark 的体系结构与评价领域均借鉴 LEED 体系的制定模式，同时与各自国家的气候条件与法律规范相结合，包括室

---

① Mateus R, Braganca L. Sustainability assessment and rating of buildings: Developing the methodology SBToolPT—H[J]. Building&Environment, 2011, 46（10）: 1962–1971.

内环境质量、能源、水资源利用、建筑材料、交通、创新措施等评价项目。日本 CASBEE 借鉴 SBTool 的开发框架，荷兰的评价体系则是建立在英国 BREEAM 的基础之上，加拿大和意大利引入 LEED 评价体系，南非采用了澳大利亚 Green Star 体系，新西兰引入了澳大利亚的 NABERS 及 Green Star 体系，巴西正在使用中的评价体系为 LEED 与法国 HQE 体系。

此外，卡斯卡迪亚地区 LBC 评价体系则是建立在 LEED 体系已将可持续建筑的设计、施工、管理等方面的关键方法在世界范围内进行普及的基础之上，"是一种哲学观和宣传工具，引领设计朝向社会公平、文化丰富、生态环境恢复的方向转变"[①]。LBC 体系将社会维度与文化维度引入评价领域，旨在突破目前的方法限制，找到理想的可持续解决方案并将其研究尽可能地向前推进，尝试把建筑对生态环境造成的破坏转变为对生态环境作出贡献，在环境承载能力的范围内重塑人与生态环境之间的关系，以应对全球气候变化等环境挑战。

4.2.2　建筑可持续性评价体系的共性分析

目前，建筑可持续性评价体系的发展趋势已由侧重建筑的能源消耗（如 LEED 评价体系）、建筑材料的环境影响（LCA 全生命周期评价）以及建筑的环境性能评价（如 BREEAM 评价体系）转变为既强调建筑的环境性能表现，又将社会与文化发展以及经济领域评价纳入研究范畴（如 DGNB 评价体系、LBC 评价体系）。上述评价体系均具备以下共性：

第一，建筑可持续性评价体系具有各不相同的研究视角，但都具备共同的发展目标与领域类别。在以可持续为共同目标的前提下，现有评价体系都将场地、能源、水资源、建筑材料、室内环境质量等列为评价领域，重视场地潜力最优化，使用环境友好的建筑材料与建筑产品，确保建筑室内舒适度以及健康的室内环境的前提下最大程度减少能源消耗、保护水资源。

第二，建筑可持续性评价体系均重视自身的国际与地区适应性，现有评价体系都基于当地的气候环境、城市形态、标准规范、经济发展与社会文化现状而制定，同时也在开发可用于其他国家的体系版本。

第三，建筑可持续性评价体系具有开放性与协调性，同时具备透明度与灵活

---

① Living Building Challenge 2.1, A Visionary Path to a Restoration Future.

性，以适应不同类型的建筑与技术体系的发展，评价方法与评价依据对公众开放，能够协调环境要素、社会要素、经济要素与建筑之间的关系[①]。

第四，建筑可持续性评价体系具备在实践中获得提升的调节能力，评价体系的逐步提升主要体现在技术框架的不断完善、评价类型的持续扩展以及对新政策、新信息与新技术的及时反馈。

4.2.3 建筑可持续性评价体系的特性分析

自"可持续建筑"的概念诞生以来，可持续建筑由理念到实践逐步完善，形成了系统的评价方法。各国都期望建立适合本国气候、社会文化与发展现状的建筑可持续性评价体系，也体现出在发展可持续建筑时的不同策略。

欧洲的建筑可持续性评价体系以国际条约与各级政策法规（法案 Act、法规 Regulation、标准 Standard 等）所形成的法律体系为基础，从建筑能耗、建筑材料与产品、碳排放到建筑施工与建筑设备均有明确的标准要求，同时体现出对环境保护、资源利用以及社会文化与人文思想的重视；北美地区的政策体系以能源政策作为重点，充分实施建筑产品与设备的相关认证制度，可持续建筑的市场化与透明程度较高，评价体系成为推动建筑市场转型的重要工具；澳大利亚既有政府主导的 NABERS 评价体系，也有针对市场推广设立的 Green Star 评价体系；日本、新加坡等亚洲国家的建筑可持续性评价研究，以政府政策的推动为主要发展手段，国家政府通过法律法规、政策引导等方式对其进行推广。

4.2.3.1 理论基础

建筑可持续性评价体系的制定与研究具有不同的理论基础。LEED 体系与卡斯卡迪亚地区 LBC 评价体系以精明增长理论（Smart Growth）与新都市主义（New Urbanism）作为共同的理论基础。其内容为加强对现有社区的重建以减少城市的盲目扩张，重新开发废弃或污染的工业用地以节约基础设施和公共服务成本，城市建设相对集中，生活和就业单元尽量拉近距离，密集组团减少房屋建设和使用成本。LEED 评价体系对精明选址、节约用地以及建筑周边开发密度的要求、对

---

① Mateus R, Braganca L. Sustainability assessment and rating of buildings: Developing the methodology SBToolPT—H[J]. Building&Environment, 2011, 46（10）: 1962–1971.

以公共交通和步行为主的出行模式的提倡，LBC 评价体系对过度开发以及机动车使用的限制均反映出精明增长与新都市主义对其的影响。

欧洲的 LCA 全生命周期分析研究比北美地区更加深入，具有丰富而普遍的数据基础。欧洲的建筑可持续性评价体系均体现了 LCA 全生命周期环境影响的重要性，英国的 BREEAM 评价体系在建筑材料与产品的环境性能方面设置了更高权重；德国 DGNB 评价体系则要求对所有建筑构件的环境影响进行评价；法国 HQE 评价体系要求以 EPD 产品环境声明的形式提供建筑产品与建筑构件的全生命周期的信息。

日本的 CASBEE 体系的制定目标是最大化地提升使用者的健康，并尽可能减少对环境产生的影响。为了实现此目标，日本 CASBEE 体系依据资源效率的概念设置了严格的评价标准。在这一理论基础的影响下，CASBEE 体系不仅具备独特的结构特征，而且通过对建筑的质量与负荷的评价使最终结果达到平衡。

4.2.3.2 主导机构

现有的建筑可持续性评价体系主要由独立机构或政府机构主导（表 4-2-1）。独立机构包括非营利的学术机构，如各国的建筑研究院、绿色建筑委员会等；政府机构主导的建筑可持续性评价体系，其制定过程也包括与科研机构进行合作，同时以政府政策作为推动力对建筑可持续性评价体系的应用与更新过程进行推进。

表 4-2-1　现有建筑可持续性评价体系的主导机构

颁布时间	名称	主导机构
1990	英国建筑研究院环境评价方法 BREEAM	独立机构，市场主导
1996	法国高质量环境评价体系 HQE	独立机构，市场主导
1998	美国能源与环境设计先锋奖 LEED	独立机构，市场主导
2000	澳大利亚国家建成环境评价系统 NABERS	政府机构主导
2002	可持续建筑挑战 SBTool	独立机构，市场主导
2003	日本建筑物环境综合性能评价体系 CASBEE	政府机构主导
2003	澳大利亚绿色之星认证 Green Star	独立机构，市场主导
2005	新加坡绿色建筑标志评价体系 Green Mark	政府机构主导
2006	中国绿色建筑评价标准	政府机构主导
2006	德国可持续建筑 DGNB	独立机构，市场主导

颁布时间	名称	主导机构
2006	卡斯卡迪亚地区生态建筑挑战评价体系 LBC	独立机构，市场主导

资料来源：作者根据相关资料整理绘制

4.2.3.3 涵盖的建筑 LCA 全生命周期阶段

现有的建筑可持续性评价体系涵盖从建筑材料的生产阶段、规划设计阶段、施工阶段、运行阶段、拆除与处理阶段不同的 LCA 全生命周期阶段（表 4-2-2）。由于欧洲 LCA 全生命周期分析研究的深入，英国 BREEAM 评价体系和德国 DGNB 评价体系均为全生命周期评价。其中，BREEAM 对建筑全生命周期的环境冲击进行了深入研究，通过 UK Eco-points 的《产品采购指南》及 ENVEST 软件等工具，辅助建筑师进行建筑材料与建筑构件的选择，并对建筑全生命周期的环境影响进行评价。此外，LEED 评价体系最新版本 LEED V4 在建立国家范围数据库的基础上将材料全生命周期的环境产品声明列入评价标准，首次将建筑材料的生产阶段纳入评价范围。

表 4-2-2 本章涉及的评价体系涵盖的 LCA 全生命周期阶段

评价体系	全生命周期各阶段					
	建筑材料的生产阶段	规划阶段	设计阶段	施工阶段	运行维护阶段	拆除与处理阶段
英国 BREEAM	●	●	●	●	●	●
法国 HQE	●	●	●	●	●	
德国 DGNB	●	●	●	●	●	●
美国 LEED	●	●	●	●	●	
SBTool	●	●	●	●	●	
澳大利亚 Green Star		●	●	●	●	●
中国 ESGB		●	●	●	●	
日本 CASBEE		●	●	●	●	
新加坡 Green Mark			●	●	●	

资料来源：作者根据相关资料整理绘制

4.3　建筑可持续性评价体系的影响因素

4.3.1　地域特征与发展现状对建筑可持续性评价体系的影响

建筑可持续性评价体系的制定与发展均受到当地的气候特征、社会文化、法律法规、建筑标准及技术体系等因素的影响，应符合建筑所在地域的环境、社会、经济的发展阶段与发展现状。南非科学和工业研究会（CSIR）的 Jeremy Gibberd 认为："仅仅对建筑的可持续性进行评价而不考虑周围社会与环境的可持续性是没有任何意义的，如果当地的社会、经济、教育体系混乱，建筑是不是可持续就不那么重要了。"

建筑可持续性评价涉及的 6 项与地域特征及发展现状相关的影响因素包括以下几点[①]：

气候条件：包括温度、空气湿度、降雨量、日照时数、空调与采暖度日数等因素。

政府政策与城市发展现状：包括能源与碳排放政策、政府制定的相关建筑标准与设计规范、城市定位、公共交通的发展、保护规划、建筑产业发展现状等因素。

地区资源：包括土地资源、能源结构等因素。

地区环境：包括土质环境、水资源条件等因素。

地区经济：包括公用设施水电气价格、建筑造价等因素。

社会文化：包括社会公平、文化发展、传统传承、人的健康舒适与社会性基础设施，以及特定地域范围内的社会心理标准、社会意识与社会观念等因素。

除全球范围内均可适用的国际性通用评价框架外，现有评价体系均以具备地域适用性为发展目标，通过改变其依据的法律规范、调整评价领域、评价条款与权重设置、开发本地版本等方式，以适应当地的法律法规、建筑规范、气候环境、

---

① 尹杨，董靓. 绿色建筑评价在中国的实践及评价标准中的地域性指标研究 [J]. 建筑节能，2009（12）：38.

知识结构与经济文化现状，体现出地域特征与发展现状所涉及的各因素对其产生的影响。

4.3.1.1　标准规范的替换

建筑可持续性评价体系可通过改变其所依据的法律政策与建筑规范体现其国家或地区适应性。例如，加拿大 LEED NC 评价体系中的"能源与环境"评价条款，即以加拿大本国的国家级标准"国家建筑物能源示范法规"（Model National Energy Code of Canada for Buildings，MNECB）为评价依据，对建筑的节能性能进行评定；英国建筑研究院 BRE 也协助德国、荷兰、挪威、西班牙、瑞典和奥地利等国家创立了适于当地地域特征与发展现状的 BREEAM 评价版本。

4.3.1.2　评价领域的设置

建筑可持续性评价体系受国家与地区的地域特征与发展现状的影响，对不同评价领域的重视程度有所差异。欧洲的评价体系受国际条约与欧盟各级政策法规所形成的法律体系及强制性规范的影响，强调建筑材料的环境影响、公共卫生与污染控制、社会公平以及使用者的健康舒适；美国因其水资源充沛并且建筑多为独立住宅，因此 LEED 体系对水资源利用、室内隔声的关注程度相对较轻，同时设置"地域优先"评价领域，具体条款由 USGBC 区域委员会依据本地区的环境与地域特征分别设定；我国可开发土地资源紧缺，因此 ESGB 体系将"节地及土地利用"单独列为一类评价领域。

4.3.1.3　评价条款的设置

建筑可持续性评价体系中评价条款的设置也充分体现出其制定国家的特征与现状。英国因其潮湿的气候环境使 BREEAM 体系在能源领域的评价条款中规定"提供节约能源的方式对衣物进行干燥"；日本由于土地资源的贫乏导致在 CASBEE 体系中"土地使用"条款在总分中所占的分值远多于其他体系，同时要求建筑应体现出"当地特点、历史与文化的延续性"。

4.3.1.4　权重体系的设置

改变权重体系的设置也可体现地域特征与发展现状对建筑可持续性评价体系的影响。SBTool 评价工具的权重设定为准客观型（Quasi-objective）的可变权重体系，试图在科学的正确性与系统可用性之间取得平衡。可变权重体系的设定前提是假定某些条款在全球范围内都被认定是重要指标，其他指标则在不同地区具有不同的重要性等级，SBTool 评价工具通过权重的调整体现当地的地域特征与发展现状对其产生的影响。澳大利亚 Green Star 根据地区资源现状改变权重设置体现地域特征，每项条款的权重系数随地理位置不同而变化，反映出不同地域评价条款的重要性等级，例如饮用水在南澳比北部地区更加缺乏，因此南澳饮用水相关评价条款的权重数值比北部地区更高。

4.3.2 可持续建筑设计理念对建筑可持续性评价的影响

可持续发展框架的确立对建筑设计理念的发展产生了根本性的影响，可持续发展观念的普及与推广在建筑行业产生了新的设计模式与建筑语汇。[1] 根据可持续发展的原则，可持续建筑这一概念应涵盖环境领域、社会领域及经济领域。人们既要利用建筑技术的发展提升建筑环境质量，还要考虑建筑所担负的社会责任，重视可持续建筑对社会文化的长期影响。

"建筑的未来趋势是崇尚高质量、低能耗的可持续设计。"[2] 可持续的建筑设计是将环境、社会与经济三方面的议题进行整合，即在环境资源承载能力范围内，确保生态系统的完整性，同时利用绿色建筑技术，服务社会与经济的发展。"它是一种革命，是一种重新思考设计、施工和运营建筑的革命。"[3]

"可持续设计不是一种美学风格，不是一种建筑流派，不是维特鲁威倡导的美观加坚固的建筑产品，也不是工业革命以后由于人口迅速增长，现代建筑运动所推出的一种机器。可持续设计是一种环境保护的意识，是一种给未来留下更多资源和生存空间的意念。"[4]

19 世纪工业革命之前，机械系统与机械设备还未出现，能源与资源的消耗与恢复达到适度平衡状态，建筑融于自然以便获取依靠自然调节达到的居住舒适度，建筑设计则基于对复杂物理过程的经验积累。工业革命中动力装置的发明与现代

---

① 张国强，尚守平，徐峰，等. 集成化建筑设计 [M]. 北京：中国建筑工业出版社，2011.

② 安吉拉·布蕾蒂，柳青，韩苗. 英国皇家建筑师协会主席 Angela Brady 独家专访 [J]. 城市. 环境. 设计，2013，69（1-2）：162-163.

③ Barnett D L, Browning W D. A primer on Sustainable Building[M]. Rocky Mountain Institute, 1995.

④ 马薇，张宏伟. 美国绿色建筑理论与实践 [M]. 北京：中国建筑工业出版社，2012.

建筑技术尤其是空调与通风系统的出现，彻底改变了人类的居住环境与生活方式，人工密闭环境取代自然环境，在提高室内环境质量与舒适度的同时也产生了大量的能源消耗，而交通运输业的发展使建筑材料的获取范围更广，造成难以弥补的环境破坏。20 世纪 90 年代以来，对建筑的环境要求逐步提升。"建筑师的目标是将建筑在环境、社会与经济上的要求与设计方案结合，为使用者创造健康的建成环境。这是一项长期目标，要建立、收集、共享相关的知识与经验，具备适应快速发展的气候政策的可持续建筑设计技能。"[①]1993 年，国际建筑师协会 UIA 第十八次大会发布的《芝加哥宣言》中指出，符合可持续发展原理的设计需要对资源和能源的使用效率、对健康的影响、对材料的选择等方面进行综合思考。

可持续建筑设计理念与设计要素在建筑各相关行业的普及是建筑可持续性评价体系的发展基础（图 4-3-1），主要包括：地域性理念，强调本地区的气候与资源特征，重视对地方性和地域性的理解，延续地方性场所的文脉；社会公平理念，增强公众意识强调公众参与；低碳理念，减少不可再生能源的使用，提高能源效率，降低二氧化碳排放量；全生命周期理念，强调建筑在全生命周期的能源与资源的利用和对环境的影响；适宜技术理念，根据建筑的功能要求采用被动式生态策略与适宜技术；健康理念，强调使用者的健康与舒适性需求。上述理念均通过评价领域与评价条款的设置等方式体现在建筑可持续性评价体系中（表 4-3-1）。

表 4-3-1　可持续设计理念在建筑可持续性评价体系中的体现示例

地域性理念	LEED 体系根据不同地区的环境特征设置地域优先评价领域
	BREEAM 体系设置提供节能的衣物干燥方式等评价条款
社会公平理念	LBC 体系设置平等使用公共设施、无障碍设计确保社会公平等条款
低碳理念	BREEAM 体系设置减少 CO_2 排放、使用低碳与零碳技术等评价条款
全生命周期理念	DGNB 体系设置全生命周期的环境影响评价、全生命周期成本等条款
	CASBEE 体系设置计算全生命周期的 CO_2 排放等评价条款
	BREEAM 体系设置计算建筑全生命周期成本、建筑材料全生命周期环境影响等评价条款
适宜技术理念	SBTool 工具设置为建筑提供适宜的设备等评价条款
健康理念	HQE 体系设置选择对健康影响最小的建筑产品、确保健康的建筑室内环境等条款
	LBC 体系设置设计确保与自然接触、创造健康的室内环境等条款

资料来源：作者根据相关资料整理绘制

---

① Lynne Sullivan OBE. The RIBA Guide to Sustainability in Practice.

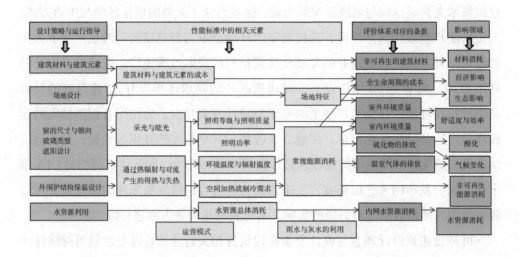

图 4-3-1　建筑设计要素与建筑可持续性评价体系要素之间的对应关系

资料来源：作者根据相关资料整理绘制

可持续建筑设计理念影响下的建筑可持续性评价体系通过一系列可持续指标及参数对可持续建筑的概念进行定义，也因此兼具评定等级及指导设计两项功能。评价体系设计指导功能的目标是发展系统化（Systematic）、整体性（Holistic）与实践性（Practical）的方法，将可持续目标转化为具体性能目标，以支持可持续建筑的设计过程，使可持续建筑在不同维度之间达成最适宜的平衡。[①]

LEED 评价体系强调可持续建筑的整合设计，强调建筑环境的可持续性必须以综合的整体性设计为出发点，建筑的所有组成部分彼此作用，设计中的所有元素互相影响。[②] 为此，LEED V4 新增加整合设计（Integrative Process）标准（图 4-3-2），要求在设计过程中融入所有专业领域，通过协同学、系统论等科学方法对设计要素进行统筹考虑并将其有效整合，使人们在改善生存环境过程中所需的资源与能源最小化。[③]

DGNB 评价体系强调项目前期的整合设计（Integral Planning）与设计过程的质量，其中"过程质量"这一评价领域要求对设计各阶段的目标设定与准备过程

①　Luís Bragança, Ricardo Mateus, Heli Koukkari.Building Sustainability Assessment. Sustainability, 2010（2）.

②　阿利斯泰尔·加思里.走向可持续建筑.a+u（建筑与都市中文版），2011（8）：8.

③　刘仲秋，孙勇.绿色生态建筑评估与实例 [M]. 北京：化学工业出版社，2013.

进行评价，包括项目前期的准备、设计阶段的整合流程、设计方法的优化分析与完整性评价以及招标阶段对可持续因素的考虑等。

SBTool 评价体系将设计指导与性能评价两种职能做明确区分，将已有的管理支持工具提升为设计与运营的指导工具，在 File B 中设置综合设计过程模块（Integrated Design Process，IDP）为设计师提供设计过程指导，IDP 中的参数与SBTool 得分不相关，但可为评价标准的基准分值的设置提供参考。[①]

HQE 评价体系通过环境管理系统（Environment Management System，EMS）将其 14 项生态目标进行程序化管理，使设计者和施工管理者在项目策划阶段，即对 HQE 评价体系的建筑可持续目标进行可行性研究、优化与分级，并以此为依据指导业主制订设计目标与实施计划，同时选择适宜的实施方法，便于在后续的建筑设计、施工与运营管理等各阶段进行贯彻。

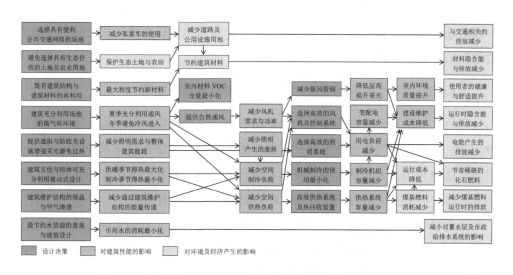

图 4-3-2　LEED 体系的整合设计方法

资料来源：作者根据相关资料整理绘制

4.3.3　可持续建筑技术体系对建筑可持续性评价的影响

可持续建筑的技术体系的发展遵循技术先进且适用的原则，从发展专项技术

---

① SBTool 2012 description.

转为完善集成技术。[①] 对建筑可持续性评价产生影响的技术体系包括：

4.3.3.1　基于当地传统的被动式设计方法与建造模式

被动式节能建筑通过建筑自身的空间形式、围护结构、建筑材料与构造设计来实现建筑节能的目的。2009 年，被动式建筑被部分欧洲国家确立为国家建筑标准并列入未来城市发展规划。各评价体系均将被动式设计作为减少建筑能源利用的基础条款。法国 HQE 评价体系在"建筑能源管理"中规定，建筑应通过生物气候学设计减少能源消耗，生物气候学方法包括外围护结构设计、采光与遮阳设计、通风设计等。外围护结构设计提升了建筑气密性与保温隔热性能；采光与遮阳设计满足建筑室内的采光要求，达到自然采光标准，避免眩光；通风设计确保自然通风的有效性，提供与空间功能对应的新风量，实现最佳的室内空气循环。日本 CASBEE 评价体系在"室内环境"中对围护结构性能、室内空间的采光系数、灯具的眩光控制、自然通风性能与通风量、建筑送风设计等被动式设计的基准参数均作出了详细规定。

4.3.3.2　可再生能源利用技术与计算机模拟技术的应用

可再生能源是全球能源体系的关键组成部分，对保障国家能源安全、提高环境质量、减少温室气体排放等起到重要作用。美国 LEED 评价体系中鼓励使用的可再生能源利用技术包括太阳能发电系统、风力发电系统、太阳能热水系统、生物质燃料发电系统、地热系统以及低环境影响的水力发电系统。

计算机模拟技术在建筑可持续性评价体系中得到了充分的重视与应用。美国 LEED 评价体系对建筑的能耗模拟和自然采光模拟进行了严格规定，其中"能源与大气"评价领域的能耗模拟依据美国国家标准学会 ANSI，美国采暖、制冷与空调工程师学会 ASHRAE 以及北美照明协会 IESNA 的相关标准，采用建筑性能分级评价方法对建筑的年度能源成本进行分析；"室内环境质量"评价领域的自然采光模拟要求建立建筑的采光模型，模型应体现出采光口的位置、尺寸与材质等相关参数，以及墙壁、顶棚和地面的反射系数，采光装置与遮阳装置的采光及防眩光效果等与自然采光有关的影响因素。

---

① 住房和城乡建设部科技与产业化发展中心，清华大学，中国建筑设计研究院 . 世界绿色建筑政策法规及评价体系 [M]. 北京：中国建筑工业出版社，2014.

4.3.3.3 新型技术体系与技术策略的逐渐发展与应用

英国规定于 2016 年和 2019 年，实现新建的居住建筑和新建的非居住建筑的"净零碳排放"（Net Zero Carbon），因此其在相关研究领域成果显著，并且已设计出具有引领性与代表性的低碳建筑与零碳建筑。BREEAM 体系将低碳与零碳技术（Low and Zero Carbon Technologies，LZC）的利用列入评价内容，规定由能源专家对建筑 LZC 技术进行可行性研究，研究内容包括确定地方规划中对土地利用及噪声的相关规定，选取最适合的 LZC 技术的能源来源，计算通过 LZC 技术每年所产生的能源总量、减少的碳排放量及其全生命周期成本，研究 LZC 体系输出热能与电能的可能性以及所能获得的财政补贴。

碳补偿机制作为解决温室气体减排的新策略也被纳入建筑可持续性评价体系中。美国 LEED 评价体系的最新版本 LEED V4 将碳补偿机制列入评价内容，以Green—e Climate Standard 为准则设置相关评价标准。

4.3.4 可持续建筑相关产业对建筑可持续性评价的影响

建筑研究与创新国际委员会 CIB 在《可持续建筑 21 世纪议程》中认为，要实现建筑的可持续发展，建筑相关产业是其中非常重要的研究领域，其中建筑材料产业更是建筑实现可持续发展的基础。1992 年，《21 世纪议程》确立了材料可持续发展的战略计划，制定了未来材料产业循环再生、协调共生、持续自然的发展原则。1994 年，联合国增设"可持续产品开发"工作组，国际标准化组织 ISO制定了可持续建筑材料的性能标准，发达国家也制定实施了建材产品环境标志认证制度。2002 年，迈克尔·布朗嘉特（Michael Braungart）与威廉·麦克唐纳（William McDonough）合著《从摇篮到摇篮：循环经济设计之探索》（Cradle to Cradle：Remaking the Way We Making Things），作者认为人类要从产品的设计阶段即开始研究产品的最终结局能否成为另一循环的开端，设计目标不是减少废弃物，而是将工业产品的废弃物变为有用的养料服务其他产品。"从摇篮到摇篮"的理论已发展为包括材料的绿色认证、材料创新与商业运作在内的新产业模式。①

建筑产业与国家及地区的产业传统、社会经济发展现状相关联，建筑材料产业的发展对建筑可持续性评价产生了重要影响。建筑可持续性评价中与建筑材料

---

① 刘仲秋，孙勇，等 . 绿色生态建筑评估与实例 [M]. 北京：化学工业出版社，2013.

产业相关的条款内容主要针对全生命周期的环境影响、建筑材料、产品与构件的来源与认证等方面。

欧洲建筑材料的全生命周期研究具有丰富的理论与数据基础，在国际 LCA 研究进程中起到引领者的作用，欧盟 EuP/ErP 指令建议提供产品全生命周期的生态档案报告（Ecological Profile），还通过专门机构欧洲生命周期评价开发促进会 SPOLD 对其进行推动。在此基础上，欧洲各国的建筑可持续性评价体系均制定了严格的建筑材料生命周期环境影响评价条款。英国 BREEAM 体系依据英国建筑研究院环境概况方法（BRE Environmental Profiles Methodology）的标准，要求根据全生命周期评价方法出具建筑材料的环境报告（Environmental Profiles），建立材料数据库对 1500 多种材料及产品环境影响量化分析，选用不同等级材料的得分不同，同时为建筑材料提供"负责任的来源认证"。德国 DGNB 体系要求使用获得森林管理委员会 FSC 与"森林认证认可计划"PEFC 认证的木材并提供建筑材料的 EPD 环境声明。

美国 LEED 体系 V4 版对建筑材料部分作出更加严格的规定，要求提供：建筑产品的 EPD 环境声明，规定除可提供得到普遍认可的 3 类环境声明外，还增加第 4 类即获得 USGBC 批准的环境报告，以此为新技术与新理念的发展与应用提供市场推动力；在全球报告倡议组织 GRI 的标准框架下产生的企业可持续报告，包括土地利用、原料提取与产品生产制造的环境影响及其应承担的社会责任；包含建筑材料的构成成分的 HPD 健康产品声明，要求对每种成分的危害性进行详细说明。此外，LEED 体系还对使用生物基质原材料（Bio-based Raw Materials）建筑产品的项目进行奖励，项目需提供相关材料的环境性能认证如木材的 FSC 认证、非木材类建筑材料的可持续农业（Sustainable Agriculture Network，SAN）认证等，强调生物基质原材料的生长与收获过程。澳大利亚 Green Star 体系与新加坡 Green Mark 体系也按照全生命周期理念设置了针对建筑材料评价的相关条款，如可再循环、可再利用材料及本地材料的应用，建筑垃圾的回收处置等。

在我国，根据国家统计局发布的 2010 年建材行业企业规模的统计数据，小型建筑材料企业占全部建材企业比重的 93.52%，建筑材料产业每年消耗各种矿产资源约 70 亿 t，居全国各工业部门的首位。[①]

---

① 蒋荃. 绿色建材：评价·认证 [M]. 北京：化学工业出版社，2012.

4.4　建筑可持续性评价体系与城市评价

国际气候变化专家小组的调查结果表明，城市人口数量占世界人口总数的一半，消耗了世界能源总量的 65%，同时产生了占世界总量 65% 以上的温室气体排放。[①] 城市是应对气候变化的关键地区，因此应从宏观的研究范围对建筑的可持续性进行把握，即从区域发展规划、建筑与所在城市及城市文化背景的内在关系、建筑对区域经济及周边发展的影响着手，进行局部与整体之间的对话与探讨。

与单体建筑的可持续性相比，建筑与所处环境以及建筑与可持续发展的城市之间的关系对生态环境有更重大的影响。多米尼克·高辛·米勒认为，"可持续发展的建筑只有放在基于可持续发展的城市规划原则的背景中才能真正有效"[②]。因此，应将建筑层级的可持续性评价与社区层级、城市层级的可持续性评价纳入统一的理论体系和研究框架中，确保其与当地土地利用政策、城市规划方案和区域可持续发展政策保持一致。

城市的可持续性因素在建筑可持续性评价体系中的体现包括地区的可持续发展政策、区域能源规划、资源保护、土地政策、发展结构、基础设施建设等内容。德国 DGNB、日本 CASBEE、美国 LEED 等评价体系均包含有与城市、社区相关的评价工具。

4.4.1　日本 CASBEE 评价体系中的城市评价

为评价由日本区域振兴局（Japanese Regional Revitalization Bureau）设立的 13 个生态示范城市（Eco Model Cities，EMC）的环境政策和可持续规划实施的实际效果，日本可持续建筑联合会以 CASBEE 评价体系的理论框架为基础，针对城市层面的可持续性评价开发了 CASBEE–City 评价工具。

CASBEE 城市评价与 CASBEE 建筑评价相同，通过引入建成环境效率的概念 BEE（BEE=Q/L）对城市的环境性能进行评价。为便于数据收集和资料统计，

---

① 　W. Cecil Steward&Sharon B. Kuska.Sustainometrics: Measuring Sustainability.

② 　多米尼克·高辛·米勒. 可持续发展的建筑和城市化——概念·技术·实例 [M]. 北京：中国建筑工业出版社，2008.

日本可持续建筑联合会将目标城市的行政边界设为 CASBEE-City 评价的假想边界，城市环境质量 Q 定义为假想封闭空间内环境、社会与经济现状及市民生活质量的提高，城市环境负荷 L 定义为假想封闭空间对周边环境的影响。CASBEE-City 中的城市环境质量 Q 涵盖环境、社会与经济三大领域，评价条款分为 3 个大项、10 个小项和 20 个子项；城市的环境负荷 L 以温室气体排放量作为衡量标准，将温室气体排放转换为年度二氧化碳人均排放当量进行计算，评价条款分为 2 个大项和 5 个中项（表 4-4-1）。

表 4-4-1　CASBEE 城市评价中城市环境质量 Q 与城市环境负荷 L 的评价条款

	大项（3 项）	小项（10 项）	子项（20 项）
城市环境质量 Q	Q1: 环境	Q1.1: 自然保护	绿地率
		Q1.2: 本地环境品质 水的质量	空气质量
		Q1.3: 资源回收	
		Q1.4: CO_2 吸收	
	Q2: 社会	Q2.1: 居住环境 交通安全 犯罪预防 防灾准备	优等的住宅质量
		Q2.2: 社会服务 文化 医疗 托幼 养老	教育
		Q2.3: 社会活力 死亡率 移民比例	出生率
	Q3: 经济	Q3.1: 产业活力	地区生产总值
		Q3.2: 财政活力 地方债务	税收
		Q3.3: 排放交易	

	大项（2项）		中项（5项）
城市环境负荷 L	L1：能源相关来源的 CO_2 排放		工业来源的 CO_2 排放
		居住来源的 CO_2 排放	
		商业来源的 CO_2 排放	
		交通来源的 CO_2 排放	
	L2：非能源来源的 CO_2 排放	废物处理与其他	

资料来源：作者根据相关资料整理绘制

CASBEE—City 用于对城市环境性能以及城市环境政策的时效性进行评价，还可进行采取改进措施后的环境质量和环境负荷的未来预测，明确环境、社会和经济性能的提升路径，并将上述内容用图表进行直观表达，有助于城市管理者完善城市的环境政策。CASBEE—City 中提出的提升城市环境性能的解决方案包括积极改造老旧住宅、提高能源使用效率、建立能源管理系统、根据当地资源现状积极利用可再生能源、改善交通管理与道路安全、积极推广公共交通等，与建筑可持续性评价的思想理念与措施保持一致。

4.4.2 德国 DGNB 评价体系中的城市评价

DGNB 城市评价（Urban District）的目标是在减少全生命周期能源消耗与碳排放的前提下，在边界范围内满足城市的使用者对教育、休闲、医疗等方面的需求，提升公共空间的安全与便利程度。德国 DGNB 评价体系中城市评价与建筑评价核心评价标准的对应如表 4-4-2 所示。

通过 DGNB 城市评价与建筑评价核心标准的设置对比可以看出，DGNB 建筑可持续性评价已将城市层面的可持续发展问题纳入研究范围，包括：城市区域的气候变化对建筑可持续设计产生的影响，生物多样性以及与栖息地的互连对建筑选址与场地设计产生的影响，城市公共区域评价对建筑周边绿化空间与开敞空间设置的影响，城市基础设施评价包括实现不同交通模式的道路分隔、提升公共交通利用率、鼓励步行与自行车等出行模式、停车空间的自动化管理、高效的废弃物管理模式等，区域能源消耗计算如热、电、水等的消耗，社会与功能性的评价包括城市发展规划对建筑的影响等。

表 4-4-2　DGNB 评价体系城市评价与建筑评价的核心评价标准

	DGNB 城市核心评价标准	DGNB 建筑核心评价标准
生态质量	全生命周期评价	全生命周期评价
	城市区域的气候变化	建筑对当地环境的影响
	对可能产生的环境影响的考虑	环境友好型的材料产品
	常规能源与可再生能源的需求	建筑的常规能源需求
	土地的利用	土地的利用
	水资源与土地资源保护	饮用水需求及污水处理
	生物多样化及相互作用	
	节能型的发展结构	
	基础设施的资源消耗	
经济质量	全生命周期成本	建筑的全生命周期成本
	受财政影响的市政设施	第三方使用的可能性
	空间的有效利用	
社会与功能质量	公共区域开敞空间的质量	室外空间质量
	无障碍设计	无障碍设计
	与公共艺术相结合	与公共艺术相结合
	城市发展规划的适应性	功能的适应性与可变性
	噪声防护	声环境舒适度
	开敞空间的比例	通过竞赛提升设计与规划质量
	社会与功能的多样化	使用者对建筑的控制能力
	客观与主观的安全性	建筑面积的有效利用
	居住的灵活性与发展结构	公共空间可达性
	城市规划设计	安全性及事故风险
	既有建筑的利用	自行车设施的便利程度
	基础设施与劳动力	冬季与夏季的热环境舒适度
		室内空气质量
		声环境与视觉舒适度
		场地特征
技术质量	基础设施的拆除、分类与循环利用	易于拆除与循环利用
	维护，服务与清洁	易于清洗和维护
	废弃物管理措施	室内隔声设计
	雨水管理措施	建筑维护结构的热量与湿度控制
	IT 与通信基础设施	建筑技术体系的后备容量
	能源技术的利用	火灾预防
	交通系统的质量	防冰雹、暴雨与洪水的能力
	道路基础设施的质量	污染控制
	公共交通基础设施的质量	噪声与电磁污染
	自行车基础设施的质量	
	行人基础设施的质量	
过程质量	招标阶段的设计概念	招标阶段对可持续因素的考虑
	整合规划	整合规划
	施工场地及施工过程的环境影响	施工场地及施工过程的环境影响
	质量控制与监测	施工过程的质量保障
	公众的参与	综合性的项目定义
	社区的参与	综合性的建筑设计
	市场发展	系统调试与运行
	过程控制质量	

	DGNB 城市核心评价标准	DGNB 建筑核心评价标准
场地质量	作为 1 项评价标准进行整合	场地微环境风险
		与场地微环境的关系
		场地与小区的公共形象与现状
		交通系统的可达性
		特殊设施的可达性
		公共设施的连通性
	注：DGNB 城市与建筑核心评价标准中相同的条款设置	

资料来源：作者根据 DGNB 官方网站相关资料整理绘制

4.5　本章小结

本章从宏观层面对建筑可持续性评价体系进行综合研究，对可持续内涵下的价值负载、体系特征包括现有各评价体系之间的关联性、共性与特性进行分析，对建筑可持续性评价体系的影响因素包括地域特征与发展现状、设计理念、技术体系、相关产业等进行探讨。同时，以日本 CASBEE 评价体系和德国 DGNB 评价体系为例，研究建筑可持续性评价体系中的城市评价与建筑评价的关联以及城市的可持续性因素在建筑可持续性评价中的体现。

5 建筑可持续性评价体系专项分析

通过前面章节对国际通用的可持续建筑评价框架以及国际层面与国家层面的建筑可持续性评价体系的研究分析，环境领域、社会领域与经济领域是建筑可持续性评价所需涵盖的评价领域。此外，建筑可持续性评价需要稳定的国家与地区的政策环境，国家制定的相关政策法规是建筑可持续发展的重要驱动力，因此本章从环境领域、社会领域、经济领域与政策领域（表 5-1-1）出发，在现有的建筑可持续性评价体系中选取具有代表性的评价体系进行专项分析。

表 5-1-1 环境领域、社会领域、经济领域、政策领域关键指标专项分析

4 类领域	建筑可持续性评价体系	
环境领域	建筑能耗指标	英国 BREEAM 评价体系
		美国 LEED 评价体系
		日本 CASBEE 评价体系
		新加坡 Green Mark 评价体系
	建筑碳排放指标	日本 CASBEE 评价体系
		澳大利亚 Green Star 认证
	建筑材料的环境影响指标	英国 BREEAM 评价体系
		美国 LEED 评价体系
		德国 DGNB 评价体系
		新加坡 Green Mark 评价体系
社会领域	德国 DGNB 评价体系	
	LBC 评价体系	
经济领域	英国 BREEAM 评价体系	
	德国 DGNB 评价体系	
政策领域	国际可持续挑战 SBC 合作计划、法国 HQE 评价体系	

资料来源：作者自制

5.1 建筑可持续性评价体系环境领域的关键条款与基准设置

5.1.1 建筑能耗指标与基准值的设置

建筑可持续性评价体系中的能耗评价通过设置的定量化指标来衡量建筑的节能性能，在现有评价体系中均占有较大比重（表 5-1-2）。现有建筑可持续性评价体系与建筑能耗相关的指标参数分为 3 种：对各能耗系统的性能进行设定，如新加坡 Green Mark 中的围护结构综合传热值 ETTV（Overall Thermal Transfer Value），日本 CASBEE 体系中的全年负荷系数 PAL（Perimeter Annual Load）、空调系统综合评价指标 CEC（Co-efficient of Energy Consumption for Air Conditioning）等；建筑能耗综合性能指标，以建筑的能耗模拟结果或实际运行能耗数据为标准，如美国的 LEED 体系等；将能源性能与碳排放结合创建新的性能参数，如英国 BREEAM 体系的建筑能源性能比率值 EPRNC 等。

表 5-1-2　建筑可持续性评价体系中能源指标的比重与分值

评价体系	评价领域	所占比重 / 分值	总比重 / 总分值
英国 BREEAM	能源	19%	100%
SBTool	能源消耗	13%	100%
澳大利亚 Green Star	能源	25%	100%
美国 LEED	能源与大气	33 分	110 分
新加坡 Green Mark	节能类	116 分	190 分

资料来源：作者根据相关资料整理绘制

5.1.1.1 英国 BREEAM 评价体系建筑能耗的规定与计算方法

BREEAM 评价体系能源领域的各项评价条款包括：Ene01，减少 CO_2 排放；Ene02，能源利用的分项计量；Ene03，场地的室外照明设计；Ene04，低碳或零碳建筑技术；Ene05，制冷系统节能；Ene06，交通系统节能；Ene07，实验空间节能；Ene08，设备节能；Ene09，采用节能方式进行衣物干燥。

BREEAM 体系能源评价领域与建筑能耗相关最重要的评价条款为 Ene01 减少 CO_2 排放（Reduction of CO_2 Emissions），目标是使建筑具有最低的运行能源需求、最低的实际能源消耗以及最少的 CO_2 排放。BREEAM Ene01 利用建筑的能源性能比率 EPRNC（Energy Performance Ratio）来评价建筑的能源性能。EPRNC 是 BREEAM 体系中独有的建筑能源性能衡量标准，利用获得认可的建筑能耗计算软件的 3 项输出数据即建筑的供热与制冷能源需求、建筑的能源消耗以及建筑 CO_2 排放量为计算基础，将其数值输入 BREEAM Ene01 Calculator 工具中进行评价项目 EPRNC 值的计算，将项目 EPRNC 值的计算结果与评分表中的 EPRNC 基准值（表 5-1-3）进行比较得出 BREEAM Ene 01 条款的相应分值。

表 5-1-3　BREEAM NC 2011 Ene01 得分标准与基准设置

BREEAM Ene01 对应分值	EPRNC 基准值	需满足的要求
1 分	0.05	要逐步进行性能提升，优于建筑规程（Building Regulations）中目标排放率 TERa（Target Emission Rate）的设定值
2 分	0.15	
3 分	0.25	
4 分	0.35	
5 分	0.45	
6 分	0.55	
7 分	0.59	BREEAM 优秀等级（Excellent）要求 EPRNC 计算中的 CO_2 参数达到 0.22，相当于 TER 值提升 25%
8 分	0.63	
9 分	0.67	
10 分	0.72	BREEAM 杰出等级（Outstanding）要求 EPRNC 计算中的 CO_2 参数达到 0.30，相当于 TER 值提升 40%
11 分	0.75	
12 分	0.79	
13 分	0.83	
14 分	0.87	
15 分	0.90	要求 EPRNC 计算中的 CO_2 参数达到 0.38，相当于 TER 值提升 100%

　　资料来源：作者根据 BREEAM 官方网站资料 BREEAM New Construction Non-Domestic Building TechnicalManual SD5073-1.0:2011 整理绘制

① BREEAM 体系中 TER 值的计算应符合国家计算方法（National Calculation Methodology, NCM）以及简化建筑能耗模型（The Simplified Building Energy Model, SBEM）中的相关要求，NCM 与 SBEM 均与 EPBD 建筑能源性能指令中的标准相一致。TER 是建筑规程中新建建筑的最小能源性能要求，表示每年每平方米建筑面积的 CO_2 排放量，单位为 $kgCO_2/(m^2 \cdot a)$。

1. 模拟软件选取

BREEAM Ene01 评价条款中 3 项输出数据的计算需使用获得审核认可的建筑能源计算软件，即可用其证明申请项目是否符合建筑规程（Building Regulations）和建筑能源性能指令（Energy Performance of Buildings Directive，EPBD）中的节能和碳排放要求。获得审核认可的软件包括简化建筑能耗模型 SBEM（The Simplified Building Energy Model）及其界面 SBEM 和其他被政府部分认可的第三方软件。SBEM 软件由 BRE SBEM 开发，基于建筑形体设计、建造、运行、HVAC 系统及照明设备的相关数据，计算申请建筑（居住建筑除外）逐月的能耗值与 CO_2 排放值。

2. 建筑的系统设定

BREEAM Ene01 将软件模拟时的建筑能耗分为可控能耗（Regulated Energy）与不可控能耗（Unregulated Energy）。可控能耗是指由固定的建筑服务系统（Fixed building service）产生的能耗，固定服务系统包括固定的室内外照明系统，不包括应急照明；供热、热水系统，空调与机械通风系统。不可控能耗是指建筑规程中未对其设置要求，由不可控的建筑系统或过程产生的建筑能耗，如作为建筑运行系统的电梯系统、冷冻系统、排烟管道；或与建筑运行相关的设备产生的能耗，如服务器、打印机、工作台、移动的通风设备等。

3. EPRNC 值的计算过程

BREEAM Ene01 评价条款中关于建筑能源性能的 3 项输出数据为：建筑的供热与制冷能源需求（MJ/m^2），衡量建筑减少供热与制冷的能源需求的能力，影响因素包括建筑热损失与空气渗透率等；建筑的能源消耗（$kW \cdot h/m^2$），衡量建筑满足其能源需求的能力，影响因素包括建筑服务系统如供热、制冷、通风、热水系统的类型与效率等；建筑的 CO_2 排放量（$kg\,CO_2/m^2$），衡量建筑的 CO_2 排放量，影响因素包括围护结构性能、建筑系统的效率与能源来源等。将以上 3 项输出数据通过 BREEAM Ene01 Calculator 转化成取值范围为 0～1 的性能比率后乘以各自权重（表 5-1-4）并进行加和，得出评价项目的最终 EPRNC 值。

表 5-1-4　BREEAM Ene01 EPRNC 计算时 3 项性能参数的权重设置

3 项性能参数（输出数据）	权重
建筑的能源需求	0.28
建筑的能源消耗	0.34
建筑的 CO_2 排放量	0.38

资料来源：作者根据 BREEAM 官方网站相关资料整理绘制

5.1.1.2　美国 LEED 评价体系建筑能耗的规定与计算方法

美国推出建筑节能认证制度，成为本国建筑可持续性评价体系能耗相关指标及基准值设定的基础。1992 年，美国环境保护署推出能源之星认证标准。1996 年，美国能源部与环保署达成共识，将能源之星的认证范围进行扩展，除对家电、办公设备、供热制冷设备、照明产品的节能性能进行认证之外，还包括新建住宅、商业及工业建筑的整体节能性能。美国能源之星认证采用严格的评价模式，确保统计数据的准确性和完整性，在确认建筑关键能源使用因素的基础上创建能源数据统计模型，并在建筑实际运行时对模型进行测试。根据提供的建筑详细资料包括地理位置、设计信息、使用者人数、供暖制冷设备等，计算建筑在最佳表现、最差表现与一般表现时的能源消耗，同时根据建筑实际的运行能耗对建筑能源性能进行打分。

在能源之星认证已获得广泛应用的基础上，LEED NC V4 评价体系中与建筑能耗有关的评价条款包括：EAP1，建筑能源系统的基础调试；EAP2，符合建筑节能的最低要求；EAP3，建筑层面的能源计量；EAP4，制冷剂使用的基础管理；EAC1，建筑能源系统的高级调试；EAC2，建筑能源性能最优化；EAC3，增强能源计量；EAC4，能源的需求响应；EAC5，可再生能源生产；EAC6，增强制冷剂管理；EAC7，绿色电力与碳补偿。

LEED NC 中提供 3 种建筑能耗评价方法：建筑整体能耗模拟方法，通过软件模拟计算建筑全年的能源消耗并将其换算为能源成本，与基准建筑进行比较计算出能源成本的减少比例；针对小型建筑，符合 ASHRAE "Advanced Energy Design Guide" 的要求；针对小型建筑，符合 NBI "Advanced Buildings Core Performance Guide" 的要求。其中，得到最广泛应用的第 1 种评价方法，依据美国国家标准学会 ANSI，美国采暖、制冷与空调工程师学会 ASHRAE 以及北美照明协会

IESNA 的相关标准，按照 ASHRAE 附录 G 中的要求，采用建筑性能评价分级方法（Performance Rating Method），使用能耗模拟软件对参考建筑和认证建筑进行能耗模拟，在模拟结果的基础上对建筑的年度能源成本进行分析，计算得出设计方案对比参考建筑能源成本的减少比例。"参考建筑除围护结构、暖通空调系统、热水系统、照明系统等方面进行标准化设置外，其他参数如气候特征、设计参数（层数、面积、空间划分等）、建筑负荷、空调区域的布局与温湿度要求、照明区域的分类与设定、运行日程的设置等与认证建筑一致"[①]。能耗模拟所需的基本参数如（表5-1-5）所示。

表 5-1-5   LEED 评价体系建筑能耗模拟所需参数

建筑系统	所含元素	相关参数
建筑围护结构	外墙、屋面与楼面性能	外墙、屋面与楼面的传热系数 U 值，屋面的反射系数
	门窗布局及外窗性能	外窗传热系数 U 值，外窗的太阳得热系数 SHGC 值，空气渗透率
	遮阳装置	遮阳系数 SC
HVAC 系统（采暖、通风与空调系统）	系统负荷计算	
	设备类型及设备效率	
	系统控制	
	竣工要求	系统调试、出具手册
热水系统	负荷计算	
	系统效率	
	管路保温	
	控制系统	
	热回收系统	
照明系统	照明控制系统	照明自动控制、使用者控制、程序控制
	外部区域照明	照明功率密度值 LPD
	内部空间及工作面照明	照明功率密度值 LPD
其他用电系统	办公耗电设备、电梯与扶梯、厨房电器等	

资料来源：作者根据 ASHRAE 90.1-2007 及 USGBC 官方网站资料整理绘制

---

① 杨利明 . 绿色建筑能耗评价方法及能耗降低新技术探讨 [J]. 制冷技术，2012，32（2）：45.

ASHRAE 对能耗模拟软件的要求包括：可计算每年 8760 个小时逐时的建筑能耗变化、设定空调系统的工作日和节假日、可处理 10 个以上的空调分区、体现建筑设备的部分符合性能等。[①]

LEED 体系中能够提升建筑能源性能的基本策略：充分利用场地内的自然资源减少建筑能耗，如利用自然采光降低照明能耗、利用自然通风降低制冷能耗、利用太阳辐射降低采暖能耗；优先使用被动式设计方法进行建筑形式与朝向的优化，通过提升外围护结构性能减少内部负荷；提升建筑照明系统与 HVAC 系统的效率以减少能源需求；充分利用可再生能源包括太阳能、风能、地热能，以及对环境影响相对较小的水力发电、生物质能、生物沼气等；通过废气余热回收系统、灰水热回收系统实现废弃能源的再利用。

5.1.1.3　日本 CASBEE 体系建筑能耗的规定与计算方法

1980 年，日本以《节能法》为基础确立了建筑的节能标准。CASBEE 体系的能源评价基于《节能法》和《住宅质量保证法》得出应用的方法，除全年负荷系数 PAL 与 CEC 两项定量化指标已在性能标准中得到应用之外，点值系统与简化版本的使用已经被列入 CASBEE 相关评价条款。CASBEE 作为综合性的评价框架同时也包含了新型的节能措施，如自然能源与未开发能源的有效利用、引入建筑能源管理系统 BEMS 以及优化建筑运行效率等。此外，2010 版 CASBEE NC 也可用作贴标签工具，如零能耗建筑（zero energy buildings）、零能耗住宅（zero energy houses）、全生命周期减碳住宅（Life cycle carbon minus houses，LCCM）等。[②]

CASBEE 评价体系中与建筑能耗有关的评价条款如表 5-1-6 所示。

表 5-1-6　CASBEE NC 2010 与能源有关的评价条款

指标大类	一级指标	二级指标
LR-1：能源	1：建筑热负荷	
	2：自然能源的有效利用	2.1：自然能源的直接利用
		2.2：可再生能源的转化利用
	3：建筑服务系统的效率	

---

① ANSI/ASHRAE/IES Standard 90.1—2010, Energy Standard for Buildings Except Low—Rise Residential Buildings, I—P Edition[S]. 2010.

② CASBEE 官方网站 CASBEE for New Construction Technical Manual（2010 Edition）.

指标大类	一级指标	二级指标
LR-1：能源	4：运行效率	4.1：监控
		4.2：运行与管理系统

资料来源：CASBEE 官方网站 CASBEE for New Construction Technical Manual（2010 Edition）

"建筑热负荷"条款对提升或降低建筑得热或热损失相关措施的效果进行评价。其中，住宅类建筑依据日本《住宅质量保证法》中的节能等级进行评价；非住宅类建筑参考《节能法》进行评价，使用两种评价方法：第一，依据性能标准评价，与参考建筑的全年负荷系数值（Perimeter Annual Load，PAL）进行对比并计算其减少率；第二，依据描述性标准进行评价，依据被评价建筑在标准或简化评分系统中获得的点值进行评价。其基准设置如表 5-1-7 所示。

全年负荷系数 PAL 是指建筑的全年热负荷 / 建筑面积，CASBEE 对综合能耗的计算公式为：PAL 减少率 =（PAL 参考值 –PAL 计算值）/ PAL 参考值 ×100%。其中，建筑类型 Level 1–5 级的划分在《5-1 节能对策等级》中作出了详细规定。

本项条款的实现措施包括通过建筑体形设计、核心区布置等场地规划措施减少建筑热负荷；建筑墙体、屋面等保温材料的选择与施工方法；采用遮阳百叶等可根据不同季节太阳高度进行调节的遮阳措施；采用多层玻璃、中空窗、双层幕墙等措施。

表 5-1-7　CASBEE LR-1 能源评价中建筑热负荷条款的基准设置

建筑类型	性能标准（PAL 值）	描述性标准（点值）建筑面积 ≥ 5000m²	描述性标准（点值）建筑面积 ≤ 2000m²
Leve 1	PAL 减少率 ≤ –0.5%	点值 <100	点值 <100
Leve 2	PAL 减少率 =0%	100 ≤点值 <115	100 ≤点值 <115
Leve 3	PAL 减少率 =5%	115 ≤点值 <140	点值 ≥ 115
Leve 4	PAL 减少率 =15%	点值 ≥ 140	—
Leve 5	PAL 减少率 ≥ 35%	—	—

资料来源：CASBEE 官方网站 CASBEE for New Construction Technical Manual（2010 Edition）

"自然能源的有效利用"条款包括"自然能源的直接利用"和"自然能源的转化利用",基准设置如表 5-1-8 所示。设计阶段评价基于预期的实现方式与规模进行,建造阶段评价基于单位面积的年度能源利用量。自然能源的利用率 MJ/$m^2 \cdot$ ar =(年度直接利用量 MJ/ar+ 年度转化利用量 MJ/ar)/ 建筑面积 m^2。

表 5-1-8　CASBEE LR1 能源评价中建筑热负荷条款的基准设置

建筑类型	条款的评价基准
Leve 1	—
Leve 2	—
Leve 3	0 MJ/$m^2 \cdot$ ar ≤自然能源利用 <1 MJ/$m^2 \cdot$ ar
Leve 4	1 MJ/$m^2 \cdot$ ar ≤自然能源利用 <20 MJ/$m^2 \cdot$ ar
Leve 5	自然能源利用≥ 20 MJ/$m^2 \cdot$ ar

资料来源:CASBEE 官方网站 CASBEE for New Construction Technical Manual（2010 Edition）

自然能源的直接利用是指自然能源直接作为能源被使用而不使用机械动力,包括:自然采光系统的设计与利用,如反光板、天窗、侧高窗等;利用自然通风系统代替部分空调设备并降低制冷负荷,如自动风阀、夜间通风、中庭通风系统、太阳能通风烟囱等;利用地热系统替代热源与空调设备以减少供热与制冷负荷,如地下埋管、地道等。

可再生能源的转化利用是指采用半机械方式将自然能源转化为电能、热能和其他形式,包括:太阳能的光利用,如太阳能光伏发电等;太阳能的热利用,如太阳能集热板、太阳能真空管热水器等;利用废热提升供热设备的热源效率,如井水水源热泵、河水水源热泵等。

"建筑服务系统的效率"条款基于性能标准的 CEC 值或描述性标准的点值对建筑一次能源消耗的减少率 ERR（Energy Reduction Rate）进行计算,对建筑中不同类型设备效率等级的提升进行评价,包括空调设备、通风设备、照明设备、热水供应设备和电梯设备。本项条款的评价流程如图 5-1-1 所示。

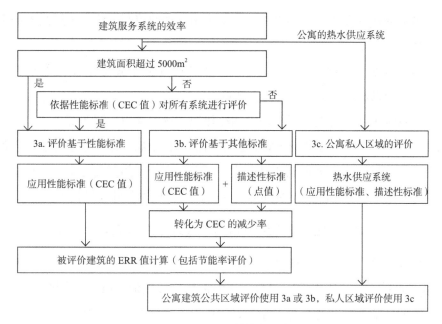

图 5-1-1　CASBEE LR1 3—建筑服务系统的效率评价流程

资料来源：CASBEE 官方网站 CASBEE for New Construction Technical Manual（2010 Edition）

ERR 值 = 被评价建筑的节能总量 / 被评价建筑的一次能源消耗量

$$= （E^0_{TL} - E^c_{TL} + \Delta E^c_{EE}）/E^0_{TL}$$

其中，$E^0_{TL} = E^0_{AC} + E^0_V + E^0_L + E^0_{HW} + E^0_{EV} + E^0_{OT}$

$E^c_{TL} = E^c_{AC} + E^c_V + E^c_L + E^c_{HW} + E^c_{EV} + E^c_{OT}$

E^0_{TL} 为《节能标准》（Energy Saving Standard）中设定的建筑能耗，为空调设备能耗 E^0_{AC}、通风系统能耗 E^0_V、照明系统能耗 E^0_L、热水系统能耗 E^0_{HW}、电梯设备能耗 E^0_{EV} 与其他能耗 E^0_{OT} 之和；E^c_{TL} 为建筑自身的能源消耗，计算方法与 E^0_{TL} 相同；ΔE^c_{EE} 为通过提升设备的节能效率达到的实际年度节能量。

本条款符合设定基准的可用措施包括：通过变水量控制、部分负荷调节、废热回收、大温差送水系统等提高空调系统效率，采用高效热源设备与蓄热系统，降低输配动力；降低通风能耗，进行风量控制避免能源浪费；利用高效光源、节电型稳压器、高效率灯具以及灵活的分区照明方式降低照明能耗，设置室内人员感知控制系统、照度传感控制系统、照度调节系统；提高热水供应系统的管道、热水贮水槽的保温性能，对热水供应设备采用合理的控制方法；采用高效的电梯设备控制模式。

"运行效率"条款包括"监控系统"和"运行管理系统"，对建筑运行时的能耗监控系统以及运行维护系统进行评价。

监控系统包括：对能耗系统按空调冷热源、输配动力、照明等进行分类，设置能耗分项计量系统；采用 BEMS 建筑能耗管理系统，实施运行与维护管理方案；提供节能目标值和全年能耗目标值，制定目标计划的实施方案。运行管理系统是指为业主推荐能够降低建筑环境负荷的运行管理体制并提供技术支持。

5.1.1.4　新加坡绿色之星 Green Mark 建筑能耗的规定与计算方法

新加坡绿色之星 Green Mark 评价体系 Part 1 节能类评价条款 1–1 至 1–9 中已对与建筑能耗相关的各项性能参数，如围护结构传热值 ETTV、传热系数 U 值、空调系统的性能参数、通风与采光参数等作出了详细的定量化要求，因此与建筑整体能耗有关的条款"1–10：建筑节能实践与节能设计要点"分值为 12 分，规定设置如表 5–1–9 所示。

表 5–1–9　Green Mark Part 1 节能类 1–10：建筑节能实践与节能设计要点规定设置与分值

规定设置	所得分值
（a）模拟计算建筑节能指数 EEI（Energy Efficiency Index）的数值	1 分
（b）东西外墙采用垂直绿化，减少通过围护结构的得热量	1 分
（c）使用经过当地认证的建筑节能设备及节能产品	最高 2 分
（d）节能设计要点：热回收系统，太阳能热水系统，蓄热式升降梯，遮阳装置，最大化利用自然光的光电传感装置	最高 8 分（每节能 1% 得 3 分）

资料来源：作者根据新加坡 BCA Green Mark 官方网站资料整理绘制

Green Mark 体系节能类 1–10（a）中的建筑节能指数 EEI 可通过以下公式进行计算：$EEI=[(TBEC-DCEC)/(GFA \text{ excluding carpark}-DCA-GLV \times VCR)] \times (NF/OH)$

其中，TBEC 指建筑能源消耗总量（$kW \cdot h/a$）；DCEC 指数据中心能耗（$kW \cdot h/a$）；GFA 指除停车区域以外的建筑面积（m^2）；DCA 指数据中心面积（m^2）；GLV 指出租面积（m^2）；R 指出租面积的空置率（%）；F 指正常情况下每周的运转时数，即 55 hrs/week；OH 指实际每周运转时数（hrs/week）。节能类 1–10（d）则通过参考建筑与方案建筑的能耗模拟结果即节能量对比，对建筑的能源性能进行定量化的评价与分析。

1. 能耗模拟的软件要求

参考建筑与方案建筑使用同样的模拟软件和气候数据，所用模拟软件必须满足以下要求：可模拟多区域模型的建筑热性能，并能计算连续 12 个月的建筑整体能耗；所用软件需通过国家认可的相关机构的测试，符合美国国家标准学会 ANSI/ASHRAE STD 140 中关于建筑能耗模拟分析程序测试标准（Standard Method of Test for the Evaluation of Building Energy Analysis Computer Programs）的相关要求。

2. 能耗模拟的建筑模型

使用模型模拟方法计算参考建筑（Reference Model）与方案建筑（Proposed Model）的基准性能。参考建筑与方案建筑所需的相关参数如表 5-1-10 所示。方案建筑在信息类型"建筑信息描述"中需要输入的内容包括建筑设计布局形式、方位与尺度以及墙面、门窗、屋面、固定遮阳装置、分隔空调区域与非空调区域的室内隔断建筑材料。

表 5-1-10　建筑能耗模拟时参考建筑输入的相关参数及参考标准

信息类型		相关参数	参考标准
1：建筑信息描述	1.1：建筑外围护设计信息	围护结构 ETTV 值（W/m²）；屋面天窗 RTTV 值（W/m²）；屋面 U 值 [W/（m²·k）]；窗户的空气渗透率	建筑维护结构热性能法案
	1.2：建筑形式、方位与尺度	与设计建筑相同	
2：系统信息描述	2.1：ACMV 系统类型	对空调系统及分区制冷系统的要求	
	2.2：冷却装置效率	满足标准中设定的最低能效要求	建筑服务系统与设备节能法案 SS530:2006
	2.3：空调与机械通风系统	水冷系统及冷凝水系统的水泵功率（kW）	建筑空调与机械通风法案 SS553:2009
	2.4：冷却塔	对冷却塔设备的性能要求（L/s·kW）	建筑服务系统与设备节能法案 SS530:2006
	2.5：空调风机系统	风机功率限制 [kW/m³·s)]	建筑空调与机械通风法案 SS553:2009
	2.6：机械通风的风机系统	风机功率限制 [kW/m³·s)]	建筑空调与机械通风法案 SS553:2009

信息类型		相关参数	参考标准
2：系统信息描述	2.7：照明系统	照明功率密度 LPD	建筑服务系统与设备节能法案 SS530:2006
	2.8：水的加热设备	水的加热设备的效率（%）	建筑服务系统与设备节能法案 SS530:2006
	2.9：能量回收系统	能量回收系统的回收效率（%）	建筑空调与机械通风法案 SS553:2009
3：其他信息	3.1：插座及 Process load	与设计建筑相同	
	3.2：入住率	与设计建筑相同	
	3.3：运行时刻表	与设计建筑相同	
	3.4：室内热舒适度	与设计建筑相同	建筑服务系统与设备节能法案 SS530:2006
	3.5：最小的通风率	与设计建筑相同	建筑空调与机械通风法案 SS553:2009
	3.6：模拟程序的建模限制	与设计建筑相同	

资料来源：作者根据新加坡建设工程管理局 BCA 官方网站资料整理绘制

3. 能耗模拟的计算结果

具备专业资质的人员（Qualified Person，QP）会对建筑能耗模型是否执行了相关要求进行确认，由能耗模拟专家确保模拟过程及模拟结果的正确性。同时，QP 会确保以下信息与记录过程来作为证明能耗模拟符合相关规定的证据：模拟软件经过测试符合 ASHRAE Standard 140 标准，方案建筑的细节信息以及建筑系统设计信息与数据的准确性，参考建筑与方案建筑维护结构传热值（Envelope Thermal Transfer Value, ETTV）的详细计算过程，机电系统（空调系统、照明系统、电梯设备等）逐月的能耗模拟结果，参考建筑与方案建筑的终端能耗结果。

5.1.2　建筑碳排放指标与基准值的设置

《联合国气候变化框架公约》是指联合国大会于 1992 年 5 月 9 日通过的一项公约，制定了稳定大气中温室气体含量的长期目标，呼吁通过可持续发展等一系列措施应对气候变化。引起气候变化的温室气体中最主要的成分是 CO_2，因此，碳排放也成为温室气体排放（Greenhouse Gas Emission，GHG）的代称。部分现有的建筑可持续性评价体系中包含了对建筑碳排放数值的相关规定，如日本 CASBEE 评价体系、澳大利亚绿色之星 Green Star 认证等。

5.1.2.1　日本 CASBEE 评价体系对建筑碳排放的规定与计算方法

1997 年 12 月，《京都议定书》首次为发达国家和经济转轨国家制定了定量的减排义务，规定到第一承诺期（2008—2012 年）日本需减少 6% 的温室气体排放。为实现这一目标，日本各产业均制定了严格的减排措施，同时也推动了低碳建筑的发展。2008 版 CASBEE 评价体系以预防气候变化、减少建筑能耗、降低材料产业的 CO_2 排放为目标，增加了新的评价条款"LR3.1 防止全球变暖评价"，以针对建筑全生命周期（从规划建设到运营拆除）的 CO_2 排放量，$LCCO_2$ 作为衡量全球暖化及建筑碳排放量的评价指标。

2009 年，随着《京都议定书》框架（post-Kyoto Protocol Framework）的国际协商进程，日本政府制定了到 2020 年温室气体排放在 1990 年的基础上减少 25%、到 2050 年温室气体排放在 1990 年的基础上减少 80% 的发展目标，同时颁布《预防全球变暖法》（*Law for Prevention of Global Warming*），为日本的环境政策指明方向。为此，2010 版 CASBEE NC 提升了 $LCCO_2$ 评价的基准设置，同时将其作为低碳建筑的标签工具。

CASBEE NC 包含 2 种建筑全生命周期的碳排放计算方法：一是标准化计算方法（Standard Calculation），基于 CASBEE 评价表中输入数据的简化计算方法，CASBEE LR3.1 防止全球变暖评价的 $LCCO_2$ 即采用标准化计算方法；二是独立性计算方法（Individual Calculation），用于采用了更全面的 CO_2 减排措施的建筑。

标准化方法的计算过程相对简单，为不同建筑类型设置了 $LCCO_2$ 排放的参考值，结合与 CO_2 排放相关的建筑生命周期各阶段（建造、运行、维护与拆除）的输入数据自动执行计算。$LCCO_2$ 计算表主要输入数据包括建筑材料的数量、环境负荷量、能源的 CO_2 排放系数以及其他相关数据。建筑生命周期各阶段 $LCCO_2$ 评价的标准化计算方法的输出表如图 5-1-2 所示。

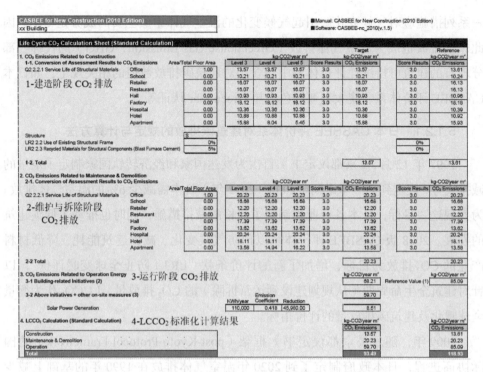

图 5-1-2　CASBEE NC LCCO$_2$ 标准化计算方法输出数据表

资料来源：CASBEE 官方网站 -CASBEE for New Construction Technical Manual（2010 Edition）

1. 建造阶段

建造阶段的 LCCO$_2$ 评价首先要确定建筑所用材料在提取、运输与加工过程中消耗的能源类型与数量，乘以各自的单位 CO$_2$ 排放量后加和得到计算结果，然后将建造阶段的能源消耗乘以不同能源类型各自的 CO$_2$ 排放系数，与此前建筑材料 CO$_2$ 排放量的计算结果进行加和。

CASBEE NC 建造阶段 LCCO$_2$ 标准化计算表（图 5-1-3）提供了主要建筑材料的用量及其环境负荷（即单位材料的 CO$_2$ 排放量）数据，可作为计算时的参考。

	CO2 Emission	13.85	13.85	kg-CO2/m2-yr
	Calcuation of Embodied CO2	Average in Japan calcuated by Architectural Institute of Japan from the 1995 Industrial Input-Output Table	Estimated by subtracting reduced CO2 volume by resource-saving efforts from reference value	
	Reference for CO2 Emission units	Architectural Institute of Japan from the 1995 Industrial Input-Output Table	See reference	
	Boundary	up to the domestic consumption expenditure	See reference	
	Quantities of Representative Materials 建筑材料的用量			
	Regular concrete	0.77	0.77	m3/m2
	Blast furnace cement concrete	0.00	0.00	m3/m2
	Steel frame	0.04	0.04	t/m2
	Steel frame (electric furnace)	0.00	0.00	t/m2
	Steel reinforcement	0.10	0.10	t/m2
	Timber	0.01	0.01	m3/m2
	XXX	XXX	XXX	kg/m2
	Environmental Loads of Representative Materials 建筑材料的环境负荷			
Construction Stage 建造阶段	Regular concrete	282.00	"	kg-CO2/m3
	Blast furnace cement concrete	206.00	"	kg-CO2/m3
	Steel frame	0.90	"	kg-CO2/t
	Steel frame (electric furnace)	0.90	"	kg-CO2/t
	Steel reinforcement	0.70	"	kg-CO2/t
	Formwork	7.20	"	kg-CO2/t
	XXX	XXX	"	kg-CO2/kg
	Major Recycled Materials and use rate 可循环材料及利用率			
	Blast furnace cement (% in entire main structure)	0%	0%	
	Existing structural members (% in entire main structure)	0%	0%	
	Electric furnace steel(Steel)	0%	0%	
	Electric furnace steel(Steel frame)	0%	0%	

图 5-1-3　CASBEE NC LCCO$_2$ 标准化计算建筑建造阶段计算表

资料来源：CASBEE 官方网站 –CASBEE for New Construction Assessment Software

关于建筑电能 CO$_2$ 排放系数的选择，2010 版 LCCO$_2$ 标准化计算允许使用基于《温室气体排放计算条例》得出的最新公布的实际排放系数或其他替代值，比如 2008 年公布的实际排放系数值与替代值（图 5-1-4），也可由评价人员选用适宜的数值。建筑电能的 CO$_2$ 排放系数与电能的生产者 / 提供者（Power Producers/Suppliers）密切相关，使用指定的排放系数时需将其填入图 5-1-4 的（1）选项；建筑电能有确切的生产者或提供者时使用（2）A 选项；若电能的生产者或提供者并未在表中列出，则参考 2008 年公布的 CO$_2$ 排放系数填入（2）B 与（2）C 选项，其他情况使用（3）选项并说明原因。

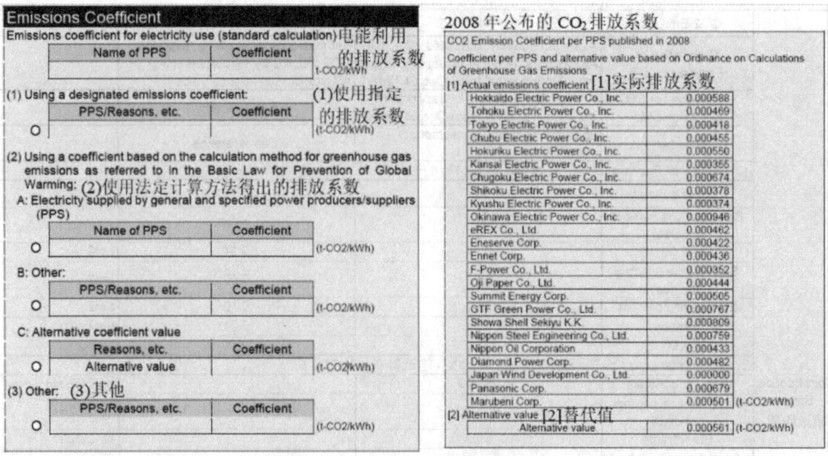

图 5-1-4　CASBEE NC LCCO$_2$ 标准化计算中建筑电能的 CO$_2$ 排放系数表

资料来源：CASBEE 官方网站 –CASBEE for New Construction Technical Manual（2010 Edition）

此外，CASBEE NC 2010 版将"LR2 资源与材料"评价条款中对建筑结构框架的利用包含在建造阶段 LCCO$_2$ 的评价中，其 LCCO$_2$ 的计算基于既有结构框架的利用率以及高炉水泥的利用率（图 5-1-5）。

	Item	Reference Value (Standard Building)	Subject	Note
Constru ction	Blast Furnace Cement (Percentage of Structural Use)	0%	0%	
	Use of Existing Structural Frame (Percentage of Structural Use)	0%	0%	

图 5-1-5　CASBEE NC LCCO$_2$ 标准化计算中既有结构框架与高炉水泥的利用计算表

资料来源：CASBEE 官方网站 –CASBEE for New Construction Technical Manual（2010 Edition）

2. 运行阶段

运行阶段的 LCCO$_2$ 评价通过将运行过程中的一次能源消耗转化成 CO$_2$ 排放量进行计算（图 5-1-6）。计算方法的关键点包括：将 LR1 Energy 条款的评价结果作为 CO$_2$ 排放量的计算基础；选择适宜的电能 CO$_2$ 排放系数；为简化计算过程，运行阶段的 CO$_2$ 排放计算基于建筑运行阶段的一次能源能耗；确定不同建筑类型的一次能源消耗的参考值，并将其转化为 CO$_2$ 排放值。

Operation Stage	CO2 Emission			
	1.Reference value/ 2.Building-related initiatives	1-参考值　　　N.A. 2-建筑相关措施	N.A.	kg-CO2/m2-yr
	3.Above initiatives + other on-site Reference	-	#VALUE!	kg-CO2/m2-yr
		Solar power reductions	#VALUE!	kg-CO2/m2-yr
		(breakdown) self-consumption	#VALUE!	kg-CO2/m2-yr
		(breakdown) electricity sold	#VALUE!	kg-CO2/m2-yr
		Other renewables		
	4.Above initiatives + other off-site measures Reference	4-上述措施+其他场地外措施	#VALUE!	kg-CO2/m2-yr
		(a)Carbon Offset by Tradable Green Power Certificates		
		(b)Carbon Offset by Tradable Green Heat Certificates		
		(c)Other Carbon Offset		
		(d)Difference between actual emissions and emissions after adjustment (by Adjusted emission coefficients)		
一次能源 消耗量计算	Calculation of primary energy consumption	Estimated from the average primary energy consumption in statistical records	Estimated reduction volume of primary energy consumption assumed by the efforts assessed under "LR1 Energy"	
	Primary energy consumption	29,040,000	27,405,165	MJ/year
	CO2 emission coefficient and conversion factor	CO₂排放系数与转换因子		
	Conversion factor from primary energy consumption	#VALUE!	See reference	CO2-kg/MJ
	Electricity	0.555	See reference	CO2-kg/kWh
	Town gas	0.0506	See reference	CO2-kg/MJ
	Other energy source ( )	XXX	See reference	CO2-kg/MJ
	Water			

图 5-1-6　CASBEE NC LCCO₂ 标准化计算建筑运行阶段计算表

资料来源：CASBEE 官方网站 –CASBEE for New Construction Assessment Software

CASBEE 的能源效率评价基于全年负荷系数 PAL 值与能源消耗减少率 ERR 值，运行阶段的 CO_2 排放计算需依据上述数据，进行参考建筑与目标建筑的一次能源消耗量与 CO_2 排放量的转化计算（表 5-1-11）。

表 5-1-11　CASBEE NC LCCO₂ 计算中一次能源消耗与 CO_2 排放的转化数据

能源类型	（KgCO₂/MJ）
电能	*[转换值 9.76MJ/（kW·h）]
燃气	0.0499
DHC	0.0570
煤油	0.0678
A 型重油	0.0693
其他	0.0686

资料来源：CASBEE 官方网站 –CASBEE for New Construction Technical Manual（2010 Edition）

CASBEE 根据统计数据确定了不同类型参考建筑的一次能源消耗值，乘以对应的 CO_2 排放系数得出参考建筑单位建筑面积的 CO_2 排放量 A'，在此基础上依次计算（a）～（d）项节能措施的能耗数据，得出被评价建筑的一次能源消耗值 E 与 CO_2 排放量 E'（图 5-1-7）。

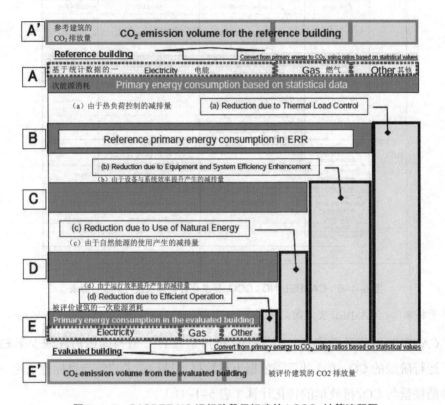

图 5-1-7 CASBEE NC 运行阶段目标建筑 $LCCO_2$ 计算流程图

资料来源：CASBEE 官方网站 –CASBEE for New Construction Technical Manual（2010 Edition）

3. 维护与拆除阶段

维护与拆除阶段的 $LCCO_2$ 评价包括维护与更新过程中建筑材料与建筑构件的生产、运输，以及拆除阶段材料的运输与处理。

其中，建筑使用年限的提升在"Q2 服务质量"条款中进行评价，由于难以确保用于 $LCCO_2$ 计算的 Q2 评价结果的精确度，因此非居住建筑的 $LCCO_2$ 评价均是固定的使用年限：办公建筑、医院建筑、旅馆建筑、学校建筑、会议大厅为 60 年，零售建筑、餐饮建筑与工厂建筑为 30 年，公寓建筑根据《住宅性能指标》（Housing Performance Indicator）确定的等级划分为 40 年、50 年。

LCCO$_2$ 评价的标准化计算方法与独立性计算方法的计算结果均包含 4 项数值。

（1）参考值，即满足日本《节能法》中要求的参考建筑的 LCCO$_2$ 排放值。"CASBEE NC 2010 版 LCCO$_2$ 排放量评价方法设定为将参考建筑的 LCCO$_2$ 排放量定为 100% 时对应评价建筑的 LCCO$_2$ 排放量比率"[①]，因此参考值设定为 100%。

（2）目标建筑的 LCCO$_2$ 排放值，评价采用建筑相关措施（能源效率的提升、生态材料的应用、建筑使用年限的增加等）的减排效果。

（3）目标建筑的 LCCO$_2$ 排放值，评价采用建筑相关措施与场地内其他措施（场地内的太阳能发电等）的减排效果。

（4）目标建筑的 LCCO$_2$ 排放值，评价采用建筑相关措施、场地内其他措施及场地外措施（如绿色电力认证 Green Power Certificates、碳排放额度 Carbon Credits 等）的减排效果。

CASBEE NC 2010 LR3.1 防止全球变暖评价采用标准化计算方法，第 4 项数据中的碳补偿措施如绿色电力认证、碳排放额度等不能显示建筑的环境性能，但作为气候变化的对应措施是实现日本气候变化承诺的有效机制，因此仅用于 LCCO$_2$ 的独立性计算，不包含在 CASBEE LR3.1 的标准化计算中。独立性计算遵循全生命周期方法，LCCO$_2$ 评价过程具备较高的精确度，由评价人员根据详细的建筑数据进行评价，同时提供计算过程的细节描述。LCCO$_2$ 评价的分级结果如表 5-1-12 所示。

表 5-1-12　CASBEE 2010 评价体系中 LCCO$_2$ 评价分级结果

评价等级	LCCO$_2$ 比率值
绿★	比率 >100%（非节能建筑）
绿★★	80% ≤比率 <100%（满足当前的节能标准）
绿★★★	60% ≤比率 <80%（建筑运行期间实现 30% 的节能率）
绿★★★★	30% ≤比率 <60%（建筑运行期间实现 50% 的节能率）
绿★★★★★	比率 <30%（建筑运行期间实现零能耗）

资料来源：作者根据相关资料整理绘制

LCCO$_2$ 计算结果不仅决定 CASBEE LR3.1 防止全球变暖的性能等级，也反映在被评价建筑的 BEE 值与 CASBEE 评价等级中（图 5-1-8）。CASBEE NC

---

① 伊香贺俊治，彭渤，崔惟霖. 建筑物环境效率综合评价体系 CASBEE 最新进展 [J]. 动感（生态城市与绿色建筑），2010（3）：20-23.

LCCO$_2$ 标准化计算的评价结果不包含第 4 项数据，因此 LCCO$_2$ 值（绿星）图中 3、4 两项数值相同。

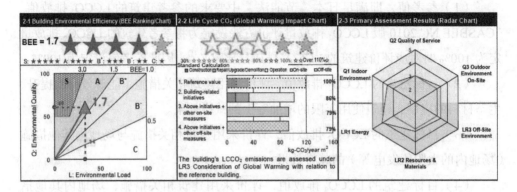

图 5-1-8　CASBEE NC2010 评价结果——BEE 值（红星）、LCCO$_2$ 值（绿星）与雷达图

资料来源：CASBEE 官方网站 –CASBEE for New Construction Technical Manual（2010 Edition）

5.1.2.2　绿色之星 Green Star 认证对温室气体排放的规定与计算方法

"绿色之星"办公建筑设计 V3 版能源评价领域中有 2 项标准与温室气体排放直接相关，分别为 Ene Conditional Requirement（必备条件）与 Ene—1 Greenhouse Gas Emissions（温室气体排放）。其中 Ene—1 "运行时温室气体净零排放"最高可得分值为 20 分。[①] 其计算步骤分为两步：

1. 建立建筑能耗预测模型

建筑能耗预测模型必须符合 NABERS 建筑能耗估算模型指导手册的相关规定（NABERS Energy Guide to Building Energy Estimation Modelling）。

2. 通过以下两种方法得出预测的温室气体排放量

方法一：通过第一步确定的能耗预测模型，计算建筑的耗电量 kW·h/annum 与耗气量 MJ/annum，将数据输入 Ene—1 的能源计算器 Energy Calculator 中，进行温室气体排放量计算（单位：kgCO$_2$/m^2），同时得出 Ene—1 可得分值。

方法二：使用 NABERS Rating Calculator，确定温室气体排放量（单位：kgCO$_2$/m^2），将其输入 Ene—1 的能源计算器 Energy Calculator 与基准进行比较，确定 Ene—1 可得分值。

① Green Star Office v3 Greenhouse Gas Emissions Calculator Guide, September 2013.

上述两种计算方法的计算结果有所不同，因方法一 Green Star 能源计算器中使用的 NGA（National Greenhouse Accounts）排放系数为 2008 年的数据，方法二 NABERS 计算器中使用的 NGA 排放系数为逐年更新的数据。

5.1.3　建筑材料的环境影响指标及基准值的设置

在与建筑可持续性评价相关的所有领域中，环境领域评价是研究的重点。LCA（Life Cycle Assessment）全生命周期评价方法是已被广泛接受的系统化、定量化评价产品的环境影响的国际标准方法，其概念于 1990 年在国际环境毒理学与化学学会（SETAC）研讨会上首次提出，其后在 SETAC 以及欧洲生命周期评价开发促进会（SPOLD）的推动下，LCA 方法在全球范围内得到较大规模的发展与应用。[1]ISO 国际标准化组织对 LCA 全生命周期评价的定义为"汇总并评估产品或服务体系在整个生命周期内的所有投入及产出对环境造成的潜在影响的方法"。2002 年，联合国可持续发展世界高峰会议认为，LCA 全生命周期评价为环境政策的制定与执行提供了科学的方法。

LCA 方法最初用于评价工业产品或单一材料的能源、资源消耗及其产生的环境负荷，后逐渐被用于建筑产品与建筑整体评价。建筑全生命周期评价阶段包括生产阶段、建造阶段、运行阶段、终止阶段及再利用阶段（图 5-1-9）。[2]国际标准 ISO15392、21929—1、21930、21931—1 和欧盟可持续建筑工程指令 EC CEN/TC350（CEN Technical Committee for the sustainability of construction works） 以及建筑产品环境声明类别规则 PrEN 15804（core rules for the product category of construction products）是评价建筑材料与建筑整体环境领域可持续性的重要国际标准。上述标准的设定均基于 LCA 方法，对建筑材料及建筑整体的环境影响进行量化评价。[3]

---

① 蒋荃，中国建材检验认证集团，国家建材测试中心组织. 绿色建材评价、认证 [M]. 北京：化学工业出版社，2012.

② CEN TC 350 Standards for the assessment of the environmental performance of product, Dr. Eva Schmincke, convenor of CEN/TC350/WG3 'Products Level'.

③ 出自王洪涛，朱永光的报告《生命周期评价（LCA）及其在中国的应用》。

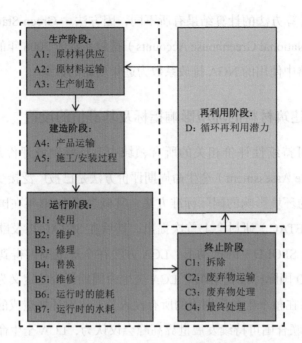

图 5-1-9 建筑产品 LCA 全生命周期评价各阶段信息模型

资料来源：作者根据相关资料整理绘制

由于建筑 LCA 评价的复杂性，目前大多数建筑可持续性评价体系采用简化的 LCA 方法，部分评价体系（美国 LEED、德国 DGNB 等）要求提供建筑材料的 EPD 环境产品声明（Environmental Product Declarations）[①]。EPD 声明中的环境参数包括：对环境产生的影响，包括气候变化、土壤酸化、富营养化、大气层的臭氧消耗、夏季光化学烟雾等；资源输入，包括非可再生能源、可再生能源、辅助的材料与能源、水资源等；产生的废弃物，包括有害废弃物、无害废弃物、放射性废弃物等；资源输出，包括可重新使用、再循环利用或进行能源回收的材料等。EPD 数据的收集与计算必须基于共同的指标、单位、系统边界、计算方法和数据质量。

5.1.3.1　英国 BREEAM 评价体系对建筑材料的规定与评价方法

BREEAM 评价体系关注建筑全生命周期的环境影响和温室气体排放，同时引入建筑材料的管理认证，确保材料来源的环保与可靠，强调可再生材料的使用

---

① EPD 声明指基于 LCA 全生命周期评价，以标准化方法衡量产品或系统对环境产生的影响，并为产品提供量化的相关环境数据的证明文件。

及材料的耐久性，以商业化模式进行管理运作。在 BREEAM NC 2011 与建筑材料相关的评价条款中（表 5-1-13），Mat 01"建筑材料 LCA 的环境影响"和 Mat 03"负责任的建筑材料来源"是确保建筑材料可持续性的关键条款。

表 5-1-13 BREEAM NC 2011 与建筑材料相关的评价条款与具体要求

评价领域	相关条款	具体要求
材料领域	Mat 01：建筑材料 LCA 的环境影响	使用低环境影响、低碳排放的建筑材料
	Mat 02：室外景观与场地边界保护	相关材料的环境影响最小化
	Mat 03：负责任的建筑材料来源	重要建筑构件材料具有负责任的来源
	Mat 04：保温设计	使用低环境影响的建筑保温材料
	Mat 05：建筑的稳固性设计	对建筑结构及景观暴露部分的适当保护

资料来源：BREEAM New Construction Non-Domestic Building Technical Manual 2011

（1）BREEAM Mat 01"建筑材料 LCA 的环境影响"条款要求使用建筑全生命周期内具有低环境影响（包括低碳排放）的建筑材料。其对主要建筑元素（表 5-1-14）全生命周期的环境影响进行定量化评价，当某种材料或产品可提供经独立的第三方认证的全生命周期 EPD 环境影响声明时，被评价建筑在 Mat 01 条款中的得分会相应提升，同时需提供每种材料或产品基于 60 年建筑使用年限的全生命周期内的温室气体排放量。当某种产品或材料没有具体数据时，也可使用从绿色指南（Green Guide）中获得的行业通用数据。

表 5-1-14 BREEAM NC 2011 Mat 01 中不同建筑类型所含的主要建筑元素

建筑类型	建筑元素类型					
	外墙	窗	屋面	楼板	内墙	地面装饰
办公建筑	●	●	●	●		●
零售建筑	●	●	●	●		●
工业建筑	●		●			
教育建筑	●	●	●	●	●	●
疗养建筑	●	●	●	●	●	●
监狱建筑	●		●	●	●	●
法院建筑	●	●	●	●		●
居住建筑	●	●	●	●	●	●

资料来源：BREEAM New Construction Non-Domestic Building Technical Manual 2011

绿色指南（Green Guide）以 BRE's Environmental Profiles Methodology 等为

依据，对 5 种建筑类型（商业建筑、教育建筑、医疗建筑、住宅建筑、工业建筑）的建筑材料与构件的环境影响数据进行监测，为 BREEAM 体系提供建筑材料与建筑构件全生命周期环境影响的基础数据，同时出具建筑材料的环境性能文件（Environmental Profiles），对建筑从"摇篮"到"坟墓"60 年使用年限内的全生命周期的环境影响进行评价，环境性能文件中列出的材料性能数据包括（表 5-1-15）：

表 5-1-15 BRE 出具的建筑材料环境性能文件所含数据

所列参数	单位
气候变化（Climate Change）	Kg CO_2 eq.（100yr）
水资源开采（Water Extraction）	m^3
矿产资源开采（Mineral Resource Extraction）	tonnes
大气层的臭氧消耗（Stratospheric Ozone Depletion）	Kg CFC-11 eq
对人体的毒性（Human Toxicity）	Kg 1，4—dichlorobenzene（1，4—DB）eq.
水的生态毒性（Ecological toxicity of water）	kg 1，4 dichlorobenzene（1，4—DB）eq.
核废料（Nuclear Waste）	mm^3 high level waste
土地的生态毒性（Ecological Toxicity of land）	kg 1，4 dichlorobenzene（1，4—DB）eq.
废弃物处理（Waste Disposal）	Kg
矿物燃料消耗（Fossil Fuel Depletion）	tonnes of oil eq.
富营养化（Eutrophication）	kg phosphate（PO_4）eq
光化学烟雾（Photochemical Ozone Creation）	kg ethene（C_2H_4）eq.
土壤酸化（Acidification）	kg sulphur dioxide（SO_2）eq.

资料来源：作者根据 BRE 官方网站资料整理绘制

利用 BREEAM Mat 01Calculator 可将由专业评价人员收集的每种材料或产品的性能参数输出为 Green Guide 等级进而确定被评价建筑在 BREEAM Mat 01 中的所得分值。Green Guide 使用 A+ 到 E 的等级体系，其中 A+ 等级代表最小的环境影响，E 等级代表最严重的环境影响。计算过程分为 3 步：

①将各参数的 Green Guide 等级转化为分值（表 5-1-16）。

表 5-1-16　Green Guide 等级的分值转化

Green Guide 等级	Mat 01 分值
A^+	3.00
A	2.00
B	1.00

Green Guide 等级	Mat 01 分值
C	0.50
D	0.25
E	0.00

资料来源：BREEAM New Construction Non-Domestic Building Technical Manual 2011

②在某一建筑元素（外墙、窗、屋面、楼板、内墙、地面装饰）类别之内，依据参数值及所占面积设定各参数的权重，以外墙元素为例，若某建筑外墙包含3种不同参数，则依据其各自所占面积的比例确定其分值的权重（表5-1-17）。

表5-1-17　某一建筑元素参数权重的确定过程

元素类型	参数	面积	所占比例	Green Guide 等级	分值	以面积比例作权重后的分值
外墙	类型 1	280	26%	A$^+$	3.00	0.79
	类型 2	350	33%	C	0.50	0.16
	类型 3	435	41%	B	1.00	0.41
合计		1065	100%	—	—	1.36

资料来源：BREEAM New Construction Non-Domestic Building Technical Manual 2011

③基于每个元素的面积占全部元素面积的比例为所有建筑元素的性能评价设置权重，同时参考每个元素的生态点值[①]，确定被评价建筑 BREEAM Mat 01 的最终得分。

（2）BREEAM Mat 03 "负责任的建筑材料来源" 要求主要建筑元素使用具有负责任来源的建筑材料。BREEAM Mat 03 评价条款涉及的建筑元素包括结构框架、屋面、外墙、内墙、基础、硬质景观及楼梯、窗、门、地面装饰等；适用的材料包括砖、混凝土、玻璃、塑料与橡胶、金属、建筑石材、木材与复合板材、沥青材料、矿物质材料等。

BRE 通过 BRE Global 设置的 "负责任的建筑产品来源框架标准"（Framework Standard for the Responsible Sourcing Construction Products），即 BRE 环境与可持续标准（Environmental&Sustainability Standard，BES 6001）对建筑材料的组织监管、供应链管理以及环境与社会影响进行监测与控制，采用整体性的方法对建筑产品进行管理，同时为建筑材料提供负责任的来源认证（Responsible Sourcing）。

---

① 生态点值方法（BRE Ecopoints）将不同类型的环境负荷转化为标准化数值—生态点值，将其用于 LCA 工具 ENVEST、BREEAM 评价及建筑产品的选择中。

BES 6001 产品认证标准由一系列符合可持续原则的评判条款（表 5-1-18）组成，共包括 3 类要求：组织管理要求、供应链管理要求、环境与社会要求。3 类要求中均含有强制性规定，符合全部强制性规定即可通过认证。自愿性规定具有逐级增加的分值设置，依据所得分值不同可分为优秀（Excellent）、非常好（Very Good）、好（Good）。

建筑材料的等级划分、建筑元素的所得分值以及被评价建筑在 BREEAM Mat 03 条款的最终得分均基于建筑材料的供应商和制造商通过"负责任的来源认证计划"所提供的证明文件，将相关数据输入 BREEAM Mat 03 Calculator 中计算得出最终评价结果。

表 5-1-18　BRE Global BES 6001 环境与可持续标准建筑材料负责任来源认证的条款设置

3 类要求	条款内容
1：组织管理要求	1.1：申请建筑材料认证的组织需在机构内部设置经管理层批准的建筑材料"负责任来源"的相关政策
	1.2：申请建筑材料认证的组织需执行并维护创立的管理系统
	1.3：遵循 ISO 9001 标准，设立质量管理系统
	1.4：供应商管理系统，出具购买过程的证明文件
2：供应链管理要求	2.1：通过供应链可对建筑材料 60% 的成分进行追溯
	2.2：供应链对建筑原材料的获取与生产设置环境管理系统（EMS）
	2.3：供应链对建筑原材料的获取与生产设置健康与安全管理系统
3：环境与社会要求	3.1：总则及名词定义
	3.2：为减少温室气体排放确立符合政府与产业标准的政策与指标
	3.3：建筑材料组成成分的有效利用及使用可循环再利用的材料成分
	3.4：确立原材料获取与生产时废弃物分类回用与管理的政策与指标
	3.5：原材料获取与生产过程中减少水的使用
	3.6：被评价产品具有全生命周期评价（LCA）I 型或 II 型环境声明
	3.7：确立政策与指标，减少由运输产生的环境与社会影响
	3.8：对雇员进行培训，明确可持续发展的观点
	3.9：与对原材料获取与生产产生影响的当地社区进行协商

资料来源：作者根据 BREEAM 官方网站相关资料整理绘制

5.1.3.2　美国 LEED 评价体系对建筑材料的规定与评价方法

美国 LEED 评价体系最新 V4 版本中对建筑材料的规定与 V2009 版相比有较大提升，它将全生命周期评价理念融入条款设置（表 5-1-19）中。

表 5-1-19　美国 LEED NC V4 中与建筑材料相关的条款

评价领域	评价条款
材料与资源	MR C1：减少建筑全生命周期的影响
	MR C2：建筑产品信息的公开与优化——EPD 声明
	MR C3：建筑产品信息的公开与优化——原材料来源
	MR C4：建筑产品信息的公开与优化——建筑材料的构成成分

资料来源：作者根据 USGBC 官方网站相关资料整理绘制

美国 LEED V4 MRC2 要求提供建筑产品的 EPD 环境声明。本项条款采用开放式的评价方式，规定除可提供得到普遍认可的 3 类环境声明之外，还可以增加第 4 类，即可提供获得 USGBC 批准的环境报告，以此为新技术、新理念，为市场提供推动力。目前，EPD 环境声明的数据来源主要由制造商提供，项目小组使用 EPD 环境声明对建筑材料与建筑产品的能源消耗、水资源消耗以及碳排放数据进行对比与选择。此外，还可以采用多属性优化法（Multi-attribute Optimization）获得 MR C2 的分值，即制造商需证明建筑材料或建筑产品的 6 类环境影响因素中至少 3 类（全球暖化潜力、烟雾形成潜力与非可再生能源消耗）要低于行业平均水平。

LEED V4 MRC3"建筑产品信息的公开与优化——原材料来源"评价条款中，需提供经过第三方验证的企业可持续报告[1]，包括土地利用、原料提取与产品生产制造的影响及社会责任。此外，MRC3 对使用生物基质原材料（Biological Matrix Raw Materials）建筑产品的项目进行奖励，项目需提供相关材料的环境性能认证如木材的 FSC 认证、非木材类建筑材料的可持续农业 SAN（Sustainable Agriculture Network）[2]认证等，通过此项规定强调生物基质原材料的生长与收获过程。为获得此部分的奖励分值，建筑产品必须经过 ASTM Test Method D6866 的测试，测定材料中生物基质的含量同时为来源于当地的建筑材料加分。

---

[1] 企业可持续报告采取自愿的方式，在全球报告倡议组织 GRI 的标准框架下产生，在大型企业中已建立了非常完善的相关制度。针对报告中的数据有两种验证方式，第一种方法是应用等级的验证（Application-level Check），基于透明度等级与信息获取的难易程度对报告评级（A 级、B 级、C 级），第二种方法是外部保证（External Assurance），由第三方对数据的有效性进行确认。

[2] SAN 认证与 FSC 认证类似，SAN 针对农作物产品，主要目的是禁止某些农药的使用，保护野生动物及自然生态系统。

LEED V4 MRC4 "建筑产品信息的公开与优化——建筑材料的构成成分"针对建筑材料中潜在的危害性成分进行评价，通过 HPD 健康产品声明（The Health Product Declaration）公开建筑材料的构成成分并对每种成分的危害性进行详细说明，同时对达到标准的来源于当地的材料给予分值奖励。

5.1.3.3 德国 DGNB 评价体系对建筑材料的规定与评价方法

DGNB 体系中的 LCA 全生命周期评价是进行建筑性能评价与计算过程中非常重要的组成部分，AUB 德国建筑材料协会依据 ISO14025 环境标志国际标准出具的 EPD 产品环境声明报告，所列的产品环境信息如表 5-1-20 所示。

表 5-1-20　德国建筑材料协会（AUB）产品环境声明 EPD 报告所列信息

所列参数	单位
全球变暖潜能值（Global Warming Potential，GWP）及循环利用潜力	Kg CO_2 eqv
臭氧消耗潜能值（Ozone Depletion Potential，ODP）及循环利用潜力	Kg R-11 eqv
酸化潜能值（Acidification Potential，AP）及循环利用潜力	kg SO_2 eqv
富营养化潜能值（Eutrophication Potential，EP）及循环利用潜力	kg PO_4 eqv
光化学烟雾潜能值（Photochemical Potential，POCP）及循环利用潜力	kg ethane eqv
常规能源消耗（Primary Energy）及循环利用潜力	MJ/kg
可再生能源消耗（Renewable Energy）及循环利用潜力	MJ/kg

资料来源：作者根据相关资料整理绘制

5.1.3.4 新加坡 Green Mark、澳大利亚 Green Star 建筑材料的规定与评价方法

新加坡 Green Mark 对建筑材料的规定包括 3—1：可持续的建筑施工，鼓励回收再利用及 3—2：使用经过当地认证的可持续产品。其中，3—1 的要求包括鼓励回收和使用环境友好型的、可持续的建筑材料；在建筑结构中使用经过批准的工业副产品，如研磨呈颗粒状的高炉渣等生产的绿色水泥替代普通硅酸水泥，但质量不少于 10%；使用获得认证的可再生混凝土（RCA）和洗过的铜渣替代混凝土细料成分，但质量不超过 10%；对混凝土使用指数 CUI 进行计算，节省建筑组件中混凝土的用量。3—2 要求鼓励建筑组件中非结构性的部分使用经过地方机构认证的环境友好型材料。此外，Green Mark 对室内装饰材料产生的空气污染在

条款4—2中设置了相关规定，要求使用经地方机构认证的VOC含量较小的油漆及环境友好型的黏合剂。

澳大利亚Green Star对建筑材料的规定包括Mat 3：可循环利用的建筑材料如混凝土材料、钢材等，Mat 4：建筑核心与外围护结构的装修，Mat 7：PVC的使用最少化以及Mat 8：可持续的木材。

5.2　建筑可持续性评价体系社会领域的条款设置

建筑可持续性评价的重要发展方向是将地方文化的延续、城市环境的重塑、社区文化的构建以及行为模式的可持续等社会文化因素纳入评价框架之中，强调可持续建筑在社会发展历程中所肩负的社会责任与教育功能。

5.2.1　德国DGNB评价体系社会领域的条款设置

德国DGNB评价体系中与建筑的社会文化因素相关的评价条款如表5-2-1所示，包含舒适度评价、室内环境质量评价、功能质量评价以及社会文化因素评价。其中，社会文化因素评价包含两项条款：通过竞赛提升设计与规划质量、与公共艺术相结合。

"通过竞赛提升设计与规划质量"评价条款要求通过设计竞赛确保德国建筑设计风格的多样化以及建筑与城市文脉的融合。DGNB评价体系规定设计竞赛应遵循相关的标准规程，即满足德国GRW95 RPW2008及其他相关规定中设定的要求。设计竞赛由专家小组对设计方案进行评选，确保项目在限制条件下进行建筑设计与建筑施工，制定最具可持续性与创新性的解决方案，将建筑设计与成本控制、建筑功能、提升能源效率与保护环境等方面相结合。

"与公共艺术相结合"评价条款要求在建筑表达方面将公共艺术作为建筑元素，并在建筑与公众之间建立联系，增强建筑的接受度与辨识度，同时对建筑的场地特征进行强化。建筑与公共艺术的结合也需要通过竞赛实现建筑师、规划部门与艺术家在项目初期的合作。此外，还包括公开场合的陈述、展览或公告等其他形式向公众进行传播，同时对艺术品进行标记。

表 5-2-1　DGNB 评价体系社会领域的条款设置

社会文化与功能质量	1. 舒适度	冬季热环境舒适度
		夏季热环境舒适度
		声环境舒适度
		视觉舒适度
	2. 室内环境质量	室内卫生监测
		使用者对室内环境控制的影响
	4. 功能质量	屋面设计
		安全性及事故风险
		无障碍设计
		建筑面积的有效利用
		功能的适应性与可变性
		公共空间可达性
		自行车设施的便利程度
	5. 社会文化因素	通过竞赛提升设计与规划质量
		与公共艺术相结合

资料来源：作者根据相关资料整理绘制

5.2.2　LBC 评价体系社会领域的条款设置

卡斯卡迪亚地区 LBC 评价体系中社会领域的表现性能包括第 6 项"公平"与第 7 项"美观"，其中"公平"包括 3 项评价条款：人的尺度与空间、民主与社会公平、享受自然的权利；"美观"包括 2 项评价条款：美观与精神、激励与教育。上述每项条款的具体要求如表 5-2-2 所示。

表 5-2-2　LBC 评价体系社会领域的评价条款与具体要求

表现性能	评价条款	具体要求
公平	人的尺度与空间	按照人的尺度而非机动车的尺度进行空间设计
	民主与社会公平	确保公众能平等使用项目的所有公共设施，残疾人设计符合 ADA 标准，社区项目至少 15% 的居住单元为经济适用房
	享受自然的权利	不妨碍公众及相邻区域享有空气、阳光、水的机会
美观	美观与精神	将场所精神和地域文化结合到设计方案中
	激励与教育	设置建筑开放日，向公众宣传项目采用的节能策略

资料来源：作者根据 LBC 官方网站相关资料整理绘制

5.3 建筑可持续性评价体系经济领域的条款设置

5.3.1 英国 BREEAM 评价体系经济领域的条款设置

BREEAM 2011 NC 评价体系中涉及经济领域的评价条款为 BREEAM Man5 全生命周期成本及使用年限,要求进行 LCC 建筑全生命周期成本及使用年限分析,提升设计效率与运行维护质量。运行时较低的建筑能耗与较少的维护需求、基础设施、建筑系统以及建筑结构具备较长的服务期限、建筑构件的循环再利用等均可降低建筑的全生命周期成本,提升使用年限。

LCC 建筑全生命周期成本分析应在由英国皇家建筑师协会 RIBA 制定的 C/D 工作阶段(即概念设计阶段与方案设计阶段)与 D/E 工作阶段(即设计阶段与技术设计阶段)内执行,符合 ISO 15686-5:2008 中的相关要求。LCC 建筑全生命周期成本分析涵盖建筑 60 年使用年限,包括建筑的建造阶段、运行阶段和维护阶段。在建筑采购阶段进行初步的鉴定性评价,涵盖不同建筑方案的使用年限与维护方式评价,评价过程必须符合 ISO 15686 Buildings and constructed assets - Service life planning Part 1 标准中的相关要求。

BREEAM Man5 由 BREEAM 专业评价人员对建筑进行全生命周期成本(Life Cycle Cost)的分析与研究,包括策略层级分析(如建设地点与外部环境、可维护性与内部环境等)与系统层级的分析(如建筑基础、框架墙与地面、建筑的能源类型、建筑通风、水资源、交通通信等)。以 60 年的使用年限为研究周期,与 BRE Green Guide 中的要求一致。上述分析必须在设计过程的早期予以进行,BREEAM Man5 中的 LCC 建筑全生命周期成本的分析结果可为被评价建筑的设计与建造过程提供研究基础,且依据 ISO 15686-5 中的要求从战略层级与系统层级对以下建筑组件中的至少两项进行不同方案的成本对比分析并提供证明文件:建筑外围护结构,如窗户、屋面、覆层;建筑服务系统,如冷热源与控制系统;建筑装修,如墙、楼地面;建筑外部空间。

5.3.2 德国 DGNB 评价体系经济领域的条款设置

DGNB 评价体系的经济质量包含两项评价条款：LCC 建筑全生命周期成本分析和建筑空间的利用效率。

5.3.2.1 LCC 建筑全生命周期成本分析

经济领域的可持续性评价目标为最小化建筑全生命周期成本，以及减少与投资新建建筑相比变更与保护既有建筑的相对成本。DGNB 评价体系对建筑经济质量的规定以 LCC 建筑的全生命周期成本分析为基础，既关注如何减少建造成本又强调降低后续运行维护费用。LCC 建筑全生命周期成本分析评价条款要求在项目开发与规划阶段即对建筑的全生命周期成本进行控制。其经济质量评价指标（€/m²）包括生产成本（Production Costs）、后续成本（Follow-up Costs）以及拆除与清理成本（Deconstruction and Disposal Costs）。生产成本指从项目开发阶段到施工交付所需的成本，后续成本指建筑与系统调试与运行阶段所需的成本，拆除与清理成本指建筑生命周期完成时进行拆除与清理所需的成本。

5.3.2.2 建筑空间的利用效率

DGNB 体系中建筑空间的利用效率条款关注建筑市场的需求，强调建筑空间的高效性、灵活性与适应性，要求建筑设计能适应建筑功能的改变尤其是建筑使用过程中的空间功能的改变，在建筑可持续性标准下的较高层级的适应性即用最少的资源完成空间功能的变更。

本项条款中对建筑结构的空间效率与适应性的评价从项目开发与规划阶段开始执行，通过早期规划阶段对空间面积的优化利用来减少建筑所需的资源与能源，同时也涵盖建筑的使用阶段。本项条款的评价指标包括建筑的模块化设计、建筑的空间结构、系统供热与气候控制、供水系统、污水处理系统等因素对建筑空间效率的影响。

5.4 建筑可持续性评价体系政策领域的条款设置

对建筑可持续性评价体系产生影响的政府政策包括能源与碳排放政策、政府制定的相关建筑标准与设计规范、城市定位、保护规划、建筑产业发展现状等。现有建筑可持续性评价体系中与政策相关的评价条款如表 5-4-1 所示。

表 5-4-1　建筑可持续性评价体系中与政策相关的评价条款

评价体系	条款内容		
	评价领域	一级指标	二级指标
国际可持续挑战 SBC 合作计划	A：场地重建与发展，城市设计与基础设施	A2：城市设计	A2.1：通过开发密度设置，实现土地利用效率最大化
	S：场地位置、服务设施与场地特征	S3：场地特征	S3.12：确定场地是否受相关遗产保护条例的开发限制
法国 HQE 评价体系	E：环境领域	1.1：可持续的城市发展布局	1.1.1：确保规划方案与区域发展政策保持一致

资料来源：作者自制

建筑可持续性评价体系的实施对政府政策的制定会产生影响。比如卡斯卡迪亚地区 LBC 生态建筑挑战评价体系，其评价标准的设置具备一定程度的前瞻性，部分条款的内容与现行的政策存在冲突。比如"场地净零水"要求在场地内部实现水资源 100% 的循环利用，但是按照公共卫生法规的规定，饮用水必须使用城市供水。随着 LBC 评价体系在北美地区影响力的逐渐扩大，俄勒冈州已通过众议院法案 2080，实现了建筑用水系统独立性的合法化；华盛顿州克拉克也已经于 2010 年 7 月批准"可持续社区条例"，允许申请 LBC 认证的项目可以不遵循地方法规及规章，而采取更为先进的可持续建筑设计策略；2012 年 9 月，华盛顿州颁布了有关支持 LBC 评价体系所有标准的当地法令。

此外，各国政府为促进可持续建筑的发展也制定了相关激励政策与强制措施，如英国采用国际公约与本国法令结合的形式制定了完备的可持续建筑政策法规体系，美国强调市场化的推动与灵活的激励政策，亚洲国家普遍由政府及行政机构制定明确的可持续建筑发展规划，充分发挥政府的主导作用。

5.5　本章小结

　　本章在现有建筑可持续性评价体系中选取具有代表性的体系进行环境领域、社会领域、经济领域与政策领域的专项分析，重点研究环境关键指标即建筑能耗、建筑碳排放与建筑材料的评价方法、评价条款、基准设置、计算过程与计算方法，以及建筑可持续性评价体系在社会领域、经济领域与政策领域的条款设置与相关规定，为下一阶段的研究提供基础。

6 BSA 建筑可持续性评价体系构建

我国土地资源与水资源稀缺，物种多样性面临危机，城市化进程中过度的资源消耗对生态环境造成了巨大影响。为此，国务院于 1994 年通过了《中国 21 世纪议程》，议程分为可持续发展总体战略、社会可持续发展、经济可持续发展以及资源与环境的合理利用与保护 4 个部分，提出了我国可持续发展的战略目标、战略重点与重大行动，要求建立我国可持续发展的法律法规体系。可以看出，可持续发展受到社会领域、环境领域、经济领域与政策领域的交互影响，其最终目标是实现生态可持续与人文可持续。生态可持续是指降低能源与资源消耗，对自然环境与生态系统进行保护；"人文可持续是指促进个人在社会、物质、心理等方面的健康发展，促进社会文化与经济的共同进步"[①]。

建筑作为具备空间结构、时间变化、自动调控、开放发展等特征的完整的生态系统，其可持续发展也包含环境、社会、经济与政策 4 个领域。建筑的可持续发展应充分发挥建筑可持续性评价的推动力与导向作用。我国建筑可持续性评价体系的研究与建立起步较晚，在体系的构建与完善更新、基本数据库的建立、相关政策法规的支持、专业人员的培养等方面需要更多的研究和实践。

由于地域特征、资源构成、环境参数、社会人文、法律法规、技术水平等因素的差异，国外现有评价体系在很大程度上不适应我国可持续建筑的发展现状。本章针对我国建筑可持续性评价体系发展过程中面临的问题，在对国际性通用的建筑可持续性评价框架与各地区现有评价体系研究的基础上，构建 BSA（Building Sustainability Assessment）建筑可持续性评价体系，目标是将环境领域、经济领域、社会领域、政策领域各要素对建筑的影响进行系统整合，促进建筑相关专业在建筑可持续性评价方面进行更深入的合作与提升。

---

① W. Cecil Steward&Sharon, B.Kuska.Sustainometrics: Measuring Sustainability.

BSA 建筑可持续性评价体系的构建过程包括为其制定清晰的构建原则与构建方法，确定体系框架与评价领域，进而进行评价条款、衡量基准、权重体系、评价模型等构成要素的设置，以此为基础构建完整的兼具评价与反馈功能的建筑可持续性评价体系。BAS 建筑可持续性评价体系的开发基于研究用途、商业用途、决策与管理目的等，适用于设计师、建筑师、研究人员、顾问、业主、使用者及政府机构等不同对象。

6.1 BSA 建筑可持续性评价体系的构建原则

BSA 建筑可持续性评价体系以可持续发展理论为基础，有效利用资源，尊重环境资源；确保健康与社会公平，提升社会凝聚力与包容性，满足人类不同层次的需求；实现可持续的经济发展；建立高效可参与的社会各级监管系统，以良好的科学责任，确保政策的执行基于坚固的科学基础。BSA 建筑可持续性评价体系的构建遵循以下原则：

6.1.1 系统性原则

BSA 建筑可持续性评价体系不仅局限于对可持续建筑单个影响因素的独立阐述或松散机械的合成，还将建筑可持续性的相关影响因素构建成为具有层次性与关联性的评价系统，整合建筑可持续性评价中涉及与功能、性能相关联的各类要求，注重体系内部的相互关联。

6.1.2 科学性原则

BSA 建筑可持续性评价体系建立在对建筑可持续发展内在机制的科学分析与研究的基础上，标准设置能够反映建筑可持续发展的实现程度，体系所列评价条款与基准参数的物理意义非常明确并具有标准化、规范化的测量与计算方法。

6.1.3 动态性原则

建筑可持续性评价既是最终目标也是发展过程，受国家政策与法律法规、社会经济与市场环境、技术体系与相关产业等相关因素的影响。BSA 建筑可持续性评价体系应在保持一定稳定性的同时具有动态性，通过对体系的持续修改补充使其能动态地反映出我国可持续建筑的发展趋势以及建筑行业标准规范与技术水平。

6.1.4　实用性原则

BSA 建筑可持续性评价体系具备清晰的体系框架，评价过程与评价结果易于使用者理解并进行不同结果间的对比，实现可持续建筑相关信息的有效传播，具有较强的实用性，并尝试解决设计过程与使用过程、设计者与使用者间信息不对称的问题。

6.1.5　前瞻性原则

BSA 建筑可持续性评价体系将工具性与价值负载相结合，将评价领域扩展至可持续发展的社会、经济与政策领域，具备一定的前瞻性，是建筑可持续性评价未来的发展方向，体现出全生命周期不同阶段对建筑可持续性能的关注，同时确保体系在空间维度与时间维度的创新与更新。

6.2　BSA 建筑可持续性评价体系的构建方法

BSA 建筑可持续性评价体系能使不同建筑进行整体及单项性能参数的对比，其可用性、可靠性与适应性是本研究的重要内容。BSA 建筑可持续性评价体系的具体构建方法为：

1. AHP 层次分析法

AHP 层次分析法用于 BSA 建筑可持续性评价体系的层级结构及权重设置的研究，尽量减少专家在调查中的主观成分，以获得相对客观的研究结论。利用AHP 层次分析法将各评价要素构造成为递阶层次系统，将复杂的且难于量化的评价转化为条理有序的层级结构，"通过对各层次要素的两两比较判断其相对重要性并构成判断矩阵，经过运算求得各要素的权向量，从而对各层次上的要素进行权重计算与排序（图 6-2-1）"。[①]

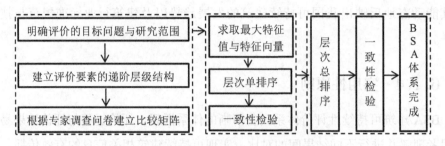

图 6-2-1　AHP 层次分析法执行流程

资料来源：作者根据《建成环境主观评价方法研究》整理绘制

2. 定量评价与定性评价相结合的方法

BSA 建筑可持续性评价体系将评价条款的定量评价与定性评价相结合。定量评价是指以设定的目标参数作为得分依据，用于对建筑相关性能的定量化衡量。定性评价是指将客观描述与主观分析相结合得出评价结果，无法通过数据计算进行判定，只对建筑相关性能进行定性化衡量。

3. 多目标综合评价方法

由于评价对象的复杂性与多层次性，建筑可持续性评价体系研究日趋多学科与综合化。本研究引入多目标综合评价方法，对评价对象的各类影响因素与多个平行准则进行综合分析与判断。多目标综合评价方法的实施步骤包括建立评价体系、对各评价条款的不同参数数据进行无量纲化处理，以及进行多目标归一。无量纲化的目的是消除各参数不同计量单位的影响，将其转化为性质相同的数据，使其能够进行多目标的归一处理。常用的数学变换形式有三类：直线型变换（极值法、Z-Score 法等）、折线型变换（标准化十等分评分法等）和曲线型变换（曲线函数法等）。其中，极值法为较常用方法。多目标归一的主要方法有综合指数法、总和法、乘法合成、加乘混合合成、模糊合成和多元统计法等，其中综合指数法是最常用的方法。

————————————

①　朱小雷. 建成环境主观评价方法研究 [M]. 南京：东南大学出版社，2005.

6.3　BSA 建筑可持续性评价体系的层级结构

本研究利用 AHP 层次分析法进行 BSA 体系层级结构的构建。AHP 方法的基本假设为系统可被分解成多种组成部分（Components）并形成层级结构，每一层级的要素均具备独立性并可用上一层级内的某些或所有要素作为评判标准；要素的优劣对比与强度具备迁移性。层级内要素不宜过多，根据美国国家工程院院士萨蒂（Thomas L. Saaty）的建议，同一层级的要素不应超过 7±2 项，以免影响层级的一致性。

1. BSA 建筑可持续性评价体系的第一层级——目标层

BSA 建筑可持续性评价体系在可持续发展原则的指导下，以系统理论和全生命周期理论为基础，以降低环境影响、提升能源利用效率、节约资源为目标，建立评价要素的层次结构模型。

2. BSA 建筑可持续性评价体系的第二层级——领域层

通过对国际性通用框架与各地区评价体系的影响因素与内部结构的分析研究，在可持续发展的 3 个传统领域——环境领域、社会领域与经济领域的基础之上，加入对建筑可持续性评价起到重要作用的政策领域，即确定了 BSA 建筑可持续性评价体系的 4 类评价领域：环境领域、社会领域、经济领域、政策领域。

3. BSA 建筑可持续性评价体系的第三层级——准则层

BSA 建筑可持续性评价体系的准则层以第二层级领域层为基础，将 4 类评价领域划分为准则大类，从宏观角度对建筑在关键可持续性层面的性能进行定义。

4. BSA 建筑可持续性评价体系的第四层级——子准则层

BSA 建筑可持续性评价体系的子准则层以第三层级准则层为基础，继续深化准则层对各领域的宏观划分，将其细分为更加具备可操作性的层级。

5. BSA 建筑可持续性评价体系的第五层级——标准层

BSA 建筑可持续性评价体系的标准层以第四层级子准则层为基础，各项评价条款以简单有效的方式从潜在的众多来源中传递复杂的信息，同时具备简化、量化与沟通 3 项特征。此外，标准层还包括条款中对基准参数的确定。

6.4 BSA 建筑可持续性评价体系评价领域分析

现有国际性通用框架与各地区评价体系均以环境领域为研究重点并对其进行了深入研究，从性能类别到评价条款与基准设置都取得了基本共识。葡萄牙米尼奥大学 Luís Bragança 将"社会指标与经济指标称为'软性指标'"[①]，涉及社会领域的评价体系有英国 BREEAM、法国 HQE、国际 SBTool、日本 CASBEE、德国 DGNB、卡斯卡迪亚地区 LBC 等，只有国际 SBTool 与德国 DGNB 体系涉及建筑经济领域评价。环境领域、社会领域与经济领域相互影响、相互制约，构成现有建筑可持续性评价体系的 3 类评价领域（图 6-4-1）。

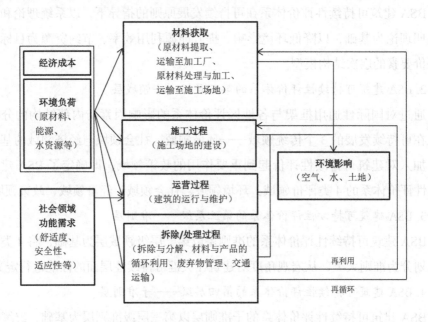

图 6-4-1　现有建筑可持续性评价体系的评价领域及评价阶段

资料来源：L.Bragança, R. Mateus, H. Kouk. kari, Perspectives of Building Sustainability Assessment

---

① Luís Bragança, Ricardo Mateus, Heli Koukkari. Building Sustainability Assessment. Sustainability, 2010（2）.

通过前几章节对国际通用的建筑可持续性评价框架和国家层面的建筑可持续性评价体系的分析研究，本研究中 BSA 建筑可持续性评价体系的评价领域设置除包含环境领域、社会领域、经济领域评价外，还强调了国家与地区的政策环境对建筑可持续发展的重要驱动作用，因此将政策领域纳入评价体系，即从环境保护、社会文化、经济发展、政策推动与监管等角度对 BSA 体系进行系统构建。4类评价领域的评价指标达到平衡时，建筑项目就能实现良好的可持续发展。各评价领域及所含指标相互关联、相互制约，不同领域之间在评价逻辑、评价模式与评价方法上都存在差异，其中环境领域仍为比重最大的研究领域。BSA 建筑可持续性评价体系目的是通过环境领域、社会领域、经济领域与政策领域各因素的集成，将可持续目标转换为具体的性能目标并对其整体可持续性能进行评价。

6.4.1 BSA 建筑可持续性评价体系评价领域对应主体需求

BSA 建筑可持续性评价体系的 4 类评价领域——环境领域、社会领域、经济领域、政策领域，与可持续建筑相关利益主体的价值目标产生的对应关系如表6-4-1 所示。建设项目的业主、开发机构与运行管理机构重视可持续建筑的经济效益，建筑使用者则强调社会领域的公平、文化的发展与自身的健康舒适，设计师以环境领域和社会领域为研究重点，起到平衡各方需求的作用。

表 6-4-1　BSA 建筑可持续性评价体系的评价领域与主体需求的对应关系

可持续建筑相关主体	价值目标	侧重的评价领域
政府机构	设立建筑的规范、标准与相关发展政策	政策领域
业主、开发机构	以市场需求为导向，以经济效益为主导	经济领域
建筑设计师	以可持续为目标，平衡各方面的需求与矛盾	环境领域、社会领域
建筑使用者	社会公平，实现健康、舒适与安全	社会领域
建筑的运行管理机构	以良好的建筑运行及实现经济效益为目标	经济领域

资料来源：作者根据相关资料整理绘制

6.4.2 BSA 建筑可持续性评价体系评价领域的内容分析

6.4.2.1 BSA 建筑可持续性评价体系环境领域的内容分析

现有建筑可持续性评价体系中的环境领域采用了不同的条款分类与指标设置方法，通常依据"终端影响"或"中点影响"进行分类。部分体系以"终端影响"，即"损害类别"作为分类方式，表达建筑对人类环境、生态系统、资源及气候变化等方面产生的影响。此种分类以损害为导向，试图模拟因果链导致的终端损害，评价过程有高度的不确定性。"中点影响"又称"指标类别"，指根据采用的措施定量化衡量早期产生的影响，在因果链中对不确定性进行限制。本研究中 BSA 建筑可持续性评价体系采用"中点影响"的分类方式，将建筑在环境领域的可持续性评价分为建筑对资源和能源的利用评价、建筑对环境的影响评价以及建筑自身的性能评价。

1. 建筑对环境的影响

建筑对环境产生的影响即评价建筑所在区域环境（场地外环境）与场地环境（场地内的室外环境）受建筑影响而产生的变化。

（1）建筑对区域环境的影响。建筑对所在区域环境的影响主要包括建筑的土地资源利用，基础设施负荷，建筑对周边区域环境造成的如风害、日照以及对城市景观的影响。

（2）建筑对场地环境的影响。建筑对场地环境的影响主要包括建筑对场地内生态多样化的影响、场地交通系统的设计、停车空间的设置、道路可达性、人流与车流组织、场地的景观环境以及场地的声光热环境。

2. 建筑对资源与能源的利用

建筑过程消耗了大量的自然资源与能源，包括水资源、材料资源以及各类常规能源与可再生能源。BSA 建筑可持续性评价体系将其作为环境领域评价的重要方面，对建筑消耗的各类能源、水资源以及建筑材料等进行评价。

3. 建筑各要素的性能

环境领域中针对建筑自身性能的可持续性评价要素主要包括建筑基本物质要素中的物理要素、设施要素、空间要素等。物理要素包括建筑室内的声环境、光环境、热环境与室内空气质量。设施要素包括建筑的通风系统、空调系统、供水系统以及服务设施、生活辅助设施、安全设施等。空间要素包括建筑的空间布局等。

6.4.2.2　BSA 建筑可持续性评价体系社会领域的内容分析

建筑在社会领域的可持续性评价是指在对价值观与社会发展趋势正确认知的基础上，提炼出衡量建筑社会文化因素的评价指标。建筑可持续性发展的社会指标用来描述建筑如何与区域层级产生影响，如城市蔓延、混合土地利用、生态环境的营建、与基本服务要素的连接、当地文化与特征、文化遗产的保护以及城市安全等议题。BSA 建筑可持续性评价体系社会领域的评价指标在建筑层面体现为建筑的社会公平、建筑的文化质量、建筑的服务质量、建筑使用者的健康、建筑与使用者所需服务的连接等。

1. 建筑的社会公平

建筑的社会公平性研究主要针对代际公平，代际公平的概念最早是由 T.Page 于 1988 年提出，认为当代人的决策结果会对后代人的利益产生影响，应将代际公平视为可持续发展的限制条件。建筑的社会公平方面还包括承担公共教育与宣传的责任，通过对可持续建筑的推广与普及来提升社会的可持续意识。

2. 建筑的文化质量

建筑的文化质量在建筑可持续发展中起到重要的作用，因此将其局部特征纳入 BSA 建筑可持续性评价体系中，其中包括以公民责任感为基础的可持续意识的提升，即对可持续生活方式的提倡以及建筑全过程对相关行业可持续理念的普及，还包括建筑对地方社会文化特征的反映。

3. 建筑的服务质量

建筑的服务质量包括建筑的运行维护与管理（包括制定资源与能源的节约制度，对建筑系统的自动化监控与分项计量等）以及建筑的无障碍设计。

4. 建筑使用者的健康

建筑使用者的健康评价依据世界卫生组织 WHO 关于健康的 4 项标准（表6-4-2）将评价目标设定为安全、健康、舒适、便利。其中，舒适性是最重要的评价内容，依据使用者的主观评价进行判定，包括建筑对使用者舒适性需求的适应性以及建筑的视觉舒适度评价。

表 6-4-2　世界卫生组织 WHO 关于健康的 4 项标准 [①]

类别	内容
安全性（Safety）	远离灾害，保护生命和财产安全
保健性（Health）	保证人类身体与精神的健康
便利性（Convenience）	在经济合理的条件下确保生活便利
宜人性（Amenity）	充分确保环境美观，身心放松

6.4.2.3　BSA 建筑可持续性评价体系经济领域的内容分析

建筑可持续性评价体系经济领域评价的目标为展示建筑全生命周期的货币流动。BSA 建筑可持续性评价体系在经济领域的评价内容包括在对建筑各项投入与收益进行统计的基础上，计算其在预定使用年限内建造、运行、维护过程中产生的费用与效益。

6.4.2.4　BSA 建筑可持续性评价体系政策领域的内容分析

可持续观念不仅体现在建筑的全生命周期中，也应体现在行政管理框架中进行全局统筹的政策性引导。BSA 建筑可持续性评价体系在政策领域建立合理的、切实可行的政策法规的同时强调政策的执行力度，内容包括建立强制性的可持续建筑标准、提供激励措施以及设置财政奖励如政府津贴、税费减免、专项奖金等。

6.5　BSA 建筑可持续性评价体系的评价条款设置

本书为 BSA 建筑可持续性评价体系的第一阶段研究，本节主要关注在建筑可持续性评价领域（环境领域、社会领域、经济领域、政策领域）中评价边界与评价条款的设置，包括评价指标的选取及评价基准与参数的设定。

BSA 建筑可持续性评价体系的边界设置：地域边界即建筑项目的场地范围；"时间边界为建筑的物理使用寿命，即建筑在正常使用的情况下，从开始建造到由于物理损坏而导致其功能无法满足用户正常使用的整段时间" [②]。

---

① 田蕾. 建筑环境性能综合评价体系研究 [M]. 南京：东南大学出版社，2009.

② 刘伟. 绿色建筑生命周期成本分析研究 [D]. 重庆：重庆大学，2006.

BSA 建筑可持续性评价体系中评价条款的设置层次分为深度层和时间层（表 6-5-1）。其中，深度层的探索性评价是指条款的设置需具备一定的前瞻性与创新性，描述性评价是指条款要求对建筑某方面的理念或方法进行描述，结论性评价是指条款以定量化参数数据为评价目标，诊断性评价是指条款针对建筑设计阶段的相关性能作出的评价与判断。时间层的静态性评价是指条款不受任何影响的累积效应，反映某一特定时刻评价条款中某项评价指标的状态；动态性评价是指条款将建筑发展变化的过程纳入考虑范围，反映出评价条款中某项评价指标的发展变化，强调对其演化过程的考察。

表 6-5-1　BSA 建筑可持续性评价体系中评价条款的设置层次

层次	具体分类
D- 深度层	D1- 描述性评价、D2- 结论性评价、D3- 诊断性评价、D4- 探索性评价
T- 时间层	T1- 动态性评价、T2- 静态性评价

资料来源：作者自制

6.5.1　BSA 建筑可持续性评价体系各领域的指标设置

6.5.1.1　BSA 建筑可持续性评价体系的指标选取方法

BSA 建筑可持续性评价体系用于描绘综合的建筑可持续图景，而体系中的单项指标可用于考察并推测可持续建筑在重要领域的发展。本节在对建筑可持续性评价的内涵、外延、构成要素等进行分析研究与综合比较的基础上，进行评价指标的选取，选取的目标是将复杂现象的信息简化为相对简单并易于理解的形式。国际通用的建筑可持续性评价框架 ISO 21929-1 中指出，可通过评价指标的设置制定建筑的可持续发展目标，最终选取的评价指标应具备 3 项主要功能，即量化（Quantification）、简化（Simplification）与交流（Communication），同时评价指标还可用于项目决策即对未来发展趋势进行预测与衡量，监测建筑随时间与设定目标的改变而发生的变化。[①]

评价指标的选取存在全面性与代表性之间的矛盾，全面性要求指标反映被评价对象的全部特征，代表性要求指标的评价内容不能重叠与重复。W. 塞西尔·斯

---

① International Standard ISO21929—1 First Editon 2011—11—15.

图尔德认为，"用于可持续性计量的每一项评价指标都应该是由可测量的信息组成的数据集和拓扑结构，这些信息能够对前期条件、事物进展和环境情况进行如实的描述和评估。此外，评价指标应具有稳定的数据来源与一致的格式以便于进行比较研究"①。

BSA 建筑可持续性评价体系的指标收集过程结合频度统计法、理论分析法、专家咨询法等科学方法。为使评价指标的选择兼顾全面性与代表性，要求指标能尽量反映评价对象的全部特征且避免重复与重叠。"BSA 建筑可持续性评价体系采用聚类分析方法"② 将候选指标群划分成若干类别，以 ISO 21929-1 中设定的建筑可持续性评价中的核心指标（表 6-5-2）为参考，结合频度统计法对每类指标在现有评价体系中的应用进行频度统计，从每一类别中选择频度较高且兼顾全面性与代表性的指标，最后采用专家咨询法通过咨询专家意见，对指标进行调整与补充。

表 6-5-2　ISO 21929-1 中设定的建筑可持续性评价中的核心指标与二级子指标

核心指标	二级子指标
对空气的排放	全球变暖潜力
	臭氧消耗潜力
非可再生资源的消耗量	非可再生材料的消耗
	非可再生能源的消耗
水资源的消耗量	建筑的水资源消耗量
产生的废弃物的数量	建筑产生的废弃物的数量
土地用途的变化	土地用途的变化
与服务系统的连接	建筑与公共交通模式的连接
	建筑与私人交通模式的连接
	建筑与绿地及开敞区域的连接
	建筑与使用相关的基础服务的连接
可达性	建筑场地的可达性
	建筑的可达性

---

① W. 塞西尔·斯图尔德，莎伦·B. 库斯卡. 可持续性计量法——以实现可持续发展为目标的设计、规划和公共管理 [M]. 刘博，译. 北京：中国建筑工业出版社，2013.

② 聚类分析方法是指将物理对象或抽象对象的集合分组为由类似的对象组成的多个类的分析过程.

核心指标	二级子指标
室内状况与空气质量	建筑的室内热质量
	建筑的室内视觉质量
	建筑的室内声质量
	建筑的室内空气质量
适应性	建筑对用途变化或使用者需求的适应
	建筑对气候变化的适应性
全生命周期成本	建筑的全生命周期成本
维护性	建筑的可维护性
安全性	建筑结构的稳固性
	建筑的防火安全
	建筑的使用安全
服务性	建筑的服务功能
美学质量	建筑的美学质量符合当地需求

资料来源：International Standard ISO21929-1 First Editon 2011-11-15

研究结果表明，定量分析条款和措施得分条款因其参数界定条件及评价基准，条款的敏感性较高；定性分析条款由于主观判断的弹性较大，造成得分过于集中，导致条款的敏感性较低。因此，定量化评价成为 BSA 建筑可持续性评价体系指标参数设置的实施原则，即提升体系中定量评价指标的数量，对定性指标采用措施评价且增加其敏感性。"此外，部分评价条款的重要性程度较高，但不同建筑项目针对本项条款的执行程度类似，比如与强制性规范相关的任何建设项目都必须满足的条款"[①]。

6.5.1.2　BSA 建筑可持续性评价体系各领域的指标设置

1. BSA 体系环境领域评价指标设置

本研究中 BSA 建筑可持续性评价体系将建筑在环境领域的可持续性评价分为建筑对环境的影响评价、建筑对资源和能源的利用评价，以及建筑各要素的性能评价（表 6-5-3）。

---

① 田蕾. 建筑环境性能综合评价体系研究 [M]. 南京：东南大学出版社：2009.

表 6-5-3　BSA 建筑可持续性评价体系环境领域的评价指标选取

目标层	领域层	准则层（3项）	子准则层（9项）	标准层（24项）
建筑可持续性评价	Env. 环境领域	1. 建筑对环境的影响	1.1 建筑对区域环境的影响	1.1.1 建筑对区域交通系统的影响
				1.1.2 建筑对区域服务设施的影响
				1.1.3 建筑对区域基础设施的影响
			1.2 建筑对场地环境的影响	1.2.1 建筑对场地生态系统的影响
				1.2.2 建筑对场地交通系统的影响
				1.2.3 建筑对场地物理环境的影响
			1.3 建筑对环境的排放	1.3.1 建筑废弃物的回收与处理
				1.3.2 建筑的碳排放与碳补偿
		2. 资源与能源的利用	2.1 建筑的能源需求与能源消耗	2.1.1 建筑设计时预期的能源需求
				2.1.2 建筑运行的能源消耗与监测
				2.1.3 建筑的可再生能源利用率
			2.2 建筑的水需求与水资源消耗	2.2.1 建筑设计预期的用水需求
				2.2.2 建筑的水资源消耗与监测
				2.2.3 建筑雨水与灰水的再利用
			2.3 建筑材料资源的使用与消耗	2.3.1 当地建筑材料的使用
				2.3.2 可持续建筑材料的使用
		3. 建筑各要素的性能	3.1 建筑空间要素的性能	3.1.1 建筑空间布局的合理性
				3.1.2 功能空间的适应性与可变性
			3.2 建筑物理要素的性能	3.2.1 建筑的室内环境质量
				3.2.2 建筑的室内空气质量
			3.3 建筑设施要素的性能	3.3.1 建筑通风系统的性能
				3.3.2 建筑空调系统的性能
				3.3.3 建筑供水系统的性能
				3.3.4 建筑其他设施的性能

2. BSA 体系社会领域评价指标设置

本研究中 BSA 建筑可持续性评价体系将建筑在社会领域的可持续性评价分为建筑的社会公平、建筑的文化质量、建筑的服务质量、建筑使用者的健康（表 6-5-4）。

表 6-5-4　BSA 建筑可持续性评价体系社会领域的评价指标选取

目标层	领域层	准则层（2项）	子准则层（4项）	标准层（8项）
建筑可持续性评价	Sol. 社会领域	1. 社会与文化	1.1 建筑的社会公平	1.1.1 建筑的公众参与和信息获取
				1.1.2 建筑公共设施的平等使用
			1.2 建筑的文化质量	1.2.1 对可持续意识提升的作用
				1.2.2 建筑对本地社会文化的反映
		2. 服务与健康	2.1. 建筑的服务质量	2.1.1 建筑的运行维护与管理
				2.1.2 建筑室内外的无障碍设计
			2.2. 建筑使用者的健康	2.2.1 建筑对使用者需求的适应性
				2.2.2 建筑使用者的视觉舒适度

资料来源：作者自制

3. BSA 体系经济领域评价指标设置

BSA 建筑可持续性评价体系在经济领域的评价内容包括建筑自身的经济性能和建筑对当地经济产生的影响（表 6-5-5）。

表 6-5-5　BSA 建筑可持续性评价体系经济领域的评价指标选取

目标层	领域层	准则层（2项）	子准则层（3项）	标准层（5项）
建筑可持续性评价	Eco. 经济领域	1. 建筑自身的经济性能	1.1 建设项目增量成本与效益分析	1.1.1 建设项目增量成本分析
				1.1.2 建设项目增量效益分析
				1.1.3 建设项目效益费用比
			1.2 建筑空间的利用效率	
		2. 建筑对当地经济的影响		

资料来源：作者自制

4. BSA 体系政策领域评价指标设置

建筑在政策领域的可持续性评价包括国家和本地区的可持续发展公共政策、区域规划和产业政策对建筑可持续发展的相关规定，以及所产生的影响（表 6-5-6）。

表 6-5-6　BSA 建筑可持续性评价体系政策领域的评价指标选取

目标层	领域层	准则层（2项）	子准则层	标准层
建筑可持续性评价	Pol. 政策领域	1. 建筑可持续发展的相关政策	1.1 建筑可持续发展的城市政策	1.1.1 城市发展规划中对项目地块建设可持续建筑的相关要求
				1.1.2 城市设计导则中对项目地块建设可持续建筑的相关要求
			1.2 建筑可持续发展的经济政策	1.2.1 针对可持续建筑的经济奖励政策
				1.2.2 针对可持续建筑的费用减免政策
		2. 建筑对当地政策制定产生的影响		

资料来源：作者自制

6.5.2　BSA 建筑可持续性评价体系的参数与权重设置

评价指标与基准参数是 BSA 建筑可持续性评价体系的基础，其中基准参数是指建筑的某项可度量或可观测的性能。评价指标是固定设置的，通过基准参数的选择体现不同建筑项目的地域特征与项目特点。

BSA 建筑可持续性评价体系中各项评价条款的设置层次分为深度层和时间层，D—深度层划分为 4 类：D1—描述性评价、D2—结论性评价、D3—诊断性评价、D4—探索性评价。其中，D2—结论性评价所包括的评价条款以定量化参数数据为评价目标。各项评价条款基准参数的处理流程如图 6-5-1 所示，具体步骤为：对各评价领域中各项评价条款所涵盖的建筑性能进行参数的选取与设置，对各项评价条款选取的参数进行无量纲化处理，计算各项评价条款的可持续分值，进行建筑整体的可持续性评价。

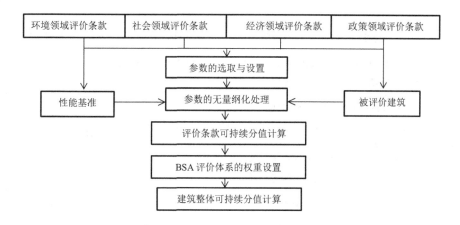

图 6-5-1　BSA 建筑可持续性评价体系参数数据的处理流程

资料来源：作者自绘

6.5.2.1　各评价领域参数的选取与设置

参数的选择方法包括参照已有的研究成果、专家意见、模拟工具、数据库信息等得出的[①]。BSA 建筑可持续性评价体系的基准参数分为一般参数（General Parameters）与核心参数（Green Parameters）。一般参数代表建筑在某方面的性能状态，核心参数可定量化表征建筑可持续性的核心问题。

1. 环境领域评价条款的基准参数设置（表 6-5-7 至表 6-5-15）

表 6-5-7　BSA 建筑可持续性评价体系环境领域评价条款的基准参数设置（Env1.1）

	准则层	子准则层	标准层	标准属性	
	1. 建筑对环境的影响	1.1 建筑对区域环境的影响	1.1.1 建筑对区域交通系统的影响	深度层	时间层
基准参数	P1：建筑对区域交通系统的影响 最低要求：建筑主要出入口到公交站点的距离≤500m，或到地铁站的距离≤1000m 评价方法：参考对建筑项目进行客观性描述的文本声明，对建筑、对区域交通系统的影响进行评分			D1—描述性评价	T2—静态性评价

[①]　Cherqui, F.Wurtz, E.Allard, F. Elaboration d'ne mé thodologie d'am é nagement durable d'un quartier; Annales du Bâtiment et des Tavaux Publics 2004, 1; Editions ESKA: Paris, France, 2004; pp. 34-38.

	准则层	子准则层	标准层	标准属性	
	1. 建筑对环境的影响	1.1 建筑对区域环境的影响	1.1.2 建筑对区域服务设施的影响	深度层	时间层
基准参数	P2：建筑对区域服务设施的影响 最低要求：建筑主要出入口距离≤500m 范围内的公共服务设施数量至少为 5 类 评价方法：参考对建筑项目进行客观性描述的文本声明，对建筑、对区域公共服务设施的影响进行评分			D1—描述性评价	T2—静态性评价
	准则层	子准则层	标准层	标准属性	
	1. 建筑对环境的影响	1.1 建筑对区域环境的影响	1.1.3 建筑对区域基础设施的影响	深度层	时间层
基准参数	P3：建筑对区域基础设施的影响 最低要求：区域能源基础设施与废弃物回收基础设施满足建筑需求 评价方法：参考对建筑项目进行客观性描述的文本声明，对建筑、对区域基础设施的影响进行评分			D1—描述性评价	T2—静态性评价

表 6-5-8　BSA 建筑可持续性评价体系环境领域评价条款的基准参数设置（Env1.2）

	准则层	子准则层	标准层	标准属性	
	1. 建筑对环境的影响	1.2 建筑对场地环境的影响	1.2.1 建筑对场地生态系统的影响	深度层	时间层
基准参数	P4：建筑对场地生态系统的影响 最低要求：场地绿地率≥30%，场地透水性地面面积≥50% 评价方法：参考对建筑项目进行客观性描述的文本声明，对建筑、对场地生态系统的影响进行评分			D1—描述性评价	T2—静态性评价
	准则层	子准则层	标准层	标准属性	
	1. 建筑对环境的影响	1.2 建筑对场地环境的影响	1.2.2 建筑对场地交通系统的影响	深度层	时间层
基准参数	P5：建筑对场地交通系统的影响 最低要求：设置专门的自行车存放区域 评价方法：参考对建筑项目进行客观性描述的文本声明，对建筑、对场地交通系统的影响进行评分			D1—描述性评价	T2—静态性评价

续表

	准则层	子准则层	标准层	标准属性	
	1. 建筑对环境的影响	1.2 建筑对场地环境的影响	1.2.3 建筑对场地物理环境的影响	深度层	时间层
基准参数（核心参数）	P6：建筑对场地物理环境的影响 最低要求：建筑周围人行区距地 1.5m 高处风速小于 5m/s，风速放大系数小于 2；不少于 1/3 的绿地面积在建筑日照阴影范围之外 评价方法：参考对建筑项目进行客观性描述的文本声明，对建筑、对场地物理环境的影响进行评分			D1—描述性评价	T2—静态性评价

表 6-5-9　BSA 建筑可持续性评价体系环境领域评价条款的基准参数设置（Env1.3）

	准则层	子准则层	标准层	标准属性	
	1. 建筑对环境的影响	1.3 建筑对环境的排放	1.3.1 建筑废弃物的回收与处理	深度层	时间层
基准参数	P7：建筑废弃物的回收与处理 最低要求：提供建筑施工废弃物管理计划，施工废弃物回收利用率≥ 20% 评价方法：参考对建筑项目进行客观性描述的文本声明，对建筑废弃物的回收与处理进行评分			D1—描述性评价	T2—静态性评价
	准则层	子准则层	标准层	标准属性	
	1. 建筑对环境的影响	1.3 建筑对环境的排放	1.3.2 建筑的碳排放与碳补偿	深度层	时间层
基准参数（核心参数）	P8：建筑的碳排放与碳补偿 最低要求：提供建筑全生命周期碳排放量的相关计算 评价方法：参考对建筑项目进行客观性描述的文本声明，对建筑的碳排放与碳补偿进行评分			D2—结论性评价	T2—静态性评价

表 6-5-10　BSA 建筑可持续性评价体系环境领域评价条款的基准参数设置（Env2.1）

	准则层	子准则层	标准层	标准属性	
	2. 资源与能源的利用	2.1 建筑的能源需求与能源消耗	2.1.1 建筑设计时预期的能源需求	深度层	时间层
基准参数（核心参数）	P9：建筑设计时预期的能源需求 最低要求：设计阶段提供建筑能源需求的相关模拟 评价方法：依据相关参数数据，对建筑设计时预期的能源需求进行评分			D3—诊断性评价	T1—动态性评价

	准则层	子准则层	标准层	标准属性	
	2. 资源与能源的利用	2.1 建筑的能源需求与能源消耗	2.1.2 建筑运行的能源消耗与监测	深度层	时间层
基准参数（核心参数）	P10：建筑运行的能源消耗与监测 最低要求：设置建筑能耗监测系统，提供建筑运行时的能耗数据 评价方法：相关数据按照定量化参数数据的标准化处理方法，对建筑运行的能源消耗进行评分			D2—结论性评价	T1—动态性评价
	准则层	子准则层	标准层	标准属性	
	2. 资源与能源的利用	2.1 建筑的能源需求与能源消耗	2.1.3 建筑的可再生能源利用率	深度层	时间层
基准参数（核心参数）	P11：建筑的可再生能源利用率 最低要求：建筑可再生能源使用量占建筑总能耗的比率 ≥ 5% 评价方法：相关数据按照定量化参数数据的标准化处理方法，对建筑的可再生能源利用率进行评分			D2—结论性评价	T1—动态性评价

表 6-5-11　BSA 建筑可持续性评价体系环境领域评价条款的基准参数设置（Env2.2）

	准则层	子准则层	标准层	标准属性	
	2. 资源与能源的利用	2.2 建筑的水需求与水资源消耗	2.2.1 建筑设计预期的用水需求	深度层	时间层
基准参数	P12：建筑设计预期的用水需求 最低要求：设计阶段提供建筑用水需求的相关分析 评价方法：依据相关参数数据，对建筑设计预期的用水需求进行评分			D3—诊断性评价	T1—动态性评价
	准则层	子准则层	标准层	标准属性	
	2. 资源与能源的利用	2.2 建筑的水需求与水资源消耗	2.2.2 建筑的水资源消耗与监测	深度层	时间层
基准参数	P13：建筑的水资源消耗与监测 最低要求：设置建筑水耗监测系统，提供建筑运行时的水耗数据 评价方法：相关数据按照定量化参数数据的标准化处理方法，对建筑的水资源消耗与监测进行评分			D2—结论性评价	T1—动态性评价
	准则层	子准则层	标准层	标准属性	
	2. 资源与能源的利用	2.2 建筑的水需求与水资源消耗	2.2.3 建筑的非传统水源利用率	深度层	时间层
基准参数	P14：建筑的非传统水源利用率 最低要求：建筑的非传统水源利用率 ≥ 10% 评价方法：相关数据按照定量化参数数据的标准化处理方法，对建筑的非传统水源利用率进行评分			D2—结论性评价	T1—动态性评价

表 6-5-12　BSA 建筑可持续性评价体系环境领域评价条款的基准参数设置（Env2.3）

	准则层	子准则层	标准层	标准属性	
				深度层	时间层
	2. 资源与能源的利用	2.3 建筑材料资源的使用与消耗	2.3.1 当地建筑材料的使用		
基准参数	P15：当地建筑材料的使用 最低要求：建材本地采购比例（500km 以内采购的建筑材料重量占建筑材料总重量的比例）≥ 60% 评价方法：相关数据按照定量化参数数据的标准化处理方法，对当地建筑材料的使用进行评分			D2—结论性评价	T2— 静 态性评价
	准则层	子准则层	标准层	标准属性	
				深度层	时间层
	1. 建筑对环境的影响	2.3 建筑材料资源的使用与消耗	2.3.2 可持续建筑材料的使用		
基准参数	P16：可持续建筑材料的使用 最低要求：可持续建筑材料的使用比例≥ 30% 评价方法：相关数据按照定量化参数数据的标准化处理方法，对当地建筑材料的使用进行评分			D2—结论性评价	T2— 静 态性评价

表 6-5-13　BSA 建筑可持续性评价体系环境领域评价条款的基准参数设置（Env3.1）

	准则层	子准则层	标准层	标准属性	
				深度层	时间层
	3. 建筑各要素的性能	3.1 建筑空间要素的性能	3.1.1 建筑空间布局的合理性		
基准参数	P17：建筑空间布局的合理性 最低要求：提供建筑空间布局的合理性的分析 评价方法：参考对建筑项目进行客观性描述的文本声明，对建筑空间布局的合理性进行评分			D1—描述性评价	T2—静态性评价
	准则层	子准则层	标准层	标准属性	
				深度层	时间层
	3. 建筑各要素的性能	3.1 建筑空间要素的性能	3.1.2 功能空间的适应性与可变性		
基准参数	P18：功能空间的适应性与可变性 最低要求：提供建筑主要功能空间的适应性与可变性分析 评价方法：参考对建筑项目进行客观性描述的文本声明，对功能空间的适应性与可变性进行评分			D1—描述性评价	T1—动态性评价

表 6-5-14　BSA 建筑可持续性评价体系环境领域评价条款的基准参数设置（Env3.2）

	准则层	子准则层	标准层	标准属性	
	3. 建筑各要素的性能	3.2 建筑物理要素的性能	3.2.1 建筑的室内环境质量	深度层	时间层
基准参数（核心参数）	P19：建筑的室内环境质量 最低要求：建筑室内环境质量（声环境、光环境、热环境）参数数据符合相关规范要求 评价方法：依据相关参数数据，对建筑的室内环境质量进行评分			D2—结论性评价	T1—动态性评价
	准则层	子准则层	标准层	标准属性	
	3. 建筑各要素的性能	3.2 建筑物理要素的性能	3.2.2 建筑的室内空气质量	深度层	时间层
基准参数	P20：建筑的室内空气质量 最低要求：设置 CO_2 含量监测系统且室内 CO_2 浓度数据符合相关规范要求 评价方法：依据相关参数数据，对建筑的室内空气质量进行评分			D2—结论性评价	T1—动态性评价

表 6-5-15　BSA 建筑可持续性评价体系环境领域评价条款的基准参数设置（Env3.3）

	准则层	子准则层	标准层	标准属性	
	3. 建筑各要素的性能	3.3 建筑设施要素的性能	3.3.1 建筑通风系统的性能	深度层	时间层
基准参数	P21：建筑通风系统的性能 最低要求：建筑通风系统性能参数数据符合相关规范要求 评价方法：依据相关参数数据，对建筑通风系统的性能进行评分			D2—结论性评价	T1—动态性评价
	准则层	子准则层	标准层	标准属性	
	3. 建筑各要素的性能	3.3 建筑设施要素的性能	3.3.2 建筑空调系统的性能	深度层	时间层
基准参数	P22：建筑空调系统的性能 最低要求：建筑空调系统性能参数数据符合相关规范要求 评价方法：依据相关参数数据，对建筑空调系统的性能进行评分			D2—结论性评价	T1—动态性评价

续表

	准则层	子准则层	标准层	标准属性	
	3. 建筑各要素的性能	3.3 建筑设施要素的性能	3.3.3 建筑供水系统的性能	深度层	时间层
基准参数	P23：建筑供水系统的性能 最低要求：建筑供水系统的设计符合相关规范要求 评价方法：参考对建筑项目进行客观性描述的文本声明，对建筑供水系统的性能进行评分			D1—描述性评价	T1—动态性评价

	准则层	子准则层	标准层	标准属性	
	3. 建筑各要素的性能	3.3 建筑设施要素的性能	3.3.5 建筑其他设施的性能	深度层	时间层
基准参数	P24：建筑其他设施的性能 最低要求：提供建筑生活辅助设施、服务设施、安全设施的分析 评价方法：参考对建筑项目进行客观性描述的文本声明，对建筑其他设施的性能进行评分			D1—描述性评价	T1—动态性评价

2. 社会领域评价条款的基准参数设置（表 6-5-16 至表 6-5-19）

表 6-5-16　BSA 建筑可持续性评价体系社会领域评价条款的基准参数设置（Sol.1.1）

	准则层	子准则层	标准层	标准属性	
	1. 社会与文化	1.1 建筑的社会公平	1.1.1 建筑的公众参与和信息获取	深度层	时间层
基准参数（核心参数）	P1：建筑的公众参与和信息获取 最低要求：提供建筑的公众参与和可持续相关信息获取的分析 评价方法：参考对建筑项目进行客观性描述的文本声明，对建筑的公众参与和信息获取进行评分			D1—描述性评价	T1—动态性评价

	准则层	子准则层	标准层	标准属性	
	1. 社会与文化	1.1 建筑的社会公平	1.1.2 建筑公共设施的平等使用	深度层	时间层
基准参数	P2：建筑公共设施的平等使用 最低要求：提供建筑公共设施平等使用的分析 评价方法：参考对建筑项目进行客观性描述的文本声明，对建筑公共设施的平等使用进行评分			D1—描述性评价	T1—动态性评价

表 6-5-17　BSA 建筑可持续性评价体系社会领域评价条款的基准参数设置（Sol. 1.2）

	准则层	子准则层	标准层	标准属性	
	1. 社会与文化	1.2 建筑的文化质量	1.2.1 对可持续意识提升的作用	深度层	时间层
基准参数（核心参数）	P3：对可持续意识提升的作用 最低要求：提供建筑对可持续意识提升的作用的分析 评价方法：参考对建筑项目进行客观性描述的文本声明，对可持续意识提升的作用进行评分			D1—描述性评价	T1—动态性评价
	准则层	子准则层	标准层	标准属性	
	1. 社会与文化	1.2 建筑的文化质量	1.2.2 建筑对本地社会文化的反映	深度层	时间层
基准参数	P4：建筑对本地社会文化的反映 最低要求：提供建筑对本地社会文化的反映的分析 评价方法：参考对建筑项目进行客观性描述的文本声明，对建筑对本地社会文化的反映进行评分			D1—描述性评价	T2—静态性评价

表 6-5-18　BSA 建筑可持续性评价体系社会领域评价条款的基准参数设置（Sol.2.1）

	准则层	子准则层	标准层	标准属性	
	2. 服务与健康	2.1. 建筑的服务质量	2.1.1 建筑的运行维护与管理	深度层	时间层
基准参数	P5：建筑的运行维护与管理 最低要求：提供建筑的运行维护与管理的分析 评价方法：参考对建筑项目进行客观性描述的文本声明，对建筑的运行维护与管理进行评分			D1—描述性评价	T1—动态性评价
	准则层	子准则层	标准层	标准属性	
	2. 服务与健康	2.1. 建筑的服务质量	2.1.2 建筑室内外的无障碍设计	深度层	时间层
基准参数	P6：建筑室内外的无障碍设计 最低要求：建筑的无障碍设计符合相关规范要求 评价方法：参考对建筑项目进行客观性描述的文本声明，对建筑室内外的无障碍设计进行评分			D1—描述性评价	T2—静态性评价

表 6-5-19　BSA 建筑可持续性评价体系社会领域评价条款的基准参数设置（Sol.2.2）

	准则层	子准则层	标准层	标准属性	
	2. 服务与健康	2.2. 建筑使用者的健康	2.2.1 建筑对使用者需求的适应性	深度层	时间层
基准参数（核心参数）	P7：建筑对使用者需求的适应性 最低要求：提供建筑对使用者需求的适应性的分析 评价方法：参考对建筑项目进行客观性描述的文本声明，对建筑对使用者需求的适应性进行评分			D1—描述性评价	T1—动态性评价
	准则层	子准则层	标准层	标准属性	
	2. 服务与健康	2.2. 建筑使用者的健康	2.2.2 建筑使用者的视觉舒适度	深度层	时间层
基准参数	P8：建筑使用者的视觉舒适度 最低要求：提供建筑使用者的视觉舒适度分析 评价方法：相关数据按照定量化参数数据的标准化处理方法，对建筑使用者的视觉舒适度进行评分			D1—描述性评价	T1—动态性评价

3. 经济领域评价条款的基准参数设置（表 6-5-20 至表 6-5-22）

表 6-5-20　BSA 建筑可持续性评价体系经济领域评价条款的基准参数设置（Eco.1.1）

	准则层	子准则层	标准层	标准属性	
	1. 建筑的经济性能	1.1 建设项目增量成本与效益分析	1.1.1 建设项目增量成本分析	深度层	时间层
基准参数	P1：建设项目增量成本分析 最低要求：提供建设项目增量成本分析 评价方法：依据相关参数数据，对建设项目增量成本进行评分			D2—结论性评价	T1—动态性评价
	准则层	子准则层	标准层	标准属性	
	1. 建筑的经济性能	1.1 建设项目增量成本与效益分析	1.1.2 建设项目增量效益分析	深度层	时间层
基准参数	P2：建设项目增量效益分析 最低要求：提供建设项目增量效益分析 评价方法：依据相关参数数据，对建设项目增量效益进行评分			D2—结论性评价	T1—动态性评价

续表

准则层	子准则层	标准层	标准属性	
1. 建筑的经济性能	1.1 建设项目增量成本与效益分析	1.1.3 建设项目效益费用比	深度层	时间层
基准参数（核心参数）	P3：建设项目效益费用比 最低要求：提供建设项目效益费用比的分析 评价方法：依据相关参数数据，对建设项目效益费用比进行评分		D2—结论性评价	T1—动态性评价

表 6-5-21　BSA 建筑可持续性评价体系经济领域评价条款的基准参数设置（Eco.1.2）

准则层	子准则层	标准层	标准属性	
1. 建筑的经济性能	1.2 建筑空间的利用效率		深度层	时间层
基准参数	P4：建筑空间的利用效率 最低要求：提供建筑的使用效率分析 评价方法：参考对建筑项目进行客观性描述的文本声明，对建筑的使用效率进行评分		D1—描述性评价	T1—动态性评价

表 6-5-22　BSA 建筑可持续性评价体系经济领域评价条款的基准参数设置（Eco.2.1）

准则层	子准则层	标准层	标准属性	
2 建筑对当地经济的影响			深度层	时间层
基准参数	P5：建筑对当地经济的影响 最低要求：提供建筑对当地经济的影响的分析 评价方法：参考对建筑项目进行客观性描述的文本声明，对建筑对当地经济的影响进行评分		D4—探索性评价	T1—动态性评价

4. 政策领域评价条款的基准参数设置（表 6-5-23 至表 6-5-25）

表 6-5-23　BSA 建筑可持续性评价体系政策领域评价条款的基准参数设置（Pol.1.1）

准则层	子准则层	标准层	标准属性	
1 建筑可持续发展的相关政策	1.1 建筑可持续发展的城市政策	1.1.1 城市发展规划中对项目地块建设可持续建筑的相关要求	深度层	时间层
基准参数（核心参数）	P1：城市发展规划中对项目地块建设可持续建筑的相关要求 最低要求：提供当地城市发展规划中对项目地块建设可持续建筑的相关要求 评价方法：参考对建筑项目进行客观性描述的文本声明，对城市发展规划中对项目地块建设可持续建筑的相关要求进行评分		D1—描述性评价	T2—静态性评价

续表

	准则层	子准则层	标准层	标准属性	
	1 建筑可持续发展的相关政策	1.1 建筑可持续发展的城市政策	1.1.2 城市设计导则中对项目地块建设可持续建筑的相关要求	深度层	时间层
基准参数	P2：城市设计导则中对项目地块建设可持续建筑的相关要求 最低要求：提供当地城市设计导则中对项目地块建设可持续建筑的相关要求 评价方法：参考对建筑项目进行客观性描述的文本声明，对城市设计导则中对项目地块建设可持续建筑的相关要求进行评分			D1—描述性评价	T2—静态性评价

表 6-5-24　BSA 建筑可持续性评价体系政策领域评价条款的基准参数设置（Pol.1.2）

	准则层	子准则层	标准层	标准属性	
	1 建筑可持续发展的相关政策	1.2 建筑可持续发展的经济政策	1.2.1 针对可持续建筑的经济奖励政策	深度层	时间层
基准参数（核心参数）	P3：针对可持续建筑的经济奖励政策 最低要求：提供当地可持续建筑的经济奖励政策 评价方法：参考对建筑项目进行客观性描述的文本声明，对针对可持续建筑的经济奖励政策进行评分			D1—描述性评价	T2—静态性评价
	准则层	子准则层	标准层	标准属性	
	1 建筑可持续发展的相关政策	1.2 建筑可持续发展的经济政策	1.2.2 针对可持续建筑的费用减免政策	深度层	时间层
基准参数	P4：针对可持续建筑的费用减免政策 最低要求：提供当地可持续建筑的费用减免政策 评价方法：参考对建筑项目进行客观性描述的文本声明，对针对可持续建筑的费用减免政策进行评分			D1—描述性评价	T2—静态性评价

表 6-5-25　BSA 建筑可持续性评价体系政策领域评价条款的基准参数设置（Pol.2）

	准则层	子准则层	标准层	标准属性	
	2 建筑对当地政策制定产生的影响			深度层	时间层
基准参数	P5：建筑对当地政策制定产生的影响 最低要求：提供建筑对当地政策制定产生的影响的分析 评价方法：参考对建筑项目进行客观性描述的文本声明，对建筑、对当地政策的制定产生的影响进行评分			D4—探索性评价	T1—动态性评价

6.5.2.2　各评价领域参数的无量纲化处理

BSA 建筑可持续性评价体系的评价指标存在正指标、逆指标和适度指标，评价结果随正指标的增大而增大，随逆指标的增大而减少，适度指标则要求数值适中，因此需要对所有指标进行同趋化处理与无量纲化处理。数据同趋化处理是为改变逆指标的数据性质，使所有指标对评价对象的作用同趋化后再进行加总；数据无量纲化主要解决数据的可比性问题，去除数据的单位限制，将其转化为无量纲的数值，便于不同单位或量级的指标进行比较和加权。

参数数据无量纲化包括 3 种方法：直接评分法、措施得分率法与参数标准化法。与前两种方法相比，参数标准化法更为客观的同时又确保了得分的连续性，避免每个指标内部在参数合计时产生比例效应（Scale Effect）。此外，参数标准化方法可以体现 BSA 建筑可持续性评价体系的地域性，利用当地或国家的行业最优值与常规值基准数据，得出被评价建筑在当地或全国范围内的性能等级。此种数据处理方法还可以使评价指标与基准参数互相独立。因此，BSA 建筑可持续性评价体系的定量指标采用参数标准化法进行数据的无量纲化处理，以确保评价的客观性，定性指标的无量纲化处理方法则采用直接评分法中的阶梯式评分。

1. 定量化参数数据的标准化处理方法

BSA 建筑可持续性评价体系通过 Min-max 方法对定量化参数进行参数数据的标准化处理，计算公式为 $P=（P_i-P_c）/（P_b-P_c）$。其中，P_i 为某项建筑可持续性能参数数据的实际值；P_b 为本项建筑可持续性能参数数据的最佳值，即建筑在此项性能领域的最佳实践；P_c 为本项建筑可持续性能参数数据的常规值，即建筑相关规范或标准中针对建筑某项性能的最低限值。定量化参数数据的标准化处理过程与国家和地区的最佳建筑实践以及国家和地区的相关建筑规范相结合，同时最佳值 P_b 与常规值 P_c 随着建筑实践以及建筑新标准、新规范的执行进行实时更新，体现出体系的弹性与地域性差异，同时便于提升建筑可持续信息的清晰度与透明度。

定量化参数数据进行标准化处理之后的数值要介于 0～1 之间，性能高于最佳实践的基准则分值高于 1，低于常规实践的基准则为负分。将参数标准化以后的数值折合成 A～F 之间的等级，分级体系便于对结果进行分析以及不同建筑间针对某一性能的对比，也便于使用者理解。标准化与等级评定同时也是建筑可持续性信息公开的过程，因此，建筑可持续性不再是抽象的概念，而是以等级的形式便于使用者理解与对比（表 6-5-26）。

表 6-5-26 标准化后的定量化参数的等级评定与得分

等级	数值	得分
A	P > 1.00	5
B	0.70 < P ≤ 1.00	4
C	0.40 < P ≤ 0.70	3
D	0.10 < P ≤ 0.40	2
E	0.00 < P ≤ 0.10	1
F	P ≤ 0.00	−1

资料来源：作者自制

2. 定性化评价指标采用直接评分法

定性指标采用的评分方法为参考客观性描述建筑相关性能的文本声明或分析报告进行阶梯式评分，在最佳实践与常规实践之间以 0.5 为增量进行评分，分值设置如表 6-5-27 所示。

表 6-5-27 定性化指标参数的评分方法与得分

等级	得分
最佳实践	5
以 0.5 为增量进行评分	4
	3
	2
	1
仅满足最低要求	0
未达到最低要求	−1

资料来源：作者自制

3. BSA 建筑可持续性评价体系各参数的评价要点

基于以上对 BSA 建筑可持续性评价体系的评价领域、评价条款、指标参数与权重的研究和设置，确立各项定量化参数与定性化参数的评价要点（表 6-5-28），依据评价要点对 4 类评价领域的各项条款进行评分。

表 6-5-28 BSA 建筑可持续性评价体系各参数的描述性评价要点

(满足条款的最低要求为前提)

领域	参数	属性	描述性评价要点
Env 环境领域	P1：建筑对区域交通系统的影响	D1	**最低要求：** 建筑主要出入口到公交站点的距离 ≤ 500m，或到地铁站的距离 ≤ 1000m
			评价要点： 1. 建筑主要出入口到公交站点或到地铁站的距离以及换乘便捷度 2. 场地自行车道、人行通道的设置以及与区域自行车道、人行通道的连接 3. 评价建筑对区域交通系统造成的影响
	P2：建筑对区域服务设施的影响	D1	**最低要求：** 建筑主要出入口距离 ≤ 500 米范围内的公共服务设施数量至少为 5 类
			评价要点： 1. 公共服务设施（医疗、教育、商业、开敞空间、便利设施等）的数量、种类与规模 2. 建筑主要出入口与公共服务设施之间的距离 3. 评价建筑对区域服务设施造成的影响
	P3：建筑对区域基础设施的影响	D1	**最低要求：** 区域能源基础设施与废弃物回收基础设施满足建筑需求
			评价要点： 评价建筑对区域基础设施（能源基础设施、废弃物回收基础等）造成的影响
	P4：建筑对场地生态系统的影响	D1	**最低要求：** 场地绿地率 ≥ 30%，场地透水性地面面积 ≥ 50%
			评价要点： 1. 场地绿化率、场地透水性与场地的雨水管理措施 2. 保护场地的生态价值与生物多样性，降低对既有生态系统的影响
	P5：建筑对场地交通系统的影响	D1	**最低要求：** 设置专门的自行车存放区域
			评价要点： 场地采用适合慢行交通系统（自行车、步行）的路网与服务设施

领域	参数	属性	描述性评价要点
Env 环境领域	P6：建筑对场地物理环境的影响	D1	**最低要求**：建筑周围人行区距地 1.5m 高处风速小于 5m/s，风速放大系数小于 2；不少于 1/3 的绿地面积在建筑日照阴影范围之外
			评价要点：1. 提供场地风环境模拟报告；2. 提供场地日照环境模拟报告
	P7：建筑废弃物的回收与处理	D1	**最低要求**：提供建筑施工废弃物管理计划，施工废弃物回收利用率≥30%
			评价要点： 1. 建筑施工过程中产生的废弃物进行分类处理并提供施工废弃物回收利用记录 2. 建筑运行过程中产生的废弃物进行分类与回收处理
	P8：建筑的碳排放与碳补偿	D2	**最低要求**：提供建筑全生命周期碳排放量的相关计算
			评价要点： 1. 提交钢材、水泥、铝材、玻璃、卫生陶瓷、混凝土砌块和保温材料等主要建筑材料的碳排放计算书以及主要建筑材料单位产品能耗核查报告 2. 提供建筑全生命周期（建材生产阶段、运输阶段、建筑施工阶段、运行阶段、拆除阶段）碳排放量的相关计算 3. 对建筑采取的碳补偿措施进行评价
	P9：建筑设计时预期的能源需求	D3	**最低要求**：设计阶段提供建筑能源需求的相关模拟
			评价要点： 1. 充分利用建筑周边的风环境与日照环境 2. 优先采用被动式设计方法，包括围护结构的节能优化、自然通风、自然采光等策略 3. 建筑设计阶段的各学科参与，对方案的可持续要素以及整体可持续性进行综合性考虑 4. 采用 DOE-2、EnergyPlus、Design Builder 等常用专业能耗模拟软件 5. 依据相关参数数据对建筑设计时预期的能源需求进行评分
	P10：建筑运行的能源消耗与监测	D2	**最低要求**：设置建筑能耗监测系统，提供建筑运行时的能耗数据
			评价要点：相关数据按照定量化参数数据的标准化处理方法进行评分
	P11：建筑的可再生能源利用率	D2	**最低要求**：建筑可再生能源使用量占建筑总能耗的比率≥5%
			评价要点：相关数据按照定量化参数数据的标准化处理方法进行评分

领域	参数	属性	描述性评价要点
Env 环境领域	P12：建筑设计预期的用水需求	D3	**最低要求：** 设计阶段提供建筑用水需求的相关分析
		D3	**评价要点：** 1. 建筑设计预期的用水需求相关参数：日均生活耗水量 [L/（人·d）] 2. 采取降低用水需求的相关措施：绿化、水体景观等用水采用非传统水源，绿化灌溉采用节水方式，使用节水器具和设备 3. 依据相关参数数据对建筑设计预期的用水需求进行评分
	P13：建筑的水资源消耗与监测	D2	**最低要求：** 设置建筑水耗监测系统，提供建筑运行时的水耗数据
			评价要点： 1. 建筑运行时的水资源消耗相关参数：日均生活耗水量 [L/（人·d）] 2. 采取降低用水需求的相关措施：绿化、水体景观等用水采用非传统水源，绿化灌溉采用节水方式，使用节水器具和设备 3. 相关数据按照定量化参数数据的标准化处理方法进行评分
	P14：建筑的非传统水源利用率	D2	**最低要求：** 建筑的非传统水源利用率≥10%
			评价要点： 1. 非传统水源包括雨水、中水 2. 相关数据按照定量化参数数据的标准化处理方法进行评分
	P15：当地建筑材料的使用	D2	**最低要求：** 建筑材料的本地采购比例≥60%
			评价要点： 相关数据按照定量化参数数据的标准化处理方法进行评分
	P16：可持续建筑材料的使用	D2	**最低要求：** 可持续建筑材料的使用比例≥30%
			评价要点： 1. 可持续建筑材料包括获得绿色建材相关认证的材料、可再循环利用的材料（不含回收利用的施工废弃物材料）以及健康的室内装修材料 2. 相关数据按照定量化参数数据的标准化处理方法进行评分

续表

领域	参数	属性	描述性评价要点
Env 环境领域	P17：建筑空间布局的合理性	D1	**最低要求**：提供建筑室内布局与室内空间效率的分析 **评价要点**： 1. 建筑室内适宜的空间布局与空间功能相匹配 2. 依据建筑室内布局与室内空间效率分析报告进行评价
	P18：功能空间的适应性与可变性	D1	**最低要求**：提供建筑主要功能空间的适应性与可变性分析 **评价要点**： 1. 建筑主要功能空间可根据使用者的需求具备一定程度的可变性 2. 建筑主要功能空间对其用途的变化具有适应性
	P19：建筑的室内环境质量	D2	**最低要求**：建筑室内环境质量（声环境、光环境、热环境）参数数据符合相关规范要求 **评价要点**： 1. 建筑室内环境质量（声环境、光环境、热环境）相关参数包括：室内温度、室内湿度、采光系数、室内照度、室内背景噪声 2. 依据相关参数数据对建筑的室内环境质量进行评分 **相关规范**： 室内温度、室内湿度《公共建筑节能设计标准》（GB50189—2005） 采光系数《建筑采光设计标准》（GB50033—2013） 室内照度《建筑照明设计标准》（GB50034—2013） 室内背景噪声《民用建筑隔声设计规范》（GB50176—93）
	P20：建筑的室内空气质量	D2	**最低要求**：设置 CO_2 含量监测系统且室内 CO_2 浓度符合相关规范要求 **评价要点**： 1. 空气中污染物（CO_2、挥发性有机化合物 VOC）的含量 2. 选择对室内空气质量和健康影响小的产品 3. 依据相关参数数据对建筑的室内空气质量进行评分 **相关规范**：根据《室内空气质量标准》（GB/T 18883—2002），室内二氧化碳的允许浓度为 0.10%，即 1000PPM

领域	参数	属性	描述性评价要点
Env 环境领域	P21：建筑通风系统的性能	D2	**最低要求：**建筑通风系统性能参数数据符合相关规范要求 **评价要点：** 1. 建筑通风系统性能参数包括：换气次数、新风量、空气流速 2. 依据相关参数数据对建筑通风系统的性能进行评分 **相关规范：**《建筑通风效果测试与评价标准》（JGJ/T309—2013）
	P22：建筑空调系统的性能	D2	**最低要求：**建筑空调系统性能参数数据符合相关规范要求 **评价要点：** 1. 建筑空调系统性能参数包括：冷热源机组能效比 2. 依据相关参数数据对建筑空调系统的性能进行评分 **相关规范：**《公共建筑节能设计标准》（GB50189—2005）
	P23：建筑供水系统的性能	D1	**最低要求：**建筑供水系统的设计符合相关规范要求 **评价要点：** 1. 完善合理的供水、排水系统，避免管网漏损 2. 非传统水源采取用水安全保障措施，避免对人体与周围环境的不良影响 **相关规范：**《建筑给水排水设计规范》（GB 50015—2003）
	P24：建筑其他设施的性能	D1	**最低要求：**提供建筑生活辅助设施、服务设施、安全设施的分析 **评价要点：** 1. 建筑生活辅助设施、服务设施与安全设施的完备性与便利性 2. 依据建筑生活辅助设施、服务设施、安全设施的分析报告进行评价
Sol 社会领域	P1：建筑的公众参与和信息获取	D1	**最低要求：**提供建筑的公众参与和可持续相关信息获取的分析 **评价要点：** 1. 建筑对区域环境（区域交通系统、区域服务设施等）的影响咨询公众 2. 建筑设计建造过程中对建筑的使用者及利益相关方进行咨询 3. 建筑投入使用后向公众宣传建筑的可持续策略，实现开放参观与社会互动

续表

领域	参数	属性	描述性评价要点
Sol 社会领域	P2: 建筑公共设施的平等使用	D1	**最低要求：** 提供建筑公共设施平等使用的分析
			评价要点： 1. 建筑的公共设施包括公共活动场所、绿色空间、艺术设施、文化设施等 2. 确保建筑公共设施获得平等的使用机会
	P3: 对可持续意识提升的作用	D1	**最低要求：** 提供建筑对可持续意识提升的作用的分析
			评价要点： 1. 建筑的使用过程体现出对可持续生活方式的提倡 2. 建筑全过程对可持续理念的普及
	P4: 建筑对本地社会文化的反映	D1	最低要求：提供建筑对本地社会文化的反映的分析
			评价要点： 1. 建筑设计方案反映出当地的地域文化特征 2. 建筑设计方案与对文物与历史的保护以及对街区特色文化背景的尊重相结合
	P5: 建筑的运行维护与管理	D1	**最低要求：** 提供建筑的运行维护与管理的分析
			评价要点： 1. 制定并执行建筑的资源与能源节约管理制度，实现废弃物的分类收集与处理 2、建筑通风、空调、照明系统的自动监控与数据采集以及能耗的分项计量
	P6: 建筑室内外的无障碍设计	D1	**最低要求：** 建筑的无障碍设计符合相关规范要求
			评价要点： 提供建筑室内外无障碍设计的相关资料 **相关规范**《无障碍设计规范》（GB50763—2012）
	P7: 建筑对使用者需求的适应性	D1	**最低要求：** 提供建筑对使用者需求的适应性的分析
			评价要点： 1. 技术系统（空调系统、新风系统等）的部分独立运行能力 2. 使用者对技术系统（室内热环境、室内风环境等）的个人控制与调节
	P8: 建筑使用者的视觉舒适度	D1	**最低要求：** 提供建筑使用者的视觉舒适度分析
			评价要点： 1. 建筑的自然采光设计策略确保室内视觉舒适度 2. 建筑室内人工照明及控制系统的设计确保视觉舒适度

领域	参数	属性	描述性评价要点
Eco 经济领域	P1：建设项目增量成本分析	D2	**最低要求**：提供建设项目增量成本分析
			评价要点： 1. 建设项目增量成本分为咨询成本、认证成本和绿色技术增量成本三个部分 2. 依据相关参数数据对建设项目增量成本进行评分
	P2：建设项目增量效益分析	D2	**最低要求**：提供建设项目增量效益分析
			评价要点： 1. 建设项目增量效益分为经济效益、环境效益和社会效益三部分 2. 相关数据按照定量化参数数据的标准化处理方法进行评分
	P3：建设项目效益费用比	D2	**最低要求**：提供建设项目效益费用比的分析
			评价要点： 1. 建设项目效益费用比＝建设项目增量效益／建设项目增量成本 2. 相关数据按照定量化参数数据的标准化处理方法进行评分
	P4：建筑空间的利用效率	D1	**最低要求**：提供建筑的使用效率分析
			评价要点： 1. 通过最优化的空间面积的利用减少建筑所需的能源与资源 2. 模块化设计、建筑的空间结构等因素对建筑空间利用效率的影响 3. 具有相同物理环境需求（如温湿度等）的空间集中布置，提高建筑空间的利用效率
	P5：建筑对当地经济的影响	D4	**最低要求**：提供建筑对当地经济产生的影响的分析
			评价要点： 1. 建设材料的当地采购过程对经济产生的影响 2. 建筑的建设过程、运行与维护过程引起的就业机会的增加
Pol 政策领域	P1：城市发展规划中对项目地块建设可持续建筑的相关要求	D1	**最低要求**：提供当地城市发展规划中对项目地块建设可持续建筑的相关要求
			评价要点：对当地城市发展规划中对项目地块建设可持续建筑的相关要求进行评价

领域	参数	属性	描述性评价要点
Pol 政策领域	P2：城市设计导则中对项目地块建设可持续建筑的相关要求	D1	**最低要求**：提供当地城市设计导则中对项目地块建设可持续建筑的相关要求
			评价要点：对当地城市设计导则中对项目地块建设可持续建筑的相关要求进行评价
	P3：针对可持续建筑的经济奖励政策	D1	**最低要求**：提供当地可持续建筑的经济奖励政策
			评价要点：对当地政策中关于可持续建筑的经济奖励政策进行评价
	P4：针对可持续建筑的费用减免政策	D1	**最低要求**：提供当地可持续建筑的费用减免政策
			评价要点：对当地政策中关于可持续建筑的费用减免政策进行评价
	P5：建筑对当地政策制定产生的影响	D4	**最低要求**：提供建筑对当地政策制定产生的影响的分析
			评价要点：列出通过本项目的创新实践当地新增的关于可持续建筑的相关政策
备注：指标属性说明：D1-描述性评价、D2-结论性评价、D3-诊断性评价、D4-探索性评价			

资料来源：作者自制

6.5.2.3 体系的各层级权重设置

BSA 建筑可持续性评价体系涵盖 4 类评价领域，每类领域均包含多项评价指标与基准参数，体系采用权重系统定义每一指标的重要性等级。权重设置在遵循国际普遍接受的理论研究成果以及国内研究成果的基础上，基于相关人员（政府部门、设计人员、业主、施工方、管理人员等）的价值判断进行设定。为便于单独对权重系统或某一层次的指标设置进行调整，BSA 建筑可持续性评价体系利用 AHP 层次分析法进行独立的权重系统设置。

AHP 层次分析法可将无法完全定量化的复杂问题分解为若干系统层次，在此基础上进行分析、比较、量化与排序，得到每一层次因素对于实现总目标的重要性排序值。此种方法可将定量分析与定性分析相结合，具体应用步骤为：

1. 建立层级结构

将与建筑可持续性相关的各项元素分为稳定性与弹性。根据本章 6.3 节关于 BSA 体系层级结构的研究结果，BSA 建筑可持续性评价体系确定的层级结构为目标层、领域层、准则层、子准则层、标准层 5 个层级。

2. 建立比较矩阵

将每一层级各项要素以上一层级要素为评判标准对其进行成对比较（表 6-5-29）。为每对比较要素设计调查问卷，由专家进行 1~9 尺度值[①] 的判断与填写（表 6-5-30）。

表 6-5-29　使用 AHP 方法进行所列要素（A 与 B）之间的成对比较

要素一	相对重要程度																	要素二
	绝对重要	极重—绝重	极其重要	非常重—极重	非常重要	稍重—非重	稍微重要	等重—稍重	同等重要	稍不重—等重	稍微不重要	非常不重—稍不重	非常不重要	极不重—非常不重	极其不重要	绝不重—极不重	绝对不重要	
	9:1	8:1	7:1	6:1	5:1	4:1	3:1	2:1	1:1	1:2	1:3	1:4	1:5	1:6	1:7	1:8	1:9	
A																		B

资料来源：作者根据相关资料整理绘制

在此阶段，同时使用 AHP 法与德尔菲法来收集专家意见，即 DHP（Delphi Hierarchy Process）方法。专家的选择会对权重结果产生较大影响，本研究所选专家共 20 人，研究领域及专家人数分别为：建筑学专业 5 人，城市规划专业 5 人，环境科学与工程相关专业 5 人，社会经济学专业 5 人。其中，教授 2 人，副教授 2 人，讲师 3 人，博士生 6 人。

表 6-5-30　AHP 等级尺度（Rating Scale）的意义及说明

评价尺度	定义	说明
1	同等重要（Equal Importance）	具有同等的重要程度
3	稍微重要（Weak Importance）	重要程度比较时稍倾向于某一要素
5	非常重要（Essential Importance）	重要程度比较时明显倾向于某一要素
7	极其重要（Very Strong Importance）	重要程度比较时强烈倾向于某一要素
9	绝对重要（Absolute Importance）	重要程度比较时绝对倾向于某一要素
2，4，6，8	相邻尺度中间值（Intermediate Values）	上述等级的中间程度

资料来源：作者根据相关资料整理绘制

---

① Saaty 应用误差均方根 RMS 与中位数绝对误差 MAD 两个指标进行研究，结果显示 1~9 的尺度下其 RMS 与 MAD 值最小，同时能提供较好的一致性测试。

利用几何平均法对专家填写的调查结果进行整合，建立成对比较矩阵（图6-5-2）。如有 n 个比较要素，则需进行 n（n-1）/2 个成对比较。将 n 个要素的成对比较结果置于成对比较矩阵主对角线（由 1 连接成的对角线）的上三角形部分，下三角形部分的数值为上三角线对应位置的倒数。建立比较矩阵后，利用特征值解法求取各成对比较矩阵的最大特征值 λmax 及对应的特征向量 W，将最大特征值对应的最大特征向量归一化，即得出下一层级要素对应上一层级要素的权重 Wi。

$$A = \left(a_{ij} \right) = \begin{pmatrix} 1 & a_{12} & \cdots\cdots & a_{1n} \\ 1/a_{12} & 1 & \cdots\cdots & a_{2n} \\ \vdots & \vdots & \vdots & \vdots \\ 1/a_{1n} & 1/a_{2n} & \cdots\cdots & 1 \end{pmatrix}$$

图 6-5-2　AHP 分析法成对比较矩阵的建立

3. 矩阵一致性检验

比较矩阵内的数值为专家主观判断得出的结果，由于比较要素众多，比较结果较难达成一致，为此需利用一致性指标 CI（CI= λmax-[n/（n-1）]）、平均一致性指标 RI（表 6-5-31）和一致性比率 CR（CR=CI/RI）进行矩阵一致性检验。当 CR ＜ 0.1 时说明矩阵的一致性程度在可以接受的范围内。若检验通过，归一化后的特征向量即为权向量，若检验不通过则需要重新构造比较矩阵。

表 6-5-31　矩阵一致性检验的 RI 值

阶数	1	2	3	4	5	6	7	8	9	10	11	12
RI 值	0	0	0.58	0.9	1.12	1.24	1.32	1.41	1.45	1.49	1.51	1.48

资料来源：作者根据相关资料整理绘制

"一致性检验通过后，计算各层次要素对于所研究问题的组合权重（表 6-5-32 至表 6-5-37），据此解决评分、排序、指标综合等一系列问题"[1]。

---

[1]　韩英. 可持续发展的理论与测度方法 [M]. 北京：中国建筑工业出版社，2007.

表 6-5-32　BSA 建筑可持续性评价体系 4 类评价领域的权重系数

	环境领域	社会领域	经济领域	政策领域
权重系数	0.37	0.29	0.20	0.14

资料来源：作者自制

表 6-5-33　BSA 建筑可持续性评价体系环境领域评价条款的权重系数

准则层（3 项）	权重系数	子准则层（9 项）	权重系数	标准层（24 项）	权重系数
1. 建筑对环境的影响	0.27	1.1 建筑对区域环境的影响	0.29	1.1.1 建筑对区域交通系统的影响	0.36
				1.1.2 建筑对区域服务设施的影响	0.33
				1.1.3 建筑对区域基础设施的影响	0.31
		1.2 建筑对场地环境的影响	0.34	1.2.1 建筑对场地生态系统的影响	0.32
				1.2.2 建筑对场地交通系统的影响	0.29
				1.2.3 建筑对场地物理环境的影响	0.39
		1.3 建筑对环境的排放	0.37	1.3.1 建筑废弃物的回收与处理	0.47
				1.3.2 建筑的碳排放与碳补偿	0.53
2. 资源与能源的利用	0.42	2.1 建筑的能源需求与能源消耗	0.41	2.1.1 建筑设计时预期的能源需求	0.28
				2.1.2 建筑运行的能源消耗与监测	0.41
				2.1.3 建筑的可再生能源利用率	0.31
		2.2 建筑的水需求与水资源消耗	0.28	2.2.1 建筑设计预期的用水需求	0.33
				2.2.2 建筑的水资源消耗与监测	0.39
				2.2.3 建筑雨水与灰水的再利用	0.28
		2.3 建筑材料资源的使用与消耗	0.31	2.3.1 当地建筑材料的使用	0.56
				2.3.2 可持续建筑材料的使用	0.44

续表

准则层（3 项）	权重系数	子准则层（9 项）	权重系数	标准层（24 项）	权重系数
3. 建筑各要素的性能	0.31	3.1 建筑空间要素的性能	0.28	3.1.1 建筑空间布局的合理性	0.46
				3.1.2 功能空间的适应性与可变性	0.54
		3.2 建筑物理要素的性能	0.39	3.2.1 建筑的室内环境质量	0.52
				3.2.2 建筑的室内空气质量	0.48
		3.3 建筑设施要素的性能	0.33	3.3.1 建筑通风系统的性能	0.27
				3.3.2 建筑空调系统的性能	0.29
				3.3.3 建筑供水系统的性能	0.23
				3.3.4 建筑其他设施的性能	0.21

表 6-5-34　BSA 建筑可持续性评价体系社会领域评价条款的权重系数

准则层（2 项）	权重系数	子准则层（4 项）	权重系数	标准层（8 项）	权重系数
1. 社会与文化	0.52	1.1 建筑的社会公平	0.61	1.1.1 建筑的公众参与和信息获取	0.57
				1.1.2 建筑公共设施的平等使用	0.43
		1.2 建筑的文化质量	0.39	1.2.1 对可持续意识提升的作用	0.55
				1.2.2 建筑对本地社会文化的反映	0.45
2. 服务与健康	0.48	2.1. 建筑的服务质量	0.43	2.1.1 建筑的运行维护与管理	0.52
				2.1.2 建筑室内外的无障碍设计	0.48
		2.2. 建筑使用者的健康	0.57	2.2.1 建筑对使用者需求的适应性	0.59
				2.2.2 建筑使用者的视觉舒适度	0.41

资料来源：作者自制

表 6-5-35　BSA 建筑可持续性评价体系经济领域评价条款的权重系数

准则层（2 项）	权重系数	子准则层（3 项）	权重系数	标准层（5 项）	权重系数
1. 建筑自身的经济性能	0.68	1.1 建设项目增量成本与效益分析	0.64	1.1.1 建设项目增量成本分析	0.31
				1.1.2 建设项目增量效益分析	0.32
				1.1.3 建设项目效益费用比	0.37
		1.2 建筑空间的利用效率	0.36	—	
2. 建筑对当地经济的影响	0.32				

资料来源：作者自制

表 6-5-36　BSA 建筑可持续性评价体系政策领域评价条款的权重系数

准则层（2 项）	权重系数	子准则层（4 项）	权重系数	标准层（5 项）	权重系数
1. 建筑可持续发展的相关政策	0.65	1.1 建筑可持续发展的城市政策	0.51	1.1.1 城市发展规划中对项目地块建设可持续建筑的相关要求	0.55
				1.1.2 城市设计导则中对项目地块建设可持续建筑的相关要求	0.45
		1.2 建筑可持续发展的经济政策	0.49	1.2.1 针对可持续建筑的经济奖励政策	0.59
				1.2.2 针对可持续建筑的费用减免政策	0.41
2. 建筑对当地政策制定产生的影响	0.35			—	

资料来源：作者自制

6.5.2.4　BSA 评价体系参数数据的合成

将每一评价领域所含的各项指标参数分别进行评分，结合权重体系进行各领域的得分计算，各领域得分 $=\sum$（本领域每项条款得分 × 本条款权重）。随后计算建筑的整体可持续分值，将 4 类评价领域的性能等级合成为最终的建筑可持续性能评价结果。通过此种方法，使得建筑的可持续性能不仅能从最终的整体可持续分值中体现，还可以通过评价体系所包含的每个类别、每个维度的得分进行单独衡量。

6.6　BSA 建筑可持续性评价体系的最终评价结果

BSA 建筑可持续性评价体系的最终评价结果以项目总得分和项目等级的形式表现，总得分 =∑（各领域得分 × 领域权重），体系的等级设置如表 6-6-1 所示。

表 6-6-1　BSA 建筑可持续性评价体系评价项目的等级设置

项目得分（S）	项目等级
$4 \leqslant S \leqslant 5$	A
$3 \leqslant S < 4$	B
$2 \leqslant S < 3$	C
$1 \leqslant S < 2$	D
$0 \leqslant S < 1$	E
$-1 \leqslant S < 0$	F

资料来源：作者自制

6.7　本章小结

BSA 建筑可持续性评价体系以学科融合与基础理论研究为指导，以实现建筑的整体可持续性为目标，设置了清晰的构建原则、构建方法和评价机制，在此基础上确定了体系框架与评价领域（环境领域、社会领域、经济领域与政策领域），将与建筑可持续性相关的各项评价要素进行系统化、模型化的建构，进而进行评价条款、衡量基准、权重体系、评价模型等构成要素的设置，最终构建出完整的建筑可持续性评价体系。

7 BSA 建筑可持续性评价体系 适用性分析

上一章在前几章研究内容的基础上尝试建立了以可持续发展作为理论依据的 BSA 建筑可持续性评价体系，确定了体系框架与评价领域，进行了评价条款、衡量基准、权重体系、评价模型等构成要素的设置。本章以中新天津生态城公屋展示中心建筑项目为例，对 BSA 建筑可持续性评价体系的实际应用过程进行验证，论证其适用性与可操作性。

7.1 项目基本概况

中新天津生态城公屋展示中心建筑项目位于天津滨海新区中新天津生态城西南部 15 号地块内，[1][2] 用地南侧为公屋项目，西北侧为和畅路，东北侧为和风路。本项目符合中新天津生态城的规划建设理念，突出"节能、环保、简洁、实用"的原则，力求最大限度节约资源、保护环境与减少污染，创造健康、适用和高效的使用空间。项目占地面积为 8090m²，建筑面积为 3467m²。项目采用钢框架结构，地上两层、地下一层，建筑高度 15m。建筑的主要功能分为展示销售、房管局办公和档案储存三部分。

---

① 资料来源：http://www.archcy.com/.
② 资料来源：www.ieco-city.com.

7.2 项目评价过程

7.2.1 环境领域各项条款的评价过程

参数	评价要点	评价过程
Env.P1:建筑对区域交通系统的影响	**最低要求:**建筑主要出入口到公交站点的距离≤500m,或到地铁站的距离≤1000m	建筑周边有 2 条公交线路,为生态城公交环线 H1 路、H2 路。公交站点位于和畅路,距离本项目出入口分别为 350m、360m
	评价要点:1.建筑主要出入口到公交站点或到地铁站的距离以及换乘便捷度2.场地自行车道、人行通道的设置以及与区域自行车道、人行通道的连接3.评价建筑对区域交通系统造成的影响	1. 建筑主要出入口到公交站点或到地铁站的距离满足要求且换乘便捷2. 场地人行道与自行车停车位位置与区域非机动车交通系统紧密衔接3. 建筑场地内的人流与车流运行线路清晰,未对区域交通系统造成压力参见场地交通示意图(图 7-2-1)与公共交通示意图(图 7-2-2)图 7-2-1　场地交通示意图　　图 7-2-2　公共交通示意图资料来源:中新天津生态城管委会建设局　　资料来源:中新天津生态城管委会建设局
	本条款最终得分: 4 分	

参数	评价要点		评价过程
Env.P2： 建筑对区域 服务设施的 影响	**最低要求：** 建筑主要出入口距离≤500m 范围内的公共服务设施数量至少为 5 类		建筑主要出入口距离≤500m 范围内的公共服务设施数量少于 5 类，本项不参与评价
	评价要点： 1. 公共服务设施（医疗、教育、商业、开敞空间、便利设施等）的数量、种类与规模 2. 建筑主要出入口与公共服务设施之间的距离 3. 评价建筑对区域服务设施造成的影响		—
本条款最终得分：–1 分			

参数	评价要点		评价过程
Env.P3： 建筑对区域 基础设施的 影响	**最低要求：**区域能源基础设施与废弃物回收基础设施满足建筑需求		本项不参与评价
	评价要点： 评价建筑对区域基础设施（能源基础设施、废弃物回收基础等）造成的影响		—
本条款最终得分：–1 分			

参数	评价要点	评价过程
Env.P4： 建筑对场地 生态系统的 影响	**最低要求：**场地绿地率≥30%，场地透水性地面面积≥50%	本项目场地绿地率为 46%，场地透水性地面面积 66.5%
	评价要点： 1. 场地绿化率、场地透水性与场地的雨水管理措施 2. 保护场地的生态价值与生物多样性，降低对既有生态系统的影响	1. 场地透水性地面包括绿化面积以及镂空率大于 40% 的植草砖，同时采用雨污分流等雨水管理措施 2. 场地为现状空地，无文物、自然水系、湿地、基本农田、森林等保护区。根据《环境影响报告书》，本项目所在区域为盐田，土质碱化含盐量高，植物根系难以吸收水分和营养物质，引起"生理干旱"和营养缺乏症，属于废弃场地。经土质改良后的土壤参数如（表 7-2-1）所示，适合天津市乡土植物生长，本地植物指数 100%，保证绿化植物的成活率

表 7-2-1 土质改良后的土壤参数

全盐含量	pH	容重（g/cm³）	渗透系数
≥ 0.3%	6.5～8.5	1.3	10 cm/sec

资料来源：中新天津生态城管委会建设局

本条款最终得分：4 分

参数	评价要点	评价过程
Env.P5：建筑对场地交通系统的影响	**最低要求**：设置专门的自行车存放区域	本项目设置有专门的自行车存放区域，自行车停车位 60 个
	评价要点：场地采用适合慢行交通系统（自行车、步行）的路网与服务设施	场地人行道与自行车停车位位置如（图 7-2-3）所示： 图 7-2-3 人行道与自行车停车区域示意图 资料来源：中新天津生态城管委会建设局
	本条款最终得分：3.5 分	

参数	评价要点	评价过程
Env.P6：建筑对场地物理环境的影响	**最低要求**：建筑周围人行区距地 1.5m 高处风速小于 5m/s，风速放大系数小于 2；不少于 1/3 的绿地面积在建筑日照阴影范围之外	场地风环境模拟与日照环境模拟显示满足本条款的最低要求

参数	评价要点	评价过程
Env.P6：建筑对场地物理环境的影响	评价要点： 1. 提供场地风环境模拟报告 2. 提供场地日照环境模拟报告	1. 场地风环境模拟结果，夏季、冬季与过渡季节 1.5m 高度处风速等值线图 （图 7-2-4，图 7-2-5，图 7-2-6）；结果显示最大风速为 4.57m/s，风速放大系数为 1.85 图 7-2-4　1.5m 高度处风速等值线图（夏季 /SE）　资料来源：中新天津生态城管委会建设局　　图 7-2-5　1.5m 高度处风速等值线图（冬季 /NW）　资料来源：中新天津生态城管委会建设局 2. 场地日照环境模拟结果，大寒日 8：00～16：00 建筑的日照情况模拟（图 7-2-7） 图 7-2-6　1.5m 高度处风速图（过渡季 /SW）　资料来源：中新天津生态城管委会建设局　　图 7-2-7　日照模拟（大寒日 8：00～16：00）　资料来源：中新天津生态城管委会建设局 本条款最终得分：3 分

参数	评价要点	评价过程
Env.P7：建筑废弃物的回收与处理	**最低要求**：提供建筑施工废弃物管理计划，施工废弃物回收利用率≥30%	本项未达到评价条款的最低要求，不参与评价
	评价要点： 1. 建筑施工过程中产生的废弃物进行分类处理并提供施工废弃物回收利用记录 2. 建筑运行过程中产生的废弃物进行分类与回收处理	—
本条款最终得分：–1 分		

参数	评价要点	评价过程
Env.P8：建筑的碳排放与碳补偿	**最低要求**：提供建筑全生命周期碳排放量的相关计算	项目基础数据不足，本项不参与评价
	评价要点： 1. 提交钢材、水泥、铝材、玻璃、卫生陶瓷、混凝土砌块和保温材料等主要建筑材料的碳排放计算书以及主要建筑材料单位产品能耗核查报告 2. 提供建筑全生命周期（建材生产阶段、运输阶段、建筑施工阶段、运行阶段、拆除阶段）碳排放量的相关计算 3. 对建筑采取的碳补偿措施进行评价	—
备注："应用已有的研究成果"整合碳排放评价的中国绿色建筑评价体系软件"进行建筑全生命周期碳排放量的计算"[①]		
本条款最终得分：–1 分		

---

① 高源. 整合碳排放评价的中国绿色建筑评价体系研究 [D]. 天津：天津大学，2014.

参数	评价要点	评价过程
Env.P9：建筑设计时预期的能源需求	**最低要求：** 设计阶段提供建筑能源需求的相关模拟	设计阶段已提供《中新天津生态城公屋展示中心建筑综合能耗模拟分析报告》
	评价要点： 1. 充分利用建筑周边的风环境与日照环境 2. 优先采用被动式设计方法，包括围护结构的节能优化、自然通风、自然采光等策略 3. 建筑设计阶段的各学科参与，对方案的可持续要素以及整体可持续性进行综合性考虑 4. 采用 DOE-2、EnergyPlus、Design Builder 等常用专业能耗模拟软件 5. 依据相关参数数据对建筑设计时预期的能源需求进行评分	1. 对场地的日照、风向风速等气候条件进行分析，合理选择建筑的外部形式 2. 本项目以"被动优先，主动优化"为原则，优先采用被动式节能技术措施，其中包括维护结构的节能优化、自然采光的增强和自然通风的强化 （1）维护结构的节能优化 建筑外墙采用 300mm 加气混凝土砌块自保温外贴 150mm 厚岩棉进行外保温，屋顶采用 300mm 岩棉板，外檐门窗、幕墙采用 PA 断桥铝合金双中空（双银 Low-E 无色 +12Ar+6 无色），实现了围护结构的节能优化，使得围护结构各部分传热系数达到：屋面 0.14w/（$m^2 \cdot k$），外墙 0.18w/（$m^2 \cdot k$），外窗 1.10w/（$m^2 \cdot k$） （2）自然采光的增强 本项目采用光导照明系统改善室内及地下空间的自然采光效果，在地下空间、屋顶、侧墙等处设置 35 个光导筒，对室内自然采光进行改善 （3）自然通风的强化 通过应用与建筑结合良好的坑道风、设置屋顶自然通风窗井及大厅地面送风口，强化建筑的自然通风效果，缩短入口大厅空调制冷时间约 20%，减少入口大厅空调制冷能耗约 30% 3. 本项目将生态环保的理念和对应的设计方法与施工人员、管理人员和建筑使用者的行为模式结合，强调多层次、多专业的合作关系，遵循协调发展原则、资源效益最大化原则、可持续方案优先选择适宜技术原则，其整合设计策略包括宏观层面的规划、建筑与景观的整合设计策略，以及微观层面的建筑单体与可持续技术的整合设计策略 4. 利用 eQUEST 能耗模拟分析软件建立能耗分析模型，对设计阶段的项目能耗进行计算，模拟结果如（表 7-2-2）所示：

表 7-2-2　设计阶段建筑能耗模拟结果

能耗类型	建筑单位面积年耗电量 [kw·h/（a·m^2）]
照明	27.29
设备	19.44
制热	6.06
制冷	18.02
泵和其他设备	1.59
风机	11.67
生活热水	0.95
总和	85.01

资料来源：中新天津生态城管委会建设局

本条款最终得分：4.5 分

续表

参数	评价要点	评价过程
Env.P10：建筑运行的能源消耗与监测	**最低要求**：设置建筑能耗监测系统，提供建筑运行时的能耗数据	设置有建筑能耗监测系统，已提供建筑运行时的能耗数据
	评价要点：相关数据按照定量化参数数据的标准化处理方法进行评分	由中新天津生态城提供公屋展示中心建筑项目 2014 年度运行阶段的建筑能耗实测结果（表 7-2-3）。 表 7-2-3 运行阶段建筑能耗实测结果 | 能耗类型	建筑单位面积年耗电量 [kw·h/（a·m²）]
---	---
照明	23.51
设备	16.12
制热	5.42
制冷	15.47
泵和其他设备	1.24
风机	7.83
生活热水	0.75
总和	70.34	 资料来源：中新天津生态城管委会建设局
备注：建筑的运行能耗最佳值 60 [kw·h/（a·m²）]，常规值 110 [kw·h/（a·m²）]		
本条款最终得分：4 分		

参数	评价要点	评价过程
Env.P11：建筑的可再生能源利用率	**最低要求**：建筑可再生能源使用量占建筑总能耗的比率≥ 5%	建筑可再生能源使用量占建筑用电量的 100%

参数	评价要点	评价过程
Env.P11：建筑的可再生能源利用率	评价要点：相关数据按照定量化参数数据的标准化处理方法进行评分	本项目采用微网系统及能耗分配控制策略，由光伏发电、锂电池储能构成微网系统，以计算出的建筑能耗作为选择光伏电池板的基本参数，根据当地太阳能资源情况和建筑可安装电池板的面积，确定光伏电池板的类型和相关参数。同时采用建筑能耗预测和基于光伏发电的能源分配控制策略保证建筑的用能平衡。根据能耗和光伏发电的动态特性曲线，以能耗监测系统作为基础，建立起能耗和光伏发电数据库，构建均衡的能源分配控制系统 本项目光伏发电总装机容量约为 292.95kWp，全年总发电量约为 295.36MW·h，占建筑用电量的 100%（表 7-2-4）

表 7-2-4　建筑可再生能源利用分析

可再生能源发电量	万 kW·h/a	29.54
建筑用电量	万 kW·h/a	29.47
可再生能源使用量占建筑总能耗的比率	%	100

资料来源：中新天津生态城管委会建设局

本条款最终得分：5 分

参数	评价要点	评价过程
Env.P12：建筑设计预期的用水需求	最低要求：设计阶段提供建筑用水需求的相关分析	设计阶段已提供建筑用水需求报告
	评价要点： 1.建筑设计预期的用水需求相关参数：日均生活耗水量 [L/（人·d）] 2.采取降低用水需求的相关措施：绿化、水体景观等用水采用非传统水源，绿化灌溉采用节水方式，使用节水器具和设备 3.依据相关参数数据对建筑设计预期的用水需求进行评分	本项目采用的节水灌溉方式为滴灌，引入市政中水入户冲厕，室外主要用雨水进行绿化和道路冲洗；本项目年度收集的雨水量为 316.6m³，可满足本项目 91% 的道路浇洒雨水室外绿化用水需求；室内节水器具包括脚踏式自动冲洗阀蹲便器、无水冲洗式小便器、面盆采用感应式龙头。经计算，建筑设计预期的日均生活耗水量为 32.83 [L/（人·d）]（表 7-2-5）

表 7-2-5　建筑设计用水量

序号	名称	用水标准（L）	使用单位数	使用时间（h）	时变化系数	最高日用水量（m³/d）	最大小时用水量（m³/h）
1	办公	16	60 人	9	1.5	0.96	0.16
2	展厅	1.2	611 m²	9	1.5	0.73	0.12
3	淋浴	100	1 人次	1		0.1	0.1
4	未预见水量	按（1—3）的 10% 计算				0.18	0.04
5	总用水量					1.97	0.42

资料来源：中新天津生态城管委会建设局

本条款最终得分：3 分

续表

参数	评价要点	评价过程
	最低要求：设置建筑水耗监测系统，提供建筑运行时的水耗数据	设有建筑水耗监测系统，提供建筑运行时的水耗数据
Env.P13：建筑的水资源消耗与监测	**评价要点**： 1. 建筑运行时的水资源消耗相关参数：日均生活耗水量 [L/（人·d）] 2. 采取降低用水需求的相关措施：绿化、水体景观等用水采用非传统水源，绿化灌溉采用节水方式，使用节水器具和设备 3. 相关数据按照定量化参数数据的标准化处理方法进行评分	1. 由中新天津生态城提供公屋展示中心建筑项目 2014 年度运行阶段的建筑水耗实测结果（表）。经计算建筑设计预期的日均生活耗水量为 [30.15 L/（人·d）]（表 7-2-6） 表 7-2-6　建筑运行阶段的用水量 用水分项 / 用水量（m³）见下表 2. 卫生间坐便器采用两冲型，冲洗水量小于 4.5L；卫生间采用感应式龙头洗手盆，一次出水量不大于 0.15L/s；小便器采用无水型小便器，比传统小便器节水 100%

表 7-2-6　建筑运行阶段的用水量

用水分项	用水量（m³）
生活用水	660.29
绿化灌溉	223.3
道路浇洒	125.59
未预见水量	140.71
合计	1149.89

资料来源：中新天津生态城管委会建设局

备注：建筑的运行水耗最佳值 20 L/（人·d），常规值 40 L/（人·d）

本条款最终得分：3 分

参数	评价要点	评价过程
Env.P14: 建筑的 非传统 水源利 用率	**最低要求:** 建筑的非传统水源利用率≥ 10%	本项目非传统水源利用率为 68.89%
	评价要点: 1. 非传统水源包括雨水、中水 2. 相关数据按照定量化参数数据的标准化处理方法进行评分	本项目非传统水源利用率计算如表 7-2-7 所示: **表 7-2-7　本项目非传统水源利用率**

用水 分项	非传统水源 使用量（m³）	再生水 利用量 （m³）	雨水 利用量 （m³）	总用量 （m³）	非传统 水源 利用率
生活 用水	620.44	620.44	0	1058.23	58.63%
绿化 灌溉	223.3	0	223.3	223.3	100%
道路 浇洒	125.59	0	125.59	125.59	100%
未预见 水量	96.93	62.04	34.89	140.71	68.89%
合计	1066.26	682.48	383.78	1547.83	68.89%

资料来源：中新天津生态城管委会建设局

本条款最终得分：3 分

参数	评价要点	评价过程
Env.P15: 当地建筑材料的使用	**最低要求**：建筑材料的本地采购比例≥ 60%	本项未达到评价条款的最低要求，不参与评价
	评价要点：相关数据按照定量化参数数据的标准化处理方法进行评分	—

本条款最终得分：-1 分

参数	评价要点	评价过程
Env.P16：可持续建筑材料的使用	**最低要求**：可持续建筑材料的使用比例 ≥ 30%	本项目可持续建筑材料的使用比例为 10.34%，未达到评价条款的最低要求，不参与评价
	评价要点： 1. 可持续建筑材料包括获得绿色建材相关认证的材料、可再循环利用的材料（不含回收利用的施工废弃物材料）以及健康的室内装修材料 2. 相关数据按照定量化参数数据的标准化处理方法进行评分	—
	本条款最终得分：–1 分	

参数	评价要点	评价过程
Env.P17：建筑空间布局的合理性	**最低要求**：提供建筑室内布局与室内空间效率的分析	本项不参与评价
	评价要点： 1. 建筑室内适宜的空间布局与空间功能相匹配 2. 依据建筑室内布局与室内空间效率分析报告进行评价	—
	本条款最终得分：–1 分	

参数	评价要点	评价过程
Env.P18：功能空间的适应性与可变性	**最低要求**：提供建筑主要功能空间的适应性与可变性分析	已提供建筑主要功能空间的适应性与可变性分析
	评价要点： 1. 建筑主要功能空间可根据使用者的需求具备一定程度的可变性 2. 建筑主要功能空间对其用途的变化具有适应性	本项目办公室与走廊之间采用玻璃隔墙，办公室之间采用轻钢龙骨轻质隔墙（表 7-2-8） **表 7-2-8　建筑主要功能空间的适应性与可变性分析** 表格见下

层数	建筑总面积（m²）	可变换空间面积（m²）	灵活隔断面积（m²）	比例 = 可变换空间面积 / 本层面积（%）
一层	1843	1544.78	1477.36	83.82%
二层	1170	742.138	742.138	63.43%
合计	3013	2219.498	2219.498	73.66%

资料来源：中新天津生态城管委会建设局

本条款最终得分：3.5 分

参数	评价要点	评价过程
Env.P19：建筑的室内环境质量	**最低要求**：建筑室内环境质量（声环境、光环境、热环境）参数数据符合相关规范要求 **评价要点**： 1. 建筑室内环境质量（声环境、光环境、热环境）相关参数包括：室内温度、室内湿度、室内照度、统一眩光值、室内背景噪声 2. 依据相关参数数据对建筑的室内环境质量进行评分 **相关规范**： 室内温度、室内湿度《公共建筑节能设计标准》（GB50189—2005）； 采光系数《建筑采光设计标准》（GB50033—2013）； 室内照度《建筑照明设计标准》（GB50034—2013）； 室内背景噪声《民用建筑隔声设计规范》（GB50176—93）	建筑室内环境质量参数数据均符合相关规范要求 1. 建筑室内声环境：项目功能空间合理布局，主要功能空间通过走廊、卫生间与易产生噪声的设备间隔开（图 7-2-8） 2. 建筑室内光环境： （1）自然采光：屋顶设置 20 个光导筒，为档案库、办公室、会议室、卫生间及无自然采光条件的房间提供自然采光；侧墙设置 12 个光导筒，为办公室、弱电机房提供自然采光，整楼采光系数达到《建筑采光设计标准》GB 50033—2001 相关功能空间采光要求的区域面积比例为 88.49% （2）照明设计：本项目室内主要采用 T5 荧光灯，部分区域采用 LED 光源及金属卤化灯，室内照明质量良好（表 7-2-9） **表 7-2-9　建筑室内照度与统一眩光值** 下表

表 7-2-9　建筑室内照度与统一眩光值

空间类型	照度值 lx	统一眩光值
办公室	483	17
展示大厅	209	22
会议室	496	14
开敞办公区	512	17
计算机房	462	18
消防控制室	461	16
银行	504	17

资料来源：中新天津生态城管委会建设局

参数	评价要点	评价过程
Env.P19：建筑的室内环境质量		3.建筑室内热环境：项目末端采用的风机盘管、散流器、VRV 室内机，均设有独立的温控装置，便于调节（表 7-2-10） 表 7-2-10　建筑室内热环境参数 资料来源：中新天津生态城管委会建设局

表 7-2-10　建筑室内热环境参数

空间类型	夏季空调温度（℃）	冬季采暖温度（℃）	相对湿度
展示大厅	26	20	65
交易大厅	27	20	65
办公空间	27	18	65

本条款最终得分：4 分

参数	评价要点	评价过程
Env.P20：建筑的室内空气质量	**最低要求：** 设置 CO_2 含量监测系统且室内 CO_2 浓度符合相关规范要求	设有 CO_2 含量监测系统且室内 CO_2 浓度符合相关规范要求
	评价要点： 1.空气中污染物（CO_2、挥发性有机化合物 VOC）的含量 2.选择对室内空气质量和健康影响小的产品 3.依据相关参数数据对建筑的室内空气质量进行评分 **相关规范：** 根据《室内空气质量标准》（GB/T 18883—2002），室内二氧化碳的允许浓度为 0.1%	本项目采用新风阀与 CO_2 传感器联动控制（图 7-2-9），监控并确保室内空气质量 图 7-2-9　新风阀与 CO_2 传感器联动示意图 资料来源：中新天津生态城管委会建设局

本条款最终得分：3.5 分

参数	评价要点	评价过程
Env.P21：建筑通风系统的性能	**最低要求**：建筑通风系统性能参数数据符合相关规范要求	建筑通风系统性能参数数据均符合相关规范要求
	评价要点： 1. 建筑通风系统性能参数包括：换气次数、新风量、空气流速 2. 依据相关参数数据对建筑通风系统的性能进行评分 **相关规范**：《建筑通风效果测试与评价标准》(JGJ/T309—2013)	1. 建筑室内换气次数（表 7-2-11） **表 7-2-11　建筑室内换气次数** <table><tr><td>建筑层数</td><td>夏季工况（次/h）</td><td>过渡季工况（次/h）</td></tr><tr><td>首层</td><td>6.86</td><td>10.9</td></tr><tr><td>二层</td><td>5.65</td><td>7.89</td></tr></table> 资料来源：中新天津生态城管委会建设局 2. 建筑室内新风量（表 7-2-12） **表 7-2-12　建筑室内新风量** <table><tr><td>空间类型</td><td>新风量 m³/(h·p)</td></tr><tr><td>展示大厅</td><td>20</td></tr><tr><td>交易大厅</td><td>20</td></tr><tr><td>办公空间</td><td>30</td></tr><tr><td>会议室</td><td>30</td></tr><tr><td>银行</td><td>30</td></tr></table> 资料来源：中新天津生态城管委会建设局 3. 建筑室内空气流速（表 7-2-13） **表 7-2-13　建筑室内空气流速** <table><tr><td>空间类型</td><td>空气流速</td></tr><tr><td>展示大厅</td><td>0.1～0.3m/s</td></tr><tr><td>交易大厅</td><td>0.1～0.3m/s</td></tr><tr><td>办公空间</td><td>0.1～0.3m/s</td></tr></table> 资料来源：中新天津生态城管委会建设局
		本条款最终得分：4 分

参数	评价要点	评价过程
Env.P22：建筑空调系统的性能	**最低要求**：建筑空调系统性能参数数据符合相关规范要求	建筑空调系统性能参数数据符合规范要求
	评价要点：1. 建筑空调系统性能参数：冷热源机组能效比 2. 建筑空调设备处于部分负荷时的节能措施 3. 依据相关参数数据对建筑空调系统的性能进行评分 **相关规范**：《公共建筑节能设计标准》（GB50189—2005）	1. 建筑采用高温冷水地源热泵机组，夏季为建筑提供 16℃/21℃的冷水作为建筑冷源；利用系统排热加热生活热水系统全年所能提供的热水量为 250.57 m³/a，占全年生活热水需求的 81%，年节约用电 1.39 万 kW·h；冬季为建筑提供 42℃/37℃热水作为建筑热源；太阳能光热系统通过间接换热方式提升系统的地源一侧进入机组的水温，提高机组 COP（表 7-2-14） 表 7-2-14　建筑空调系统性能参数 （见下表） 资料来源：中新天津生态城管委会建设局 2. 系统采用一次泵变流量系统，机组蒸发器、冷凝器支持变流量工况运行，机组压缩机变频运行，当系统采用质调节时，开启分集水器连通管道上的电动调节阀，根据压差传感器调节阀门开启度
		本条款最终得分：4 分

表 7-2-14　建筑空调系统性能参数

设备类型	额定制冷量（kW）	性能参数 COP
高温冷水地源热泵机组	制冷：175	5.93
	制热：168	4.48
VRF	制冷：22.4	4.87
	制热：25	5.43

参数	评价要点	评价过程
Env.P23： 建筑供水系统的性能	**最低要求**：建筑供水系统的设计符合相关规范要求	建筑供水系统的设计确定符合相关规范要求
		1. 本项目室内给水系统采用市政给水管网直接供水（图7-2-10），室内给水管道布置成枝状管网，单向供水；采用污废合流、雨污分流，室内采用重力流排水系统，卫生间采用单立管伸顶通气系统，污水排至室外后排入市政污水管网；室内生活给水管、中水管及热水管均采用薄壁不锈钢管卡压式连接。室内排水管采用机制离心排水铸铁管，明装卡箍连接，埋地采用承插连接。雨水管道采用 HDPE 管，热熔连接 2. 本项目中水由和畅路市政中水管线引入一条 DN100 的中水管，供室内冲厕使用。室内中水给水管道布置成枝状管网，单向供水
	评价要点： 1. 完善合理的供水、排水系统，避免管网漏损 2. 非传统水源采取用水安全保障措施，避免对人体与周围环境的不良影响 **相关规范**： 《建筑给水排水设计标准》（GB 50015—2003）	**证　明** 　　中新生态城营城污水处理厂目前已经建设完工，投入运行，再生水项目正在建设，计划2011年底建成通水。市政中水水质满足《城市污水再生利用-景观环境用水水质》GB/T18921、《城市污水再生利用-城市杂用水水质》GB/T18920等相关水质要求。该中水处理厂能够为天津生态城公屋展示中心项目提供中水供给。 　　特此证明。 　　　　　　　　　　天津生态城污水处理厂项目办公室（盖章） 　　　　　　　　　　二〇　　年　　月三十日 **图 7-2-10　市政中水水质与供给证明** 资料来源：中新天津生态城管委会建设局
本条款最终得分：4.5 分		

参数	评价要点	评价过程
Env.P24：建筑其他设施的性能	**最低要求：** 提供建筑生活辅助设施、服务设施、安全设施的分析	本项不参与评价
	评价要点： 1. 建筑生活辅助设施、服务设施与安全设施的完备性与便利性 2. 依据建筑生活辅助设施、服务设施、安全设施的分析报告进行评价	—
本条款最终得分：–1 分		

参数	评价要点	评价过程
Sol.P1：建筑的公众参与和信息获取	**最低要求：** 提供建筑的公众参与和可持续相关信息获取的分析	已提供建筑的公众参与和可持续相关信息获取的分析
	评价要点： 1. 建筑对区域环境（区域交通系统、区域服务设施等）的影响咨询公众 2. 建筑设计建造过程中对建筑的使用者及利益相关方进行咨询 3. 建筑投入使用后向公众宣传建筑的可持续策略，实现开放参观与社会互动	1. 本项目位于正在建设中的滨海新区中新天津生态城，通过对建筑使用者和周边居住者进行问卷调查，90% 的受访者认为建筑的建设对区域交通系统和服务设施不会造成压力 2. 建筑设计与建造过程为多学科参与，并且遵循中新天津生态城管委会建设局对区域内绿色建筑的相关规定，即满足《绿色建筑评价标准》的相关要求；对建筑使用者进行室内空间布局与室内环境质量咨询，将反馈意见结合进设计方案中 3. 建筑投入使用后陆续接待各相关专业领域的参观者，制作发放关于项目可持续策略与技术的宣传手册
本条款最终得分：3.5 分		

7.2.2　社会领域各项条款的评价过程

参数	评价要点	评价过程
Sol.P2：建筑公共设施的平等使用	**最低要求：** 提供建筑公共设施平等使用的分析	本项不参与评价
	评价要点： 1. 建筑的公共设施包括公共活动场所、绿色空间、艺术设施、文化设施等 2. 确保建筑公共设施获得平等的使用机会	—
本条款最终得分：–1 分		

参数	评价要点	评价过程
Sol.P3: 对可持续意识提升的作用	**最低要求:** 提供建筑对可持续意识提升的作用的分析	已提供建筑对可持续意识提升的作用的分析
	评价要点: 1. 建筑的使用过程体现出对可持续生活方式的提倡 2. 建筑全过程对可持续理念的普及	1. 对建筑使用者进行可持续技术与使用方法的宣传和培训,改变使用者的行为习惯,如垃圾分类处理、灯具与空调的节能使用模式等,帮助建筑使用者确立可持续的工作与生活方式 2. 建筑全过程树立可持续的设计理念,包括采用整合的可持续方案和设计流程,优先选用被动式设计方法,选择可循环利用的建筑材料,选择节能的空调设备等,通过对可持续理念与价值观的普及,增强公众的环境意识和社会责任
本条款最终得分: 2.5 分			

参数	评价要点	评价过程
Sol.P4: 建筑对本地社会文化的反映	**最低要求:** 提供建筑对本地社会文化的反映的分析	本项不参与评价
	评价要点: 1. 建筑设计方案反映出当地的地域文化特征 2. 建筑设计方案与对文物与历史的保护以及对街区特色文化背景的尊重相结合	—
本条款最终得分: −1 分			

参数	评价要点	评价过程
Sol.P5: 建筑的运行维护与管理	**最低要求:** 提供建筑的运行维护与管理的分析	已提供建筑的运行维护与管理的分析;
	评价要点: 1. 制定并执行建筑的资源与能源节约管理制度,实现废弃物的分类收集与处理 2. 建筑通风、空调、照明系统的自动监控与数据采集以及能耗、水耗的分项计量	本项目采用一套 BA 系统集中处理建筑的各项运营数据,建筑设备自动化系统对大楼内各类机电设备进行集中监视、控制、测量和管理,包括地源热泵制冷供热系统、组合式空调机组、热泵式溶液调湿新风系统、新风电动调节阀门、送排风机、室外地埋管地温监测;电梯运行状态、VRV 运行故障状态、地源热泵主机、定压补水成套装置、热泵式溶液调湿新风机组通过网关实现对上述设备的监测及控制;此外还有对污水坑潜水泵的状态监测、污水坑液位信号的监测。本项目的电表约为 90 块,水表为 11 块,冷热量表为 5 块,通过现场总线连接后引至一层弱电机房,设置计量及能耗管理工作站,设置管理平台软件,实现能耗的分项监测与管理

续表

参数	评价要点	评价过程
Sol.P5：建筑的运行维护与管理	**评价要点：** 1. 制定并执行建筑的资源与能源节约管理制度，实现废弃物的分类收集与处理 2. 建筑通风、空调、照明系统的自动监控与数据采集以及能耗、水耗的分项计量	1. 在低压入户侧设计量总表，低压侧根据情况在空调用电、动力用电、照明插座用电和特殊用电等单独设分项计量 2. 照明控制系统的每个光源作为一个独立的通信对象，可分别访问和控制，其运行状态可实时反馈到系统。它是采用集亮度感应、恒照度控制和人体存在感应为一体的吸顶式感应器 3. 每层的自来水、中水干管上设有水表，室外绿化及道路浇洒用水进行分质、分用途计量。给水管道入户处设水表井，室内设远传磁卡水表，通过数据总线，接入项目能源计量系统
	本条款最终得分：4 分	

参数	评价要点	评价过程
Sol.P6：建筑室内外的无障碍设计	**最低要求：** 建筑的无障碍设计符合相关规范要求	本项目的无障碍设计符合相关规范要求
	评价要点： 提供建筑室内外无障碍设计的相关资料 **相关规范：** 《无障碍设计规范》（GB50763—2012）	中新天津生态城要求区内公共建筑的无障碍设施率为100%，包括无障碍入口、无障碍卫生间和无障碍电梯（图7-2-11） 图 7-2-11　建筑无障碍入口、无障碍卫生间和无障碍电梯示意图 资料来源：中新天津生态城管委会建设局
	本条款最终得分：3 分	

参数	评价要点	评价过程
Sol.P7：建筑对使用者需求的适应性	**最低要求：**提供建筑对使用者需求的适应性的分析	已提供建筑对使用者需求的适应性的分析
	评价要点： 1. 技术系统（空调系统、新风系统等）的部分独立运行能力 2. 使用者对技术系统（室内热环境、室内风环境等）的个人控制与调节	1. 空调系统：项目末端采用的风机盘管、散流器、VRV 室内机，均有独立的温控装置，便于独立开启和温湿度（表 7-2-15） 表 7-2-15　建筑空调系统的独立调节 （见下表） 资料来源：中新天津生态城管委会建设局 2. 新风系统：本项目展示大厅、公屋交易大厅采用单区变风量全空气空调系统，空气处理设备为变频运行的组合式空气处理机，系统采用定静压控制法进行送风量控制，新风管设定风量调节器，通过室内 CO_2 监测系统调节新风量从而达到节能目的（图 7-2-12，图 7-2-13）

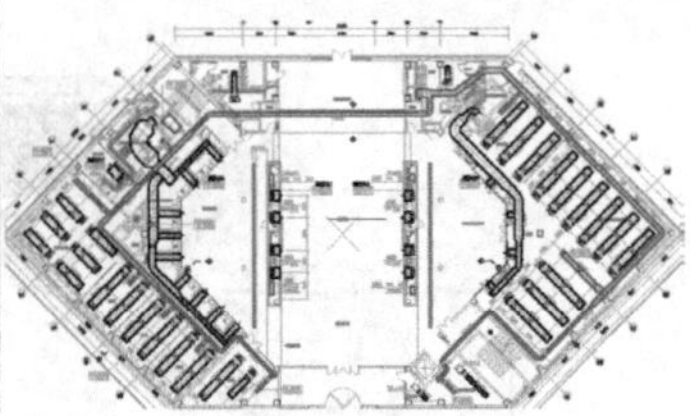

表 7-2-15　建筑空调系统的独立调节

房间类型	能独立开启的空调末端		能进行温湿度独立调节的空调末端	
	是否采用	末端形式	是否采用	末端形式
办公空间	是	风机盘管 + 新风系统	是	独立温控器
大厅空间	是	散流器	是	独立温控器
档案库	是	变制冷剂流量	是	独立温控器

资料来源：中新天津生态城管委会建设局

图 7-2-12　建筑首层空调系统

资料来源：中新天津生态城管委会建设局

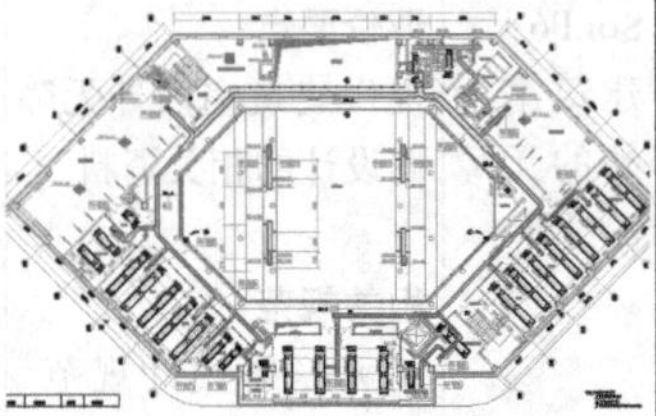

图 7-2-13　建筑二层空调系统

资料来源：中新天津生态城管委会建设局

本条款最终得分：4.5 分

续表

参数	评价要点	评价过程
Sol.P8: 建筑使用者的视觉舒适度	**最低要求**：提供建筑使用者的视觉舒适度分析	本项不参与评价
	评价要点： 1. 建筑的自然采光设计策略确保室内视觉舒适度 2. 建筑室内人工照明及控制系统的设计确保视觉舒适度	—
	本条款最终得分：–1 分	

7.2.3　经济领域各项条款的评价过程

参数	评价要点	评价过程
Eco.P1: 建设项目增量成本分析	**最低要求**：提供建设项目增量成本分析	已提供建设项目增量成本分析
	评价要点： 1. 建设项目增量成本分为咨询成本、认证成本和可持续技术增量成本三个部分 2. 依据相关参数数据对建设项目增量成本进行评分	本项目建筑面积 3467m²，全生命周期的可持续技术增量成本为 1537.28 万元，全生命周期可持续技术的增量成本分析如表 7-2-16 所示 **表 7-2-16　LCC 可持续技术增量成本分析** （见下表） 本条款最终得分：3.5 分

表 7-2-16　LCC 可持续技术增量成本分析

关键技术 / 产品名称	单价	应用量	增量成本（元）
外保温墙体（岩棉板）	126.64 元 /m²	1921.22 m²	10.5 万
保温屋面	406.34 元 /m²	1688.72 m²	56.46 万
断桥铝合金双中空 Low-E 玻璃	4488.73 元 /m²	54.4 m²	18.98 万
屋顶绿化	434.91 元 /m²	189.08 m²	8.22 万
地源热泵系统	273.3 元 /m²	3130 m²	41.6 万
太阳能热水系统	40 元 /m²	3467 m²	12.6 万
雨水综合利用系统		1 套	16.63 万
自然导光系统	13 972.35 元 / 套	35 套	48.9 万
钢结构体系		483.946t	90.39 万
太阳能光伏		1395 套	1233 万
合计			1537.28 万

资料来源：中新天津生态城管委会建设局

续表

参数	评价要点	评价过程
Eco.P2:建设项目增量效益分析	**最低要求:** 提供建设项目增量效益分析	已提供建设项目增量效益分析;
	评价要点: 1. 建设项目增量效益分为经济效益、环境效益和社会效益三部分 2. 相关数据按照定量化参数数据的标准化处理方法进行评分	1. 增量经济效益:本项目可节约的运行费用为 24.69 万元 /a 2. 增量环境效益: (1) CO_2 减排效益:因节能而减少的二氧化碳的处理成本。"每吨标准煤排放的 CO_2 为 2.66~2.72t,根据处理工艺不同,CO_2 的处理成本为 205~486 元 /t"[①]。经计算,本项目每年节约的能耗相当于 6.4t 标准煤,CO_2 减排效益为 0.5 万元 /a (2) 健康效益:"大气环境与增加的医疗卫生费以及劳动日价值损失的关系"[②];增加的医疗卫生费 $=Y \times M \times K$ $(P_2-P_1)=50 \times 3 \times 365 \times 10 \times (1.787-1.360)=23.38$ 万 /a;劳动日价值损失 $=M \times a\% \times G \times K (P_2-P_1)=$ $3 \times 40\% \times 112.8 \times 365 \times 10 \times (1.787-1.360)=21.10$ 万 /年;因此可持续建筑的健康效益 $=23.38$ 万 / 年 $+21.10$ 万 /a$=44.48$ 万 /a (3) 建材寿命延长:$\Delta C=S \times f \times (P2-P1)=3467 \times 0.8 \times (1.787-1.360)=0.12$ 万元 3、增量社会效益:包括节省的排污费以及排污设施费、节省的财政损失费、工作效率与居民福利的提高;经计算与评估,本项目的社会效益为 19.21 万 /a 4、建设项目增量效益 = 增量经济效益 + 增量环境效益 + 增量社会效益 $=24.69 (P/A, i, 50)+0.5 (P/A, i, 50)+44.48 (P/A, i, 50)+0.12+19.21 (P/A, i, 50)=$ 727.56 万元

备注:Y 为每人每天的医疗费,M 为疾病种类,K 为系数,P_1 为预测绿色环境下大气综合指数,P_2 为传统环境下大气综合指数,G 为每日人均 GDP,设定损失的劳动日为生病天数的 a%,S 为可持续建筑面积,f 为调整系数

本案例中 M=3,Y=50 元 / 人·d,K=10,P_2=1.787,P_1=1.360,G=112.8 元 / 人·d,a%=40%

本条款最终得分:3 分

---

① 李静,田哲 . 绿色建筑全生命周期增量成本与效益研究 [J]. 工程管理学报,2011,25 (5):489.

② 侯玲 . 基于费用效益分析的绿色建筑的评价研究 [D]. 西安:西安建筑科技大学,2006.

续表

参数	评价要点	评价过程
Eco.P3：建设项目效益费用比	**最低要求**：提供建设项目效益费用比的分析	已提供建设项目效益费用比的分析
	评价要点： 1. 建设项目效益费用比 = 建设项目增量效益 / 建设项目增量成本 2. 相关数据按照定量化参数数据的标准化处理方法进行评分	建设项目效益费用比 = 建设项目增量效益 / 建设项目增量成本 =727.56 万元 /1537.28 万元 =0.47<1
本条款最终得分：1 分		

参数	评价要点	评价过程
Eco.P4：建筑空间的利用效率	**最低要求**：提供建筑的使用效率分析	本项不参与评价
	评价要点： 1. 通过最优化的空间面积的利用减少建筑所需的能源与资源 2. 模块化设计、建筑的空间结构等因素对建筑空间利用效率的影响 3. 具有相同物理环境需求（如温湿度等）的空间集中布置，提高建筑空间的利用效率	—
本条款最终得分：–1 分		

参数	评价要点	评价过程
Eco.P5：建筑对当地经济的影响	**最低要求**：提供建筑对当地经济产生的影响的分析	建筑材料当地采购比例小，本项不参与评价
	评价要点： 1. 建设材料的当地采购过程对经济产生的影响 2. 建筑的建设过程、运行与维护过程引起就业机会的增加	—
本条款最终得分：–1 分		

7.2.4　政策领域各项条款的评价过程

参数	评价要点	评价过程
Pol.P1：城市发展规划中对项目地块建设可持续建筑的相关要求	**最低要求**：提供当地城市发展规划中对项目地块建设可持续建筑的相关要求	已提供当地城市发展规划中对项目地块建设可持续建筑的相关要求
	评价要点：对当地城市发展规划中对项目地块建设可持续建筑的相关要求进行评价	中新天津生态城是中国与新加坡合作的重大项目，其建设的核心目标就是在资源约束的条件下寻求城市的发展，按照科学性与可操作性、前瞻性与可达性、定性与定量、共性与特性相结合的基本原则，制定了中新天津生态城规划建设指标体系，包含了 22 项控制性指标和 4 项引导性指标，在指标体系框架下明确了城市架构、城市形态和城市组织发展模式。22 项控制性指标其中一项为"绿色建筑比例"指标，规定中新天津生态城绿色建筑比例为 100%，即区内绿色建筑占建筑物总量的比例（临时建筑除外）。为此，生态城要求所有建筑均须按照生态城出台一系列与绿色建筑相关的规范和规定进行设计实施与运行
	本条款最终得分：4.5 分	

参数	评价要点	评价过程
Pol.P2：城市设计导则中对项目地块建设可持续建筑的相关要求	**最低要求**：提供当地城市设计导则中对项目地块建设可持续建筑的相关要求	本项不参与评价
	评价要点：对当地城市设计导则中对项目地块建设可持续建筑的相关要求进行评价	—
	本条款最终得分：–1 分	

参数	评价要点	评价过程
Pol.P3：针对可持续建筑的经济奖励政策	**最低要求**：提供当地可持续建筑经济奖励政策	
	评价要点：对当地政策中关于可持续建筑的经济奖励政策进行评价	2014 年，天津市发布《天津市绿色建筑行动方案》，设立"绿色建筑发展专项资金"，专项用于绿色建筑、可再生能源建筑应用、绿色农房、建筑工业化等奖励，制定税收、贷款利率等方面的优惠政策
	本条款最终得分：3.5 分	

参数	评价要点	评价过程
Pol.P4：针对可持续建筑的费用减免政策	**最低要求**：提供当地可持续建筑的费用减免政策	本项不参与评价
	评价要点：对当地政策中关于可持续建筑的费用减免政策进行评价	—
本条款最终得分：–1 分		

参数	评价要点	评价过程
Pol.P5：建筑对当地政策制定产生的影响	**最低要求**：提供建筑对当地政策制定产生的影响的分析	本项不参与评价
	评价要点：列出通过本项目的创新实践当地新增的关于可持续建筑的相关政策	—
本条款最终得分：–1 分		

7.3 项目评价结果分析

BSA 建筑可持续性评价体系的最终评价结果以总得分的形式呈现（表 7-3-1）。

表 7-3-1 中新天津生态城公屋展示中心建筑项目评价结果

	环境领域	社会领域	经济领域	政策领域	总分
所得分值	2.16	2.02	0.49	0.85	1.60
权重系数	0.37	0.29	0.20	0.14	
评价等级	C	C	E	E	D

资料来源：作者自制

从评价结果的分值来看，中新天津生态城公屋展示中心建筑项目在 BSA 建筑可持续性评价体系中的评级结果为 D 级。其中，经济领域因全生命周期可持续技术的增量成本过高，造成评价所得分值最低，为 0.49 分；环境领域与社会领域得分较高，政策领域分值较低。可见，经济领域与政策领域是可持续建筑未来的重点发展方向。

8 结 语

21世纪，人类面对的根本问题是如何减少对资源与不可再生能源的消耗，维持自然环境系统与人类生活质量之间的平衡。[①] 因此，可持续发展的价值观以及基本的可持续意识是实现建筑可持续发展进程中必须具备的，应摒弃不惜一切发展经济的消耗式发展模式，实现所有建筑可持续元素的信息共享。

现有建筑可持续性评价体系的发展阶段不同，对可持续各领域的研究程度也不同。目前，都在寻求通用的方法去构建建筑可持续性评价框架，以支持未来建筑可持续性评价体系的发展。以欧洲为例，日益增多的建筑可持续性评价方法导致了严重的技术性贸易壁垒，因此有了欧盟标准化委员会可持续建筑标准框架CEN TC350的制定。此外，不同国家间的建筑可持续性评价体系也在寻求关键评价条款与度量方法的互认。比如，用于证明符合BREEAM能源分值的文件可用于LEED体系的替代方案中（USGBC 2012），BREEAM、LEED、Green Star正寻求共同发展的度量方法（Metrics），探求与实用性相结合的标准化评价过程。

未来的视角决定今天的行动（A Vision of the Future Determining the Action of Today），BSA建筑可持续性评价体系是在新的发展阶段与发展模式下的一种尝试，不仅要对评价体系进行技术性讨论，同时还应将其应用于评价实践。在其后的研究中，BSA建筑可持续性评价体系需解决的问题包括：

8.1 BSA建筑可持续性评价体系的完善与更新

BSA建筑可持续性评价体系会随着对建筑可持续性的认识与实践的不断发展、相关建筑标准与技术体系的提升而进行持续地完善与更新，内容包括评价指

---

① W. Cecil Steward&Sharon B. Kuska. Sustainometrics: Measuring Sustainability.

标的更换或增加（D2- 结论性评价条款与 D4- 探索性评价条款的增加）、相应权重体系的重新确定、评价基准（当地常规实践与最优实践）的重新设置、数据库的增补扩充、模拟分析技术的辅助等。同时，还应逐步建立用于评价的基本数据库，如建材数据库、能耗数据库、绿化数据库、水资源数据库等。

此外，为使评价体系适应市场需求且易于理解，可通过业主和运营管理者收集可以代表建筑目前性能的基础数据，用以设置评价基准以确定其性能，确定建筑管理人员无法控制而且会影响建筑性能的相关要素。上述基准与要素用来探究评价工具的运算方法并制定数据的收集规则。

8.2　BSA 建筑可持续性评价体系的应用与推广

BSA 建筑可持续性评价体系受政府政策法规和与建筑相关规范的外部约束，以政策为引导、以市场为基础、以建筑各相关产业的发展为推动，可通过对其的应用与推广来带动建筑行业各领域的可持续发展，同时提升建筑相关利益主体的可持续意识。比如，为业主与开发商提供衡量建筑可持续性能的标准与方法，为设计师与施工方提供高效的设计策略并指导其转化为实践，为管理运营机构提供高效节能的管理措施并为其创造舒适健康的环境。

参 考 文 献

专著译著：

[1] Runming Yao. Design and Management of Sustainable Built Environments[M]. London: Springer, 2013.

[2] Helen K, John B.Sustainable Business: Key Issues[M]. Oxfordshire: Taylor and Francis, 2014.

[3] Barnett D L, Browning W D. A primer on Sustainable Building[M]. Rocky Mountain Institute, 1995.

[4] Linda R.Guide to Green Building Rating Systems: Understanding LEED, Green Globes, Energy Star, the National Green Building Standard,and More[M]. New York: John Wiley & Sons, Inc, 2010.

[5] Sam Kubba. Handbook of Green Building Design and Construction: LEED, BREEAM, and Green Globes[M]. Oxford: Butterworth—Heinemann, 2012.

[6] E.Van Bueren. Greening Governance: An Evolutionary Approach to Policy Making for a Sustainable Built Environment[M]. Amsterdam: IOS Press, 2009.

[7] Lisa M.Tucker.Sustainable Building Systems and Construction for Designers[M]. London: Fairchild Books, 2014.

[8] Sandy Halliday. Sustainable Construction[M]. London: Routledge, 2008.

[9] Barnett D L, Browning W D. A primer on Sustainable Building[M]. Rocky Mountain Institute, 1995.

[10] Alan S. Morris. ISO 14000 Environmental Management Standards: Engineering and Financial Aspects[M]. Hoboken: Wiley, 2003.

[11] Carol Atkinson. Sustainability in the Built Environment: An Introduction to its Definition and Measurement[M]. London: IHS BRE Press, 2010.

[12] Peter S. Brandon. Evaluating Sustainable Development in the Built Environment[M]. Hoboken: Wiley—Blackwell, 2010.

[13] An der Ryn, Sim and Stuart Cowan.Ecological Design [M]. Washington DC: Island Press, 2007.

[14] Linda R. Guide to Green Building Rating Systems[M]. Hoboken: Wiley, 2010.

[15] Robert H. Crawford. Life Cycle Assessment in the Built Environment[M]. London: Routledge, 2011.

[16] Runming Yao. Design and Management of Sustainable Built Environments[M]. New York: Springer, 2013.

[17] Kathrina S. Life Cycle Assessment[M]. Oxfordshire: Taylor and Francis, 2014.

[18] Nicola Maiellaro. Towards Sustainable Building[M]. New York: Springer, 2010.

[19] John R. McIntyre. Strategies for Sustainable Technologies and Innovations[M]. Cheltenham: Edward Elgar Pub, 2013.

[20] 多米尼克·高辛·米勒.可持续发展的建筑和城市化：概念·技术·实例 [M]. 北京：中国建筑工业出版社 2008.

[21] 布赖恩·爱德华兹（Brian Edwards）.可持续性建筑 [M]. 周玉鹏，宋晔皓，译. 北京：中国建筑工业出版社，2003.

[22] 世界环境与发展委员会.我们共同的未来 [M]. 长春：吉林人民出版社，1997.

[23] 中国 21 世纪议程管理中心，中国科学院地理科学与资源研究所，可持续发展指标体系的理论与实践 [M]. 北京：社会科学文献出版社，2004.

[24] 刘仲秋，孙勇.绿色生态建筑评估与实例 [M]. 北京：化学工业出版社，2013.

[25] 田蕾.建筑环境性能综合评价体系研究 [M]. 南京：东南大学出版社，2009.

[26] 朱小雷.建成环境主观评价方法研究 [M]. 南京：东南大学出版社，2005.

[27] 住房和城乡建设部科技与产业化发展中心，清华大学，中国建筑设计研究

院 . 世界绿色建筑政策法规及评价体系 2014[M]. 北京：中国建筑工业出版社，2014.

[28] 马薇，张宏伟 . 美国绿色建筑的理论与实践 [M]. 北京：中国建筑工业出版社，2012.

[29] 张国强，尚守平，徐峰，等 . 集成化建筑设计 [M]. 北京：中国建筑工业出版社，2011.

[30] 蒋荃，中国建材检验认证集团，国家建材测试中心组织 . 绿色建材 评价、认证 [M]. 北京：化学工业出版社，2012.

[31] W. 塞西尔·斯图尔德，莎伦·B. 库斯瞳 . 可持续性计量法 以实现可持续发展为目标的设计、规划和公共管理 [M]. 刘博，译 . 北京：中国建筑工业出版社，2014.

[32] 韩英 . 可持续发展的理论与测度方法 [M]. 北京：中国建筑工业出版社，2007.

[33] 宋德萱 . 建筑环境控制学 [M]. 南京：东南大学出版社，2003.

[34] 吴良镛 . 人居环境科学导论 [M]. 北京：中国建筑工业出版社，2011.

[35] 清华大学建筑节能研究中心 . 2010 中国建筑节能年度发展研究报告 [M]. 北京：中国建筑工业出版社，2010.

[36] 聂梅生，秦佑国，江亿 . 中国绿色低碳住区技术评估手册 2011.05 [M]. 北京：中国建筑工业出版社，2011.

[37] 朱颖心 . 建筑环境学 [M]. 北京：中国建筑工业出版社，2010.

[38] 日本可持续建筑协会 . 建筑物综合环境性能评价体系 绿色设计工具 [M]. 石文星，译 . 北京：中国建筑工业出版社，2005.

[39] 林宪德 . 绿建筑解说与评估手册：2005 年更新版 [M]. 台北：内政部建筑研究所，2005.

[40] 阿尔多·罗西 . 城市建筑学 [M]. 南京：江苏凤凰科学技术出版社，2020.

[41] 杨柳 . 建筑气候学 [M]. 北京：中国建筑工业出版社，2010.

[42] 尤德森 . 绿色建筑集成设计 [M]. 姬凌云，译 . 沈阳：辽宁科学技术出版社，2010.

[43] 吉沃尼.建筑设计和城市设计中的气候因素 [M].汪芳,等译.北京:中国建筑工业出版社,2010.

[44] 仇保兴.建筑节能与绿色建筑模型系统导论 [M].北京:中国建筑工业出版社,2010.

[45] 叶祖达.低碳绿色建筑:从政策到经济成本效益分析 [M].北京:中国建筑工业出版社,2013.

[46] 维佐里,曼齐尼.环境可持续设计 [M].北京:国防工业出版社,2010.

[47] 隈研吾.自然的建筑 [M].陈菁,译.济南:山东人民出版社,2010.

[48] 中新天津生态城指标体系课题组.导航生态城市:中新天津生态城指标体系实施模式 [M].北京:中国建筑工业出版社,2010.

[49] 中国城市科学研究会.中国绿色建筑(2013)[M].北京:中国建筑工业出版社,2013.

[50] 刘启波,周若祁.绿色住区综合评价方法与设计准则 [M].北京:中国建筑工业出版社,2006.

[51] 姚润明,昆·斯蒂摩司,李百战.可持续城市与建筑设计 中英文对照版 [M].北京:中国建筑工业出版社,2006.

[52] 吴良镛.人居环境科学导论 [M].北京:中国建筑工业出版社,2001.

[53] 布彻.建筑可持续性设计指南 [M].重庆:重庆大学出版社,2011.

[54] 冉茂宇,刘煜.生态建筑 [M].武汉:华中科技大学出版社,2008.

[55] 麦勒维尔,穆勒.绿色建筑底线:可持续建筑的实际成本 [M].沈阳:辽宁科学技术出版社,2009.

[56] 韩英.可持续发展的理论与测度方法 [M].北京:中国建筑工业出版社,2006.

[57] 钟华楠,张钦楠.全球化·可持续发展·跨文化建筑 [M].北京:中国建筑工业出版社,2006.

[58] Friedrich Schmidt-Bleek.人类需要多大的世界 MIPS- 生态经济的有效尺度 [M].吴晓东,翁端,译.北京:清华大学出版社,2003.

[59] 林宪德.绿色建筑:生态·节能·减废·健康 [M].北京:中国建筑工业出版社,2007.

[60] 张彤．绿色北欧：可持续发展的城市与建筑 [M]．南京：东南大学出版社，2009．

[61] 刘加平，杨柳．室内热环境设计 [M]．北京：机械工业出版社，2005．

[62] 杨晚生．建筑环境学 [M]．武汉：华中科技大学出版社，2009．

[63] 吴向阳，杨经文．可持续性建筑 [M]．北京：中国建筑工业出版社，2007．

[64] 住房和城乡建设部科技发展促进中心．绿色建筑的人文理念 [M]．北京：中国建筑工业出版社，2010．

[65] 刘加平．建筑物理 [M]．北京：中国建筑工业出版社，2000．

[66] 刘加平，谭良斌，何泉，等．建筑创作中的节能设计 [M]．北京：中国建筑工业出版社，2009．

[67] 刘念雄，秦佑国．建筑热环境．北京：清华大学出版社，2005．

[68] 清华大学建筑节能研究中心．中国建筑节能年度发展研究报告 [M]．北京：中国建筑工业出版社，2011．

期刊文章：

[69] A.D.BASIAGO. Economic, Social, and Environmental Sustainability in Development Theory and Urban Planning Practice.The Environmentalist, 1999（19）: 148.

[70] Mateus R, Bragança L. Sustainability assessment and rating of buildings: Developing the methodology SBToolPT–H[J]. Building and Environment, 2011, 46（10）: 1962–1971.

[71] Appu Haapio, Pertti Viitaniemi.A Critical Review of Building Environmental Assessment Tools.Environmental Impact Assessment Review, 2008（28）: 469–482.

[72] Mahdi D, Andrey N, Marziye N, et al. Comparison of two hybrid renewable energy systems for a residential building based on sustainability assessment and emergy analysis[J]. Journal of Cleaner Production, 2022, 379（P2）.

[73] Grace K.C. Ding. Sustainable construction—The role of environmental assessment tools.Journal of Environmental Management, 2008（86）: 451–464.

[74] Kajikawa Y, Inoue T, Goh N T.Analysis of building environment assessment frameworks and their implications for sustainability indicators[J]. Sustainability Science, 2011, 6（2）: 233–246.

[75] 曾珍香，顾培亮，张闽. 可持续发展的概念及内涵的研究 [J]. 管理世界，1998（2）: 5.

[76] 吴良镛. 中国人居环境科学发展试议——兼论生态城市与绿色建筑的发展 [J]. 生态城市与绿色建筑，2011（1）: 18.

[77] 张钦楠. 芝加哥宣言——为争取持久未来的相互依赖 [J]. 建筑学报，1993（9）: 5.

[78] 李天星. 国内外可持续发展指标体系研究进展 [J]. 生态环境学报，2013，22（6）: 1086.

[79] 姚润明，李百战，丁勇，等. 绿色建筑的发展概述 [J]. 暖通空调，2006，36（11）: 27–32.

[80] 苏为华. 论统计指标体系的构造方法 [J]. 统计研究，1995（2）: 63.

[81] 徐永模. 可持续建筑认证与标识——英、法、瑞的节能建材与应用 (二)[J]. 混凝土世界，2010（4）: 70–73.

[82] 武涌，孙金颖，吕石磊. 欧盟及法国建筑节能政策与融资机制借鉴与启示 [J]. 建筑科学，2010，26（2）: 3–4.

[83] 浙江省能源局调研组. 德国、丹麦、英国可再生能源发展对浙江的启示 [J]. 浙江经济，2011（5）: 37.

[84] 沈晓悦. 日本的《环境基本法》[J]. 世界环境，2006（5）: 75–77.

[85] 伊香贺俊治，彭渤，崔惟霖. 建筑物环境效率综合评价体系 CASBEE 最新进展 [J]. 生态城市与绿色建筑，2010（3）: 20.

[86] 尹杨，董靓. 绿色建筑评价在中国的实践及评价标准中的地域性指标研究 [J]. 建筑节能，2009（12）: 38.

[87] 叶青，赵强，宋昆. 中外绿色社区评价体系比较研究 [J]. 城市问题,2014（4）: 74–81.

[88] 安吉拉·布蕾蒂，柳青，韩苗. 英国皇家建筑师协会主席 Angela Brady 独家专访 [J]. 城市·环境·设计，2013，69（1–2）: 162–163.

[89] 阿利斯泰尔·加思里.走向可持续建筑 [J].a+u（建筑与都市中文版），2011（8）：8.

[90] 杨利明.绿色建筑能耗评价方法及能耗降低新技术探讨 [J].制冷技术，2012，32（2）：45.

[91] 赵海珊.多指标综合评价方法的思考 [J].中国信息化，2012（22）：436.

[92] 李健斌，陈鑫.世界可持续发展指标体系探究与借鉴 [J].理论界，2010（1）：53-54.

[93] 张志勇.从生态设计的角度解读绿色建筑评估体系——以 CASBEE、LEED、GOBAS 为例 [J].重庆建筑大学学报，2006，28（4）：29-33.

[94] 李涛，刘丛红.LEED 与《绿色建筑评价标准》结构体系对比研究 [J].建筑学报，2011（3）：75-78.

[95] 叶青，赵强，赵光鹏.健康生态社区的定义、内涵及基本特征探讨，城市空间设计，2014（39）：143-147.

[96] 仇保兴.从绿色建筑到低碳生态城 [J].北京：城市发展研究，2009（7）：1-11.

[97] 卢求.德国 DGNB——世界第二代绿色建筑评估体系 [J].世界建筑，2010（1）：105-107.

[98] 李涛，刘丛红.建立以性能为导向的中国绿色建筑评价体系 [J].建筑学报学术论文专刊，2012（8）：182-185.

[99] 严静，龙惟定.关于绿色建筑评估体系中权重系统的研究 [J].建筑科学，2009（2）：16-25.

[100] 洪竞科，王要武，常远.生命周期评价理论及在建筑领域中的应用综述 [J].工程管理学报，2012，26（1）：18-22.

[101] 莫争春.可再生能源与零能耗建筑 [J].世界环境，2009（4）：33-35.

[102] 王建廷，文科军，肖忠钰.中新天津生态城绿色建筑评价标准解读 [J].建设科技，2010（6）：44-49.

[103] 骆雯，张斌.中国绿色建筑环境质量评价指标和体系的探讨 [J].制冷与空调，2010，10（6）：10-15.

[104] 杨金林，陈立宏 . 国外应对气候变化的财政政策及其经验借鉴 [J]. 环境经济，2010（6）：32-43.

[105] 刘煜 . 绿色建筑工具的因素分析与成套开发 [J]. 建筑学报 2007（7）：34.

[106] 仇保兴 . 我国建筑节能潜力最大的六大领域及其展望 [J]. 城市发展研究，2010（5）：1-6.

[107] 龚志起，张智慧 . 建筑材料物化环境状况的定量评价 [J]. 清华大学学报（自然科学版），2004，44（9）：1209-1213.

[108] 武涌，孙金颖，吕石磊 . 欧盟及法国建筑节能政策与融资机制 [J]. 建筑科学，2010，26（2）：1-12.

[109] 彭梦月，潘支明，徐永模，等 . 欧洲可持续发展建筑的实践和启示 [J]. 建设科技，2010（9）：68-71.

[110] 于一凡 . 法国绿色建筑指南（HQE）引介 [J]. 中国建筑科学，2011（4）：55-57.

[111] 李静，田哲 . 绿色建筑全生命周期增量成本与效益研究 [J]. 工程管理学报，2011，25（5）：487-492.

[112] 白林 . 可持续发展理论在建筑领域中的体现 [J]. 清华大学学报（自然科学版），2000，40（S1）：24-27.

[113] 高婧，于军琪 . 基于 AHP-Fuzzy 的大型公共建筑可持续性评价研究 [J]. 计算机工程与应用，2014，50（13）：252-256.

[114] 龙惟定 . 低碳建筑的评价指标初探 [J]. 暖通空调，2010，40（3）：6-11.

[115] 张磊，倪静，等 . 国内外绿色建筑测评体系的分析 [J]. 建筑节能，2013，41（1）：50-54.

[116] 王清勤 . 世界绿色建筑概况与发展重点 [J]. 深圳土木与建筑，2012，9（1）：18-23.

[117] 陈曦，叶凌，吴剑林 . 可再生能源应用在绿色建筑评价中的作用 [J]. 制冷与空调，2013，13（10）：6-10.

[118] 万丽，吴恩融 . 可持续建筑评估体系中的被动式低能耗建筑设计评估 [J]. 建筑学报，2012（10）：13-16.

[119] 李旭东，董维华，芦岩，等 . 天津中新生态城零能耗绿色建筑的整合设计及技术集成 . 绿色建筑，2013（1）：24-26.

学位论文：

[120] 李路明 . 绿色建筑评价体系研究 [D]. 天津：天津大学，2003.

[121] 杨崴 . 可持续性建筑存量演进模型研究 [D]. 天津：天津大学，2006.

[122] 郎启贵 . 建设项目可持续性后评价指标体系和方法研究 [D]. 重庆：重庆大学，2006.

[123] 陈宇青 . 结合气候的设计思路——生物气候建筑设计方法研究 [D]. 武汉：华中科技大学，2005.

[124] 周斌 . 可持续建设的政策发展与制度改进 [D]. 重庆：重庆大学，2012.

[125] 石超刚 . 基于可持续发展的绿色建筑评价体系研究 [D]. 长沙：湖南大学，2007.

[126] 郑小晴 . 建设项目可持续性及其评价研究 [D]. 重庆：重庆大学，2005.

[127] 黄茜 . 建筑节能技术集成优化与评价研究 [D]. 武汉：武汉理工大学，2009.

[128] 赵强 . 城市健康生态社区评价体系整合研究 [D]. 天津：天津大学，2012.

[129] 李涛 . 基于性能表现的中国绿色建筑评价体系研究 [D]. 天津：天津大学，2012.

[130] 尹宝泉 . 绿色建筑多功能能源系统集成机理研究 [D]. 天津：天津大学，2013.

[131] 高源 . 整合碳排放评价的中国绿色建筑评价体系研究 [D]. 天津：天津大学，2014.

[132] 杨文 . 我国绿色建筑评价体系的探索研究 [D]. 重庆：重庆大学，2008.

[133] 于磊 . 低碳建筑问题的时代背景和国际环境研究 [D]. 天津：天津大学，2011.

[134] 柴永斌 . 绿色建筑的政策环境 [D]. 上海：同济大学，2006.

[135] 赵喆 . 基于全寿命周期的绿色建筑经济评价体系 [D]. 北京：北京交通大学，2010.

[136] 王弈伟 . 绿色建筑评估指标适用性之研究 [D]. 上海：同济大学，2007.

[137] 李金云 . 节能建筑评价体系研究 [D]. 西安：西安建筑科技大学，2009.

[138] 刘爱芳 . 节能型社会指标体系研究（建筑、可再生能源、产业结构部分)[D]. 北京：华北电力大学，2006.

[139] 刘春江 . 绿色建筑评价技术与方法研究 [D]. 西安：西安建筑科技大学，2005.

[140] 卓强 . 高质量环境的理论与应用研究 [D]. 天津：天津大学，2004.

[141] 徐跃家 . 地域性绿色居住建筑评价研究——基于大连绿色居住建筑评价发展 [D]. 大连：大连理工大学，2012.

[142] 刘伟 . 绿色建筑生命周期成本分析研究 [D]. 重庆：重庆大学，2006.

[143] 彭渤 . 绿色建筑全生命周期能耗及二氧化碳排放案例研究 [D]. 北京：清华大学，2012.

[144] 侯玲 . 基于费用效益分析的绿色建筑的评价研究 [D]. 西安：西安建筑科技大学，2006.

技术标准：

[145] 中华人民共和国建设部，《公共建筑节能设计标准》（GB50189—2005）.

[146] 中华人民共和国环境保护部，《声环境质量标准》（GB3096—2008）.

[147] 中华人民共和国住房和城乡建设部，《民用建筑节水设计标准》（GB50555—2010）.

[148] 中华人民共和国住房和城乡建设部，《建筑照明设计标准》（GB50034—2013）.

[149] 中华人民共和国住房和城乡建设部，《民用建筑工程室内环境污染控制规范》（GB50325—2010）.

[150] 国家技术监督局，中华人民共和国建设部，《民用建筑热工设计规范》（GB50176—93）.

[151] 中华人民共和国住房和城乡建设部，《建筑采光设计标准》（GB50033—2013）.

[152] 中华人民共和国住房和城乡建设部，《民用建筑隔声设计规范》（GB50118—2010）.

[153] 国家质量监督检验检疫总局,《室内空气质量标准》(GB/T 18883—2002).

[154] 中华人民共和国住房和城乡建设部,《建筑给水排水设计标准》(GB 50015—2003).

[155] 中华人民共和国住房和城乡建设部,《无障碍设计规范》(GB50763—2012).

[156] 中华人民共和国建设部,《采暖通风与空气调节设计规范》(GB50019—2003).

[157] 中华人民共和国住房和城乡建设部,《建筑通风效果测试与评价标准》(JGJ/T309—2013).

[158] 中华人民共和国建设部, GB/T 50378—2014, 绿色建筑评价标准, 北京: 中国建筑工业出版社, 2014.

研究报告:

[159] NOAA Satellite and Information Service—National Environmental Satellite, Data and Information Service Retrieved on March 22, 2010.

[160] David Crowhurst, Ana CUNHA, Julien Hans, Pekka Huovila, Eva schmincke, Jean-Christophe vizier.A Framework For Common Metrics of Buildings, 2010.

[161] Mitchell G, May A, McDonald A.PICABUE: a methodological framework for the development of indicators of sustainable development. 1995.

[162] James Gustave Spath. The Environment: The Greening of Technology, 1989.

[163] R.C.P.Vreenegoor, T. Krikke, et al. What is a Green Building? 8th International Conference on Sustainable Energy Technologies, Aachen, Germany.

[164] Stephan Anders. The DGNB-Making Sustainability Measurable.

[165] Sustainable buildings and climate initiative Sustainable building and climate index Global guide for building performance, UNEP, 2009.

[166] SB Alliance.Piloting SBA Common Metrics-Technical and operational feasibility of the SBA common metrics Practical modelling of case studies Final report.

[167] SB Method and SB Tool for 2011—overview. Nils Larsson.Oct.2011.

[168] BREEAM New Construction Non—Domestic Building Technical Manual SD5073—1.0:2011.

[169] ASSESSMENT TOOL FOR THE ENVIRONMENTAL PERFORMANCE OF BUILDINGS（EPB）, Non-residential buildings, Implemented 13/09/2013.

[170] ISO/TS 21929-1. Sustainability in building construction sustainability indicators part1: framework for the development of indicators for buildings. Geneva: ISO; 2006.

[171] ISO 21930. Sustainability in building construction—environmental declaration of building products. Geneva: ISO; 2007.

[172] ISO 15392. Sustainability in building construction general principles.Geneva: ISO; 2008.

[173] ISO 21931e1. Sustainability in building construction framework for methods of assessment of the environmental performance of construction works part 1: buildings. Geneva: ISO; 2010.

[174] CEN TC 350. Sustainability of construction work. Executive summary; 2005.

[175] Cen. EN 15643e1. Sustainability of construction works sustainability assessment of buildings part 1: general framework. Brussels: CEN; 2010.

[176] CEN/TR 15941. Sustainability of construction works environmental product declarations methodology for selection and use of generic data.Brussels: CEN; 2010.

[177] CEN. prEN 15643-2.Sustainability of construction works assessment of buildings part 2: framework for the assessment of environmental performance. Brussels: CEN; 2009.

[178] CEN. prEN 15643-3. Sustainability of construction works assessment of buildings part 3: framework for the assessment of social performance.Brussels: CEN; 2008.

[179] CEN. prEN 15643-4.Sustainability of construction works e assessment of buildings part 4:framework for the assessment of economic performance. Brussels: CEN; 2008.

[180] CEN.prEN 15978. Sustainability of construction works assessment of environmental performance of buildings calculation method. Brussels: CEN; 2010.

[181] CEN.prEN 15942.Sustainability of construction works environmental product declarations communication format Business to Business. Brussels: CEN; 2010.

[182] Ken Yeang.The Skyscraper Bioclimatically Considered:A Design Primer Academy Editions London, 1997.

[183] BREEAM 2011 New Construction Technical Guide.

[184] Living Building Challenge 2.1, A Visionary Path to a Restoration Future.

[185] Michael Dax. DGNB Certification System Barcelona.October 10, 2011.

[186] GERMAN SUSTAINABLE BUILDING CERTIFICATE Structure-Application-Criteria. First English Edition. March 2009.

[187] CASBEE for New Construction Technical Manual（2010 Edition）.

[188] Building Environmental Assessment Method for IRELAND, IGBC Exploratory Study UCD Energy Research Group - University College Dublin.

[189] Living Building Challenge 2.1, A Visionary Path to a Restoration Future.

[190] Lynne Sullivan OBE.The RIBA Guide to Sustainability in Practice.

[191] SBTool 2012 description.

[192] W. Cecil Steward&Sharon B. Kuska.Sustainometrics: Measuring Sustainability.

[193] Green Star Office v3 Greenhouse Gas Emissions Calculator Guide, September 2013.

[194] CEN TC 350 Standards for the assessment of the environmental performance of products, Dr. Eva Schmincke, convenor of CEN/TC350/WG3 'Products Level'.

[195] W. Cecil Steward&Sharon B. Kuska. Sustainometrics: Measuring Sustainability.

[196] International Standard ISO21929-1（First Edition）. 2011–11–15.

[197] White Paper Local Ordinance Related to the Living Building Challenge, September 2012.

[198] Association HQE-GT International, AFEX, ARENE Ile-de-France, CSTB, Association QUALITEL. Sustainable Building in FRANCE: Progress Report.

[199] Sylviane Nibel, Catherine Charlot-Valdieu, Jean-Luc Chevalier（CSTB），Philippe Outrequin（La Calade）. A European Thematic Network on Construction and City Related Sustainability Indicators.

[200] US Green Building Council.LEED 2009 for New Construction and Major Renovations, Leadership in Energy and Environmental Design Program.

[201] Hildegund Mötzl, Maria Fellner.Environmental and health related criteria for buildings, Final Report（March 2011）.

网络资源:

[202] BREEAM 评价体系官方网站 [OL]：http://www.breeam.org/index.jsp.

[203] 英国皇家建筑协会RIBA官方网站 [OL]：http://www.architecture.com/Home.aspx.

[204] 美国国家标准和技术研究院（National Institute of Standards and Technology，NIST）官方网站 [OL]：https://www.nist.gov/.

[205] EPI 环境性能指数官方发布网站 [OL]：http://epi.yale.edu/.

[206] 中国可持续发展数据库 [OL]：http://www.chinasd.csdb.cn/.

[207] 欧洲可持续建筑联盟 SBA 官方网站 [OL]：http://www.sballiance.org/members/.

[208] iiSBE 官方网站 [OL]：http://www.iisbe.org/.

[209] LBC 官方网站 [OL]：http://living-future.org/lbc.

[210] 法国高质量环境协会（HQE ASSOCIATION）官方网站 [OL]：http://assohqe.org/hqe/.

[211] 法国建筑科学技术中心（CSTB）官方网站 [OL]：http://www.cstb.fr/.

[212] 法国标准协会（AFNOR）官方网站 [OL]：http://www.afnor.org/.

[213] 吉林省发展和改革委员会德国丹麦建筑节能考察报告 [OL]:

[214] http://www.jldrc.gov.cn/ggkf/201311/t20131105_1403.html，2013–11–05.

[215] DGNB 官方网站 [OL]：http://www.dgnb-system.de/en/.

[216] USGBC 官方网站 [OL]：http://cn.usgbc.org/leed.

[217] CaGBC 官方网站 [OL]：http://www.usgbc.org/.

[218] NABERS 官方网站 [OL]：http://www.nabers.gov.au/.

[219] 澳大利亚绿色建筑委员会 GBCA 官方网站 [OL]：http://www.gbca.org.au/.

[220] GBCA 官方网站 [OL]：http://www.gbca.org.au/.

[221] CASBEE 评价体系官方网站 [OL]：http://www.ibec.or.jp/CASBEE/english/index.htm.

[222] 泰达 MSD 低碳示范楼虚拟展厅 [OL]：http://www.ecoteda.org/flash_zt/dtl/.

[223] 新加坡建设工程管理局 BCA 官方网站 [OL]：https://www1.bca.gov.sg/.

[224] 中华人民共和国国土资源部 [OL]：http://www.mlr.gov.cn/zygk/.

[225] 中华人民共和国水利部 [OL]：http://www.shuiziyuan.mwr.gov.cn/.

[226] 中华人民共和国国土资源部 [OL]：http://www.mlr.gov.cn/zygk/.

[227] 中华人民共和国环境保护部 [OL]：http://zls.mep.gov.cn/hjtj/nb/2010tjnb/201201/t20120118_222729.htm.

[228] 中华人民共和国国家统计局 [OL]：http://www.stats.gov.cn/tjgb/.

[229] 中国人口信息网 [OL]：http://www.cpdrc.org.cn/tjsj/tjsj_gb_detail.asp?id=6061.

[230] 中国统计年鉴 [OL]：http://www.stats.gov.cn/tjsj/ndsj/2011/indexch.htm.

[231] 中华人民共和国住房与城乡建设部 [OL]：http://ginfo.mohurd.gov.cn/.

[232] 绿色建筑论坛 [OL]：http://bbs.topenergy.org.

其他资源：

[233] ANSI/ASHRAE/IES Standard 90.1-2010, Energy Standard for Buildings Except Low-Rise Residential Buildings, I-P Edition [S]. 2010.

[234] 温莉，彭灼，吴珮琪 . 低冲击开发理念指导下的城市空间利用策略 [C]. 规划创新：2010 中国城市规划年会论文集，重庆，2010.